U0793308

"十二五"职业教育国家规划教材
经全国职业教育教材审定委员会审定

焊接结构生产

第2版

主　编　李　莉
副主编　李丽茹
参　编　张　华　宋博宇　李义田
主　审　刘殿宝（企业）

机械工业出版社
CHINA MACHINE PRESS

本书是“十二五”职业教育国家规划教材，是根据《教育部关于“十二五”职业教育教材建设的若干意见》及教育部新颁布的《高等职业学校专业教学标准（试行）》，同时参考最新焊工职业资格标准，在第1版的基础上修订而成的。

本书主要介绍焊接结构的基础知识及结构制造工艺过程，共分八个单元，主要内容包括焊接结构生产基础知识、焊接应力与变形、焊接接头的强度计算及破坏方式、焊接结构生产工艺、焊接结构备料加工工艺、焊接结构的焊接工艺、装配焊接工艺装备和典型焊接结构的生产工艺。为便于教学，本书配套有电子教案和部分综合训练答案，选择本书作为教材的教师可加QQ982557826索取，或登录www.cmpedu.com网站，注册、免费下载。

本书可作为高等职业院校焊接技术及自动化专业教材，也可作为焊接操作工岗位培训教材。

图书在版编目（CIP）数据

焊接结构生产/李莉主编. —2版. —北京：机械工业出版社，2014.10（2026.1重印）

“十二五”职业教育国家规划教材

ISBN 978-7-111-47977-2

Ⅰ.①焊…　Ⅱ.①李…　Ⅲ.①焊接结构-焊接工艺-高等职业教育-教材　Ⅳ.①TG44

中国版本图书馆CIP数据核字（2014）第207287号

机械工业出版社（北京市百万庄大街22号　邮政编码100037）
策划编辑：齐志刚　责任编辑：齐志刚　张云鹏
版式设计：霍永明　责任校对：樊钟英
封面设计：张　静　责任印制：邓　博
北京中科印刷有限公司印刷
2026年1月第2版·第14次印刷
184mm×260mm·12.75印张·304千字
标准书号：ISBN 978-7-111-47977-2
定价：39.80元

电话服务　　　　　　　　　　网络服务
客服电话：010-88361066　机　工　官　网：www.cmpbook.com
　　　　　010-88379833　机　工　官　博：weibo.com/cmp1952
　　　　　010-68326294　金　　书　　网：www.golden-book.com
　机工教育服务网：www.cmpedu.com

第2版前言

本书是按照教育部《关于开展“十二五”职业教育国家规划教材选题立项工作的通知》，经过出版社初评、申报，由教育部专家组评审确定的“十二五”职业教育国家规划教材，是根据《教育部关于“十二五”职业教育教材建设的若干意见》及教育部新颁布的《高等职业学校专业教学标准（试行）》，同时参考最新焊工职业资格标准，在第1版的基础上修订而成的。

本书以党的二十大报告中“办好人民满意的教育”“全面贯彻党的教育方针，落实立德树人根本任务，培养德智体美劳全面发展的社会主义建设者和接班人”的精神为指引，依据高等职业教育培养素质高、专业技术全面的高技能人才的培养目标，充分融“知识学习、技能提升、素质培育”于一体，严格落实立德树人的根本任务。

本书主要介绍焊接结构的基础知识及结构制造工艺过程。本书编写过程中力求体现职业教育的特色，注重教学内容的实用性。特别是结合焊接专业的技术岗位特点，尽量贴近生产实际组织教材内容，以达到使学生掌握焊接结构生产的基本知识和基本技能的目的。

本书在第1版的基础上，主要从以下几方面进行了修订：①增加、突出了“工程应用案例”“小知识”等，丰富了实践教学内容；②增加了照片图，将线条图与照片图进行对照，使学生在掌握设备原理的同时，建立更加具体的立体图形；③注意吸收行业的新材料、新工艺、新技术、新设备，体现教材的先进性。

本书在内容处理上主要有以下几点说明：①减少理论分析与计算，增加与生产密切相关的生产知识；②整合课程内容，使教材结构更加合理，将安全、环保、节能、清洁生产等知识融入到具体的生产过程中；③将文明生产和“5S”管理意识引入到课堂教学中，着重培养学生的职业素养；④建议安排128学时，教师可根据本校具体情况合理安排教学。

全书共八个单元，由渤海船舶职业学院李莉主编，由渤海船舶重工集团刘殿宝总工程师主审。具体编写分工如下：渤海船舶职业学院李莉编写第一、二、三单元；渤海船舶职业学院李丽茹编写第四、六单元；四川工程职业技术学院张华编写第五单元；包头职业技术学院宋博宇编写第七单元；渤海船舶职业学院李义田编写第八单元。本书经全国职业教育教材审定委员会审定，由专家董刚、田锋社审阅。

编写过程中，编者参阅了国内外出版的有关教材和资料，得到了渤海船舶重工集团的杨家武高级工程师的有益指导，在此一并表示衷心感谢！

由于编者水平有限，书中不妥之处在所难免，恳请读者批评指正。

编　者

第1版前言

为了进一步贯彻《国务院关于大力推进职业教育改革与发展的决定》的文件精神，加强职业教育教材建设，满足职业院校深化教学改革对教材建设的要求，机械工业出版社于 2006 年 11 月在北京召开了“职业教育焊接专业教材建设研讨会”。在会上，来自全国十多所院校的焊接专业专家、一线骨干教师研讨了新的职业教育形势下焊接专业的课程体系，确定了面向中职、高职层次两个系列教材的编写计划。本书是根据会议所确定的教学大纲和高等职业教育培训目标组织编写的。

全书八个单元中，焊接结构基础知识包括第一、二单元，主要介绍了典型焊接结构基本构件、焊接接头基本形式、焊接结构生产过程简介、消除焊接应力与预防焊接变形的措施，以及焊接接头疲劳破坏和脆性断裂等问题。焊接结构的生产过程包括第三、四、五、六单元，结合实例说明了焊接结构备料加工工艺、焊接结构的装配与焊接工艺、焊接结构工艺规程的编制和典型焊接结构的生产工艺，这是全书的重点。最后两单元介绍装配—焊接工艺装备和焊接结构生产的安全技术。

本书在内容处理上主要有以下几点说明：教材的编写以突出应用性、实践性的原则重组课程结构，打破原有各种课程的学科化倾向，删除与岗位职业能力关系不大的内容，增加与职业能力有关的新技术、新工艺、新设备、新材料。课程内容紧紧扣住培养学生现场工艺实施的职业能力来阐述，将必需的理论知识点融于能力培养过程中，注重实践教学，注重操作技能培养。本书深度适宜，文字简洁、流畅，深入浅出，非常适合职业教育的学生学习。

全书共八个单元，第一、四、六单元由李莉编写，第三、五单元由陈斌编写，绪论和第二单元由汪德伟编写，第七单元由徐双钱编写，第八单元由张金娟编写。全书由李莉担任主编，陈斌担任副主编，邓洪军教授担任主审。

在本书编写过程中，作者参阅了国内外出版的有关教材和资料，借鉴了其他专业教材的有益内容和焊接技术工人技能鉴定方面的成功经验，并充分考虑通过什么样的教学内容和教学方式来实现专业能力培养的问题，但是由于编者水平有限，实践能力不强，加上时间比较仓促，教材中难免存在某些需要进一步完善和改进的地方，甚至错误，恳请广大读者批评指正。

编　者

目　录

第一单元　焊接结构生产基础知识

学习目标

1. 了解焊接结构的基本特点及其在工业发展中的作用。
2. 掌握焊接结构的基本类型及组成。
3. 掌握焊接接头及焊缝的有关知识。
4. 掌握焊接结构生产的工艺流程及安全管理知识。
5. 掌握5S管理的基本知识。

模块一　焊接结构概述

焊条电弧焊、气焊和电阻焊等焊接方法发明于20世纪初，约20年后焊接作为一种加工工艺成功地应用于工业生产。经过不断的创新，焊接作为金属材料的连接方法被广泛地应用到国民经济的各个领域。

一、焊接结构的特点

1. 焊接结构的优点

焊接结构就是将各种材料，采用焊接方法加工而成的，能承受一定载荷的金属结构。与铆接、铸造及锻造等方法制成的金属结构相比较，焊接结构具有下列优点。

1）焊接接头的强度高。由于铆接接头需要在母材上钻孔，因而削弱了接头的工作截面，使其接头强度低于母材。而焊接接头的强度、刚度一般可达到与母材相等或相近，能够承受母材所能承受的各种载荷。

2）焊接结构设计的灵活性大。通过焊接，可以方便地实现多种不同形状和不同厚度的材料的连接，甚至可以将不同种类的材料连接起来，也可以通过与其他工艺方法联合使用，使焊接结构的材料分布更合理，材料应用更恰当。

3）焊接接头的密封性好。焊缝处的气密和水密性能是其他连接方法所无法比拟的。特别在高温、高压容器结构上，只有焊接才是最理想的连接形式。

4）焊接结构适用于大型或重型、单件小批量生产的简单产品结构制造，如船体、桁架和球形容器等。在制造时，一般先将几何尺寸大、形状复杂的结构进行分解，对分解后的零件或部件分别加工，然后通过总体装配焊接形成一个整体结构。

5）焊前准备工作简单。

6）结构的变更与改型快，而且容易。

7）成品率高。

2. 焊接结构的不足

1）在焊接时难免产生各类焊接缺陷，如果修复不当或缺陷漏检，则会产生过大的应力集中，从而降低整个焊接结构的承载能力。

2）焊接结构对于脆性断裂、疲劳破坏、应力腐蚀和蠕变破坏等都比较敏感。

3）焊接结构中存在残余应力和变形。这不仅影响焊接结构的外形尺寸和外观质量，同时给焊后的继续加工带来很多麻烦，甚至直接影响焊接结构的强度。

4）焊接会改变材料的部分性能，使焊接接头附近变为一个不均匀体，即具有几何的不均匀性、力学的不均匀性、化学成分的不均匀性和金属组织的不均匀性。

5）对于一些高强度的材料，因其焊接性能较差，更容易产生焊接裂纹等缺陷。

二、焊接结构的基本类型及组成元件

焊接作为一种材料连接的工艺方法，已经在机械制造业中得到广泛应用。许多传统的铸、锻制品，由于毛坯加工量大，零部件受力不理想等原因逐步被焊接产品或铸—焊、锻—焊结构产品所代替。焊接结构形式各异，繁简程度不一，类型很多。

1. 焊接结构的基本类型

根据结构元件的种类不同，焊接结构可分为梁柱结构，杆件桁架结构，管件桁架结构，圆筒体、球体、锥体及其组合的结构，网架结构，网壳结构，板壳结构和箱形结构等。

按其应用领域不同，焊接结构可分为建筑焊接结构，锅炉、压力容器与管道焊接结构，船舶海洋工程焊接结构，桥梁焊接结构，起重机焊接结构，动力机械（包括水电机械、汽轮机、燃气轮机、柴油机）焊接结构，汽车焊接结构，轨道交通车辆焊接结构，航空航天工程焊接结构和机器零部件（包括压力机、切削机床传动部件、减速器箱体等）焊接结构。

2. 焊接结构的组成元件

在建筑焊接结构、桥梁焊接结构和起重机焊接结构中，主要采用梁柱、杆件和管件等结构元件；锅炉、压力容器与管道、运载火箭箭体大量采用钢板卷制或压制成形的圆筒体、球体和锥体等结构元件，以及不同规格的无缝钢管结构元件；船体结构主要采用钢板成形件和骨架结构元件；动力机械焊接结构主要采用特殊形状的铸锻件作为结构元件。

三、焊接结构在工业发展中的作用

随着我国工业化进程的加快，焊接结构制造业正在以前所未有的速度飞快发展。迄今为止，我国焊接结构的年钢耗量已跃居世界首位，焊接结构的应用范围遍及各工业部门，包括基础工业、尖端工业和通用加工工业，并由此推动相当规模的焊接产业的形成，使我国成为名副其实的世界焊接大国。

近30年来，我国国民经济持续高速发展，基础建设和设施项目大量上马，重型基础工业装备以空前的规模投入生产，大型建筑工程进入了划时代的发展阶段，推动了焊接结构制

造业的技术进步，实现了历史性的突破，并确立了焊接技术在现代化工业生产中的主导地位。我国成功地应用大型焊接结构的典型建设工程如下。

1）我国民用建筑工程史上最高的两座高层大楼，高度421m的上海金茂大厦和上海环球金融中心（其建筑主体净高492m）。

2）北京奥运国家体育馆（鸟巢），其钢结构东西轴长为298m，南北轴长333m，最高点69m，总用钢量达4.2×10^4t。

3）上海卢浦大桥，全长3900m，立拱跨度550m，用钢量达3.5×10^4t。

4）我国装机容量最大的三峡水电站轴流水轮机，其环座外径为16m，高4m，转子直径10m，采用超级马氏体不锈钢铸件组焊而成，总重450t。

5）我国已能自行设计制造装机容量达1000MW的大型火力发电机组，其工作参数已达超临界和特超临界等级，是焊缝总长最长、接头数量最多的焊接结构。

6）我国建船能力总吨位达1500×10^4t，居世界第三位，已能自行设计建造20万吨级大型油船和集装箱货轮。

7）已建造海洋工程结构30余座，成为国际上拥有量最多的国家之一。大型海洋工程结构的吨位已达30万吨级。

以上实例说明，我国焊接结构的制造能力和技术水平已达到当代国际先进水平。焊接结构在推动工业生产发展、技术进步以及促进国民经济发展过程中发挥着重要的作用。

【综 合 训 练】

一、填空

与铆接、铸造及锻造等方法制成的金属结构相比较，焊接结构具有________、________、________、________、________、________和________的优点。

二、简答

1. 简述焊接结构的基本类型。
2. 简述焊接结构的组成元件。

模块二　焊 接 接 头

一、焊接接头的组成及类型

1. 焊接接头的组成

将两个或两个以上的零件，用焊接方法连接而形成的接头称为焊接接头。焊接接头是连接焊接结构各零部件的基本元件，是焊接结构中不可拆卸的组成部分。按所采用的焊接方法的不同，焊接接头可分为熔焊接头、压焊接头和钎焊接头三大类，熔焊接头在焊接结构生产中应用最广，所以我们主要介绍熔焊接头的相关知识。

熔焊接头由焊缝金属、熔合区和热影响区组成，如图1-1所示。

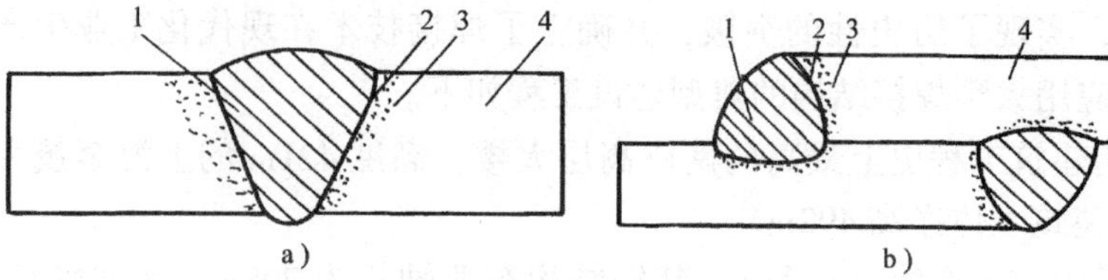

图 1-1 熔焊接头的组成

a）对接接头断面图 b）搭接接头断面图

1—焊缝金属 2—熔合区 3—热影响区 4—母材

小知识

熔焊接头是采用高温热源对焊件进行局部加热熔化，冷却凝固后，将被焊母材连接在一起而形成的。

焊缝金属是由焊接填充金属及部分母材金属熔化结晶后形成的铸造组织，其组织和化学成分与母材金属有较大差异。近缝处的热影响区受焊接热循环的影响，组织和性能都发生变化，特别是熔合区的组织和成分更为复杂。因此，焊接接头是一个成分、组织和性能都不均匀的连接体。

2. 焊接接头的基本形式

（1）对接接头 两板件端面通过焊接形成 135°～180°夹角，这样的接头称为对接接头。对接接头是各种接头中应力分布最均匀、最省材料的接头形式，其强度可达到与母材相等，是焊接结构中应用最广泛的接头形式，常用的对接接头形式如图 1-2 所示。

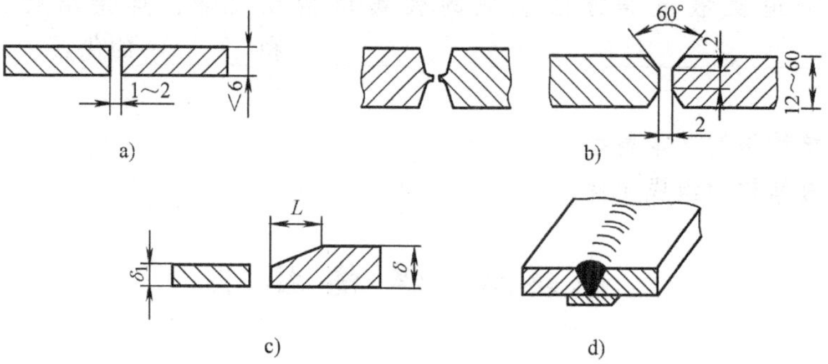

图 1-2 对接接头的基本形式

a）不开坡口 b）开坡口 c）削薄 d）带垫板

（2）搭接接头 两板件部分重叠起来进行焊接所形成的接头称为搭接接头。搭接接头的应力分布极不均匀，疲劳强度较低，不是理想的接头形式。但是，搭接接头的焊前准备和装配工作比较简单，所以在受力较小的焊接结构中仍能得到广泛的应用。常见的搭接接头的形式如图 1-3 所示。

（3）T 形（十字）接头 将一个焊件的端面与另一焊件的表面构成直角或近似直角，并用角焊缝连接起来的接头，称为 T 形（十字）接头。这类接头能承受各种方向的外力和力矩的作用。常见的 T 形接头的形式如图 1-4 所示。

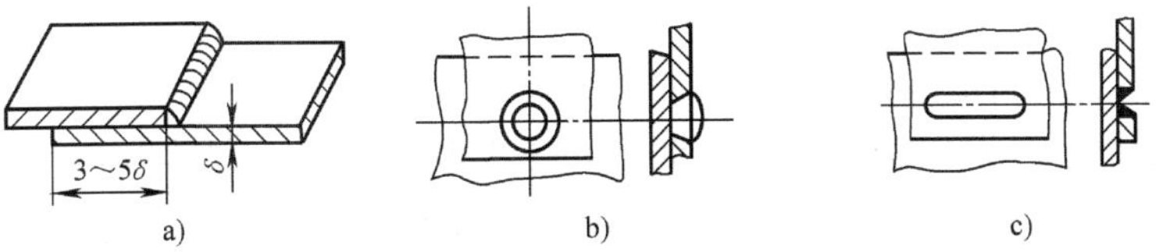

图 1-3　搭接接头的基本形式

a）不开坡口　b）圆孔内塞焊　c）长孔内塞焊

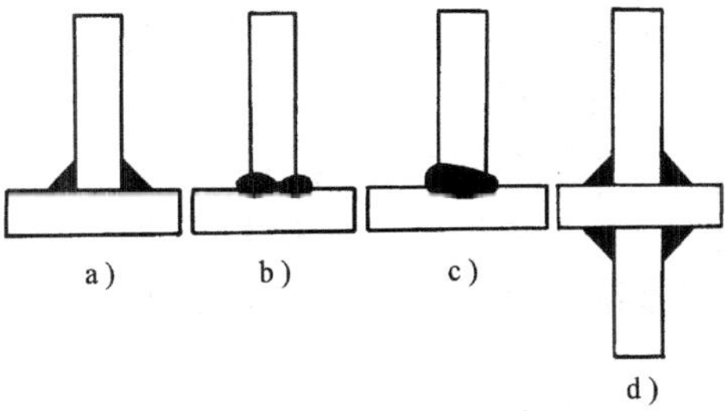

图 1-4　T 形（十字）接头的基本形式

a）单面不开坡口　b）开 K 形坡口　c）开单边 V 形坡口　d）双面不开坡口

（4）角接接头　两板件端面构成 30°～135°夹角的焊接接头称作角接接头。角接接头多用于箱形构件，常见的角接接头的形式如图 1-5 所示。

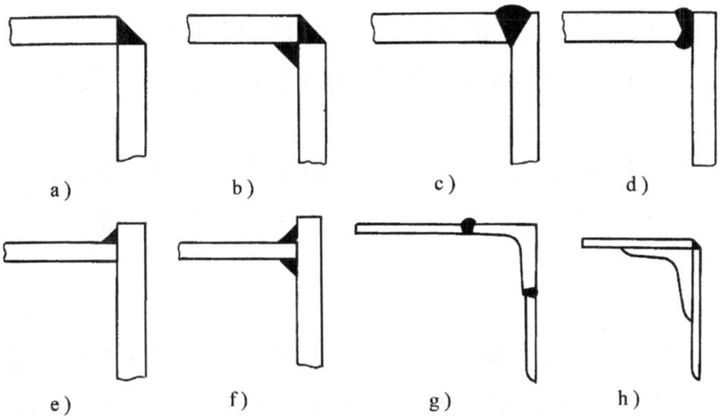

图 1-5　角接接头的基本形式

a）简单角接接头　b）双面角接接头　c）开 V 形坡口　d）开 K 形坡口　e）、f）易装配角接接头　g）保证接头具有准确直角的角接接头　h）不合理的角接接头

二、焊缝的基本形式

焊缝是构成焊接接头的主体部分，有对接焊缝和角焊缝两种基本形式。

1. 对接焊缝

（1）坡口形式的选择　对接焊缝的焊接接头可采用卷边、平对接或加工成 V 形、U 形、X 形和 K 形等坡口，如图 1-6 所示。

对接焊缝开坡口的根本目的是为了确保接头的质量，坡口形式的选择取决于板材厚度、焊接方法和工艺过程，同时也要从经济效益的角度考虑。通常选择坡口形式必须考虑以下几个方面。

1）可焊到性或便于施焊。这是选择坡口形式的重要依据之一。一般而言，要根据构件能否翻转、翻转难易或内外两侧的焊接条件而定。对不能翻转和内径较小的容器、转子及轴类的对接焊缝，为了避免大量的仰焊或不便从内侧施焊，宜采用V形或U形坡口。

2）节省焊接材料。对于同样厚度的焊接接头，采用X形坡口比V形坡口能节省较多的焊接材料、电能和工时。构件越厚，节省得越多，成本越低。

3）坡口易加工。V形和X形坡口可用氧气切割或等离子弧切割，也可以用切削加工。对于U形或双U形坡口，一般需用刨边机加工。在圆筒体上，应尽量少开U形坡口，因其加工困难。

4）焊接变形小。采用不适当的坡口形式容易产生较大的焊接变形，如平板对接的V形坡口，其角变形就大于X形坡口。因此，选择合理坡口形式可以有效地减少焊接变形。

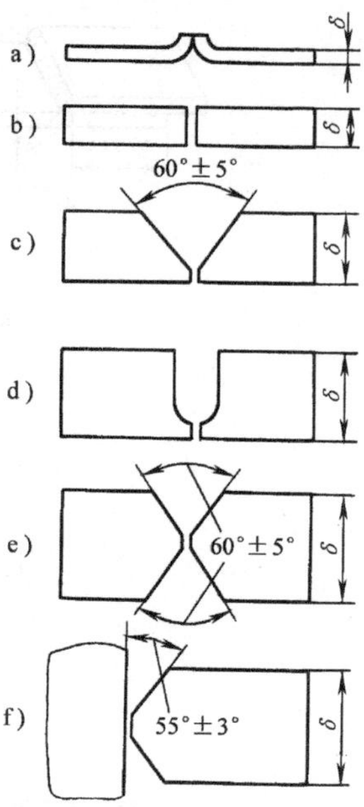

图1-6　对接焊缝的典型坡口形式

a）$\delta=1\sim3$mm　b）$\delta=3\sim8$mm　c）$\delta=3\sim26$mm　d）$\delta=20\sim60$mm　e）$\delta=12\sim60$mm　f）$\delta>12$mm

（2）坡口尺寸的选择

1）坡口角度。其作用是使电弧能深入焊缝根部使根部焊透，大小与板厚和焊接方法有关，坡口角度越大，焊缝金属量越多，焊接变形也会增大，一般焊缝的坡口角度选60°左右。

2）根部间隙。采用根部间隙是为了保证根部能焊透。一般情况下，坡口角度小，需要同时增加根部间隙；而根部间隙较大时，又容易烧穿，为此，需要采用钝边防止烧穿。根部间隙过大时，还需要加垫板。

2. 角焊缝

角焊缝按其截面形状可分为平角焊缝、凹角焊缝、凸角焊缝和不等腰角焊缝四种，如图1-7所示，应用最多的是截面为直角等腰的角焊缝。角焊缝的大小用焊脚尺寸K表示。各种截面形状角焊缝的承载能力与载荷性质有关：静载时，如母材金属塑性好，角焊缝的截面形状对承载能力没有显著影响；动载时，凹角焊缝比平角焊缝的承载能力高，凸角焊缝的承载能力最低；不等腰角焊缝，长边平行于载荷方向时，承受动载效果较好。

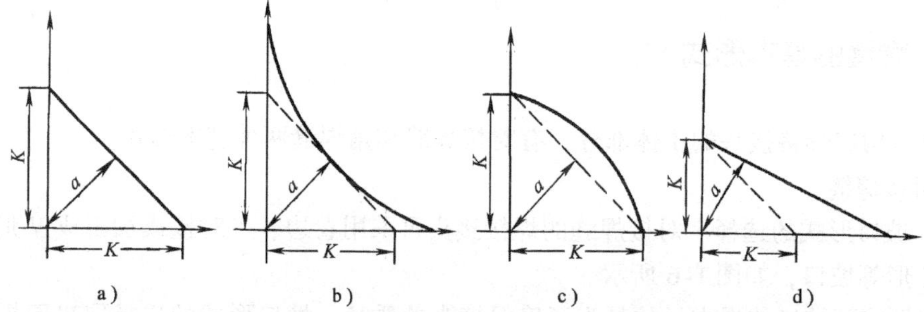

图1-7　角焊缝截面形状及其计算断面

a）平角焊缝　b）凹角焊缝　c）凸角焊缝　d）不等腰角焊缝

为了提高焊接效率、节约焊接材料、减小焊接变形，当板厚大于 13mm 时，可以采用开坡口的角焊缝。在等强度条件下，坡口角焊缝的焊接材料消耗量仅为普通角焊缝的 60%。

三、焊缝代号

在焊接结构的设计图上，通常采用标准规定的各种代号和符号简单明了地说明焊接接头的类型、形状、尺寸、表面状况和焊接方法，以及各项与焊接有关的技术要求等。

1. 焊缝代号的组成

根据 GB/T 324—2008 标准规定，焊缝代号一般由基本符号和指引线组成，必要时可以加上补充符号和尺寸符号及数据。

（1）基本符号　表示焊缝端面（坡口）基本形式或特征的符号，见表 1-1。

表 1-1　基本符号

名称	示意图	符号	名称	示意图	符号
卷边焊缝（卷边完全熔化）			封底焊缝		
I 形焊缝			角焊缝	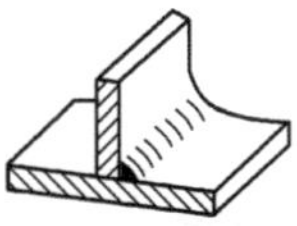	
V 形焊缝			塞焊缝或槽焊缝		
单边 V 形焊缝			点焊缝	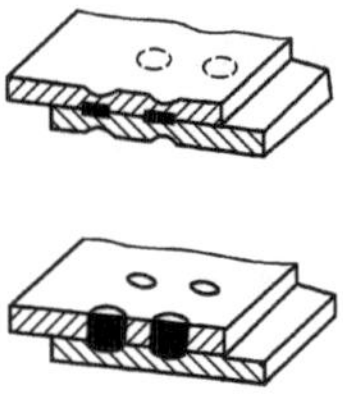	
带钝边 V 形焊缝					
带钝边单边 V 形焊缝			缝焊缝	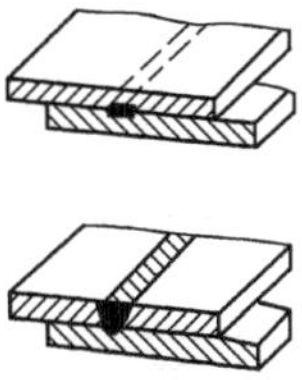	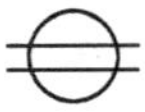
带钝边 U 形焊缝					
带钝边 J 形焊缝			陡边 V 形焊缝		

（续）

<table>
<tr><th>名称</th><th>示意图</th><th>符号</th><th>名称</th><th>示意图</th><th>符号</th></tr>
<tr><td>陡边单
V 形焊缝</td><td>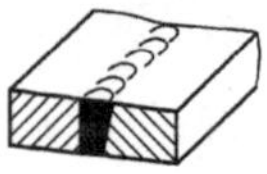</td><td></td><td rowspan="2">平面连接
（钎焊）</td><td>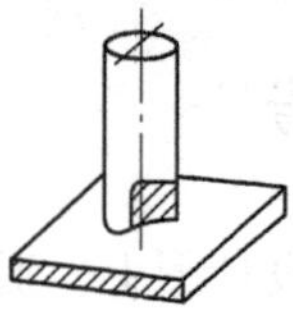</td><td rowspan="2"></td></tr>
<tr><td>端焊缝</td><td></td><td></td><td>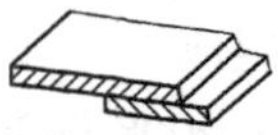</td></tr>
<tr><td rowspan="2">堆焊缝</td><td rowspan="2">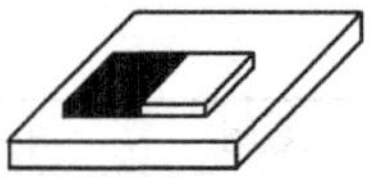</td><td rowspan="2"></td><td>斜面连接
（钎焊）</td><td>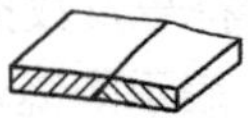</td><td></td></tr>
<tr><td>折叠连接
（钎焊）</td><td></td><td></td></tr>
</table>

（2）基本符号的组合　标注双面焊焊缝或接头时，基本符号可以组合使用，见表 1-2。

表 1-2　基本符号的组合

名　称	示意图	符　　号
双面 V 形焊缝（X 焊缝）	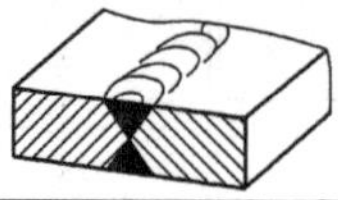	
双面单 V 形焊缝（K 焊缝）	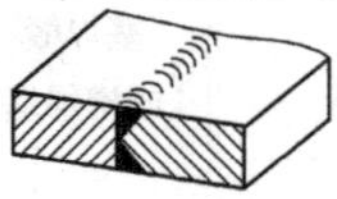	
带钝边的双面 V 形焊缝		
带钝边的双面单 V 形焊缝	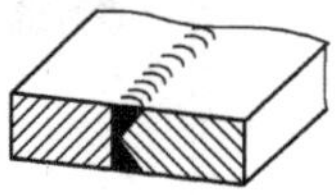	
双面 U 形焊缝	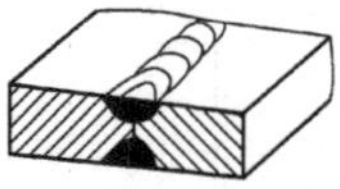	

（3）补充符号　为了补充说明焊缝某些特征而采用的符号，见表 1-3。

表 1-3　焊缝补充符号

名称	符　号	说　　明
平面		焊缝表面通常经过加工后平整
凹面		焊缝表面凹陷
凸面		焊缝表面凸起

（续）

名称	符　号	说　　明
圆滑过渡		焊趾处过渡圆滑
永久衬垫	M	衬垫永久保留
临时衬垫	MR	衬垫在焊接完成后拆除
三面焊缝		三面带有焊缝
周围焊缝		沿着工件周边施焊的焊缝 标注位置为基准线与箭头线的交点处
现场焊缝		在现场焊接的焊缝
尾部		可以表示所需的信息

（4）焊缝尺寸符号　用来代表焊缝的尺寸要求，表 1-4 所示为常用的焊缝尺寸符号。当需要注明尺寸要求时才标注。

表 1-4　常用焊缝尺寸符号及标注示例

名称	符号	示意图	标注示例
工件厚度 坡口角度 坡口深度 根部间隙 钝边高度	δ α H b p	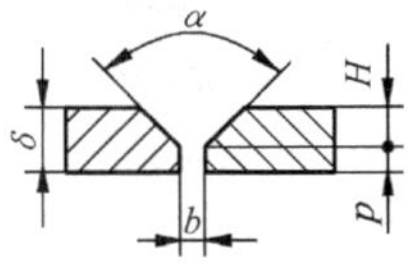	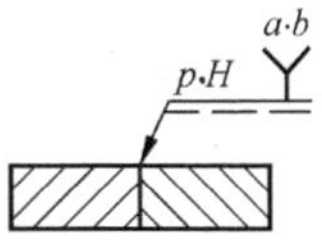
焊缝段数 焊缝长度 焊缝间隙 焊脚尺寸	n l e K	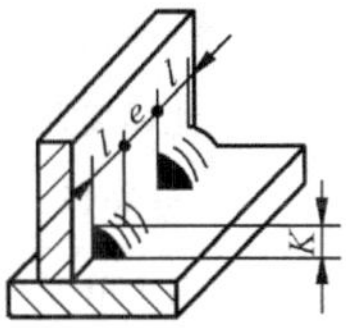	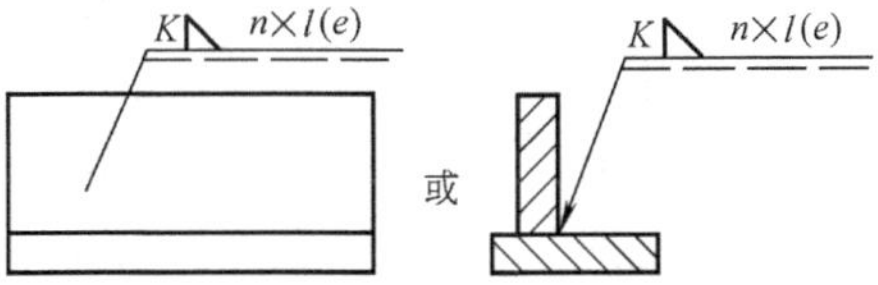
焊点个数 熔核直径 焊点间距	n d e	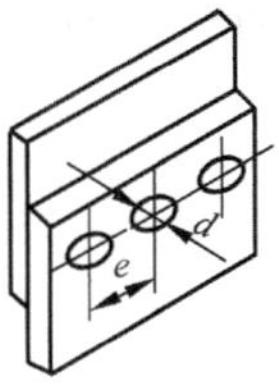	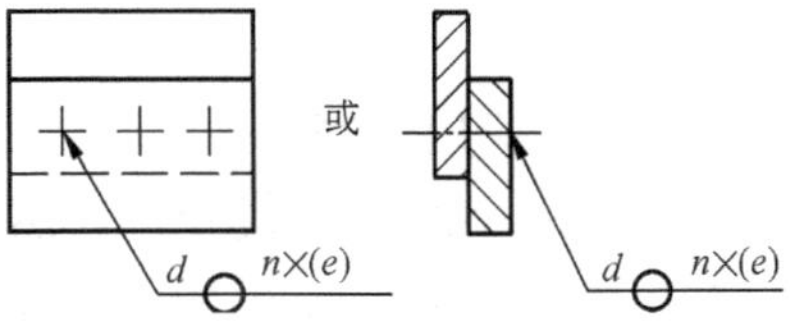
相同焊缝 数量符号	N		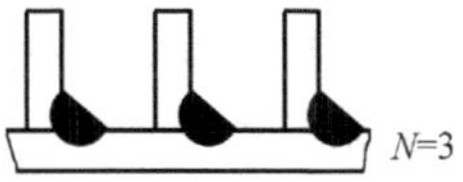

图 1-8 所示为焊缝尺寸符号及数据的标注位置。

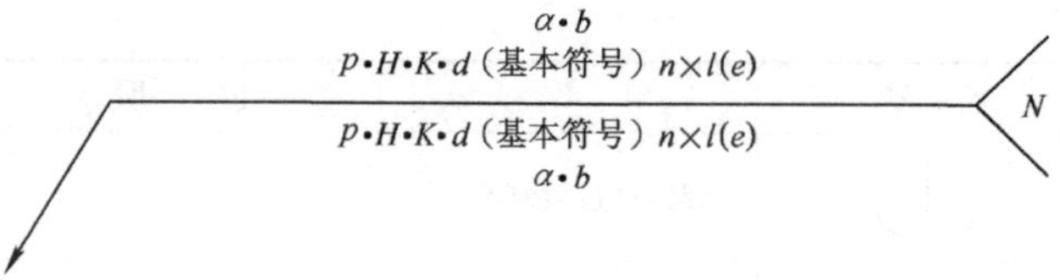

图 1-8　焊缝尺寸符号及数据的标注位置

（5）指引线　由箭头线和基准线组成，箭头指向焊缝处，基准线由两条互相平行的细实线和虚线组成，如图 1-9 所示。当需要说明焊接方法时，可以在基准线末端增加尾部符号。常用的焊接方法表示代号见表 1-5。

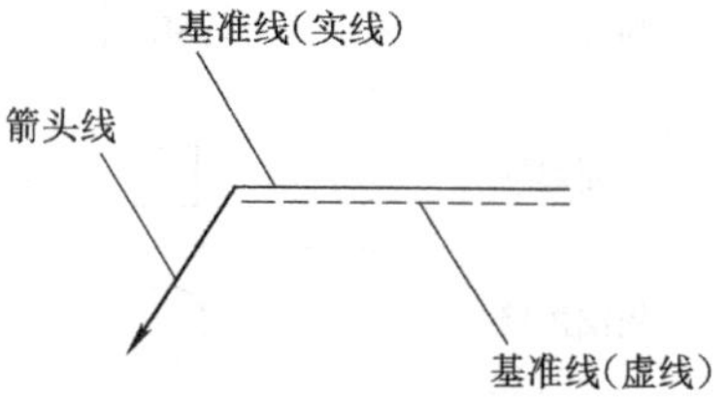

图 1-9　指引线的画法

2. 识别焊缝代号的基本方法

1）根据箭头的指引方向了解焊缝在焊件上的位置。

2）看图样上焊件的结构形式（即组焊焊件的相对位置）识别出接头形式。

3）通过基本符号可以识别焊缝形式（即坡口形式）、基本符号上下标有坡口角度及对接间隙。

表 1-5　焊接方法表示代号

焊接方法	代号	焊接方法	代号
电弧焊	1	电阻焊	2
焊条电弧焊	111	点焊	21
埋弧焊	12	缝焊	22
熔化极惰性气体保护焊	131	闪光焊	24
钨极惰性气体保护焊	141	气焊	3
压焊	4	氧—乙炔焊	311
超声波焊	41	氧—丙烷焊	12
摩擦焊	42	其他焊接方法	7
扩散焊	45	激光焊	751
爆炸焊	441	电子束焊	76

4）通过基准线的尾部标注可以了解采用的焊接方法、对焊接的质量要求以及无损检验要求。

3. 焊缝代号应用实例

如图 1-10 所示的焊缝代号，表达的含义为：焊缝坡口采用带钝边的 V 形坡口，坡口间隙为 2mm，钝边高为 3mm，坡口角度为 60°，采用焊条电弧焊焊接，反面封底焊，反面焊缝要求打磨平整。

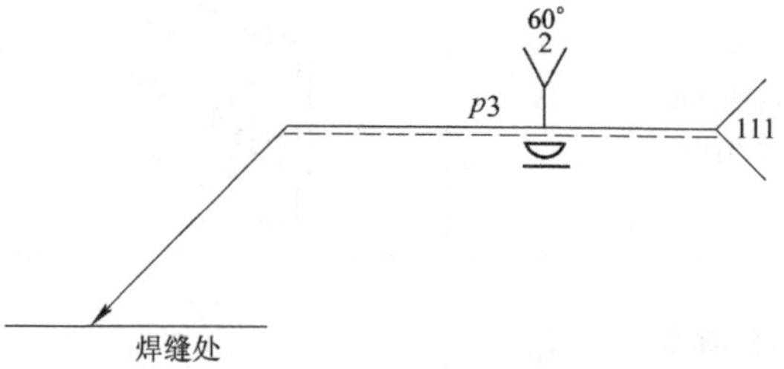

图 1-10　焊缝代号表示示例

【活动建议】

利用去工厂实习的机会，查找一些焊接结构的施工图，练习焊缝代号的识别。

【综合训练】

一、填空

1. 熔焊焊接接头是由________、________和________三部分组成的。

2. 焊接接头的基本形式有________、________、________和________四种。

3. 对接焊缝的坡口形式有________、________、________、________、________、________等多种。

4. 焊缝代号可以表示________，________，________，以及焊缝某些特征或其他要求。

二、简答

1. 选择焊缝的坡口形式，通常要考虑哪些因素？

2. 如何正确识别焊缝代号？

三、实例分析

1. 对接接头的焊缝形式如图1-11a所示，焊缝代号标注如图1-11b所示。试说明其焊缝代号的含义。

2. T形接头的焊缝形式如图1-12a所示，焊缝代号标注如图1-12b所示。试说明其焊缝代号的含义。

3. 角接接头的焊缝形式如图1-13a所示，角接焊缝代号标注如图1-13b所示。试说明其焊缝代号的含义。

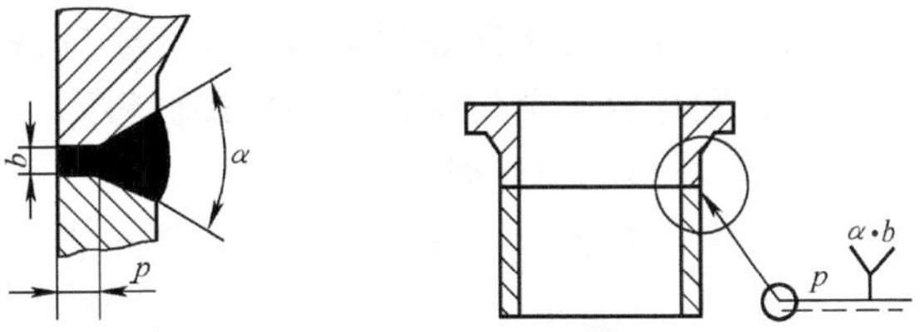

a)　　b)

图1-11　对接焊缝标注实例

a）对接焊缝　b）焊缝代号标注

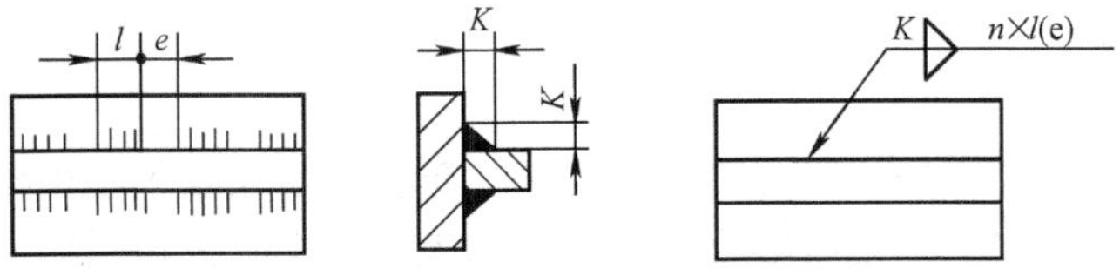

a)　　b)

图1-12　T形接头焊缝标注实例

a）T形接头焊缝　b）焊缝代号标注

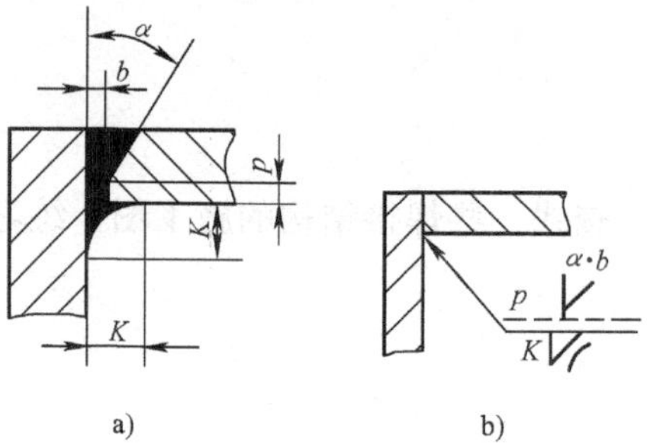

图 1-13 角接焊缝标注实例
a）角接焊缝 b）焊缝代号标注

模块三 焊接结构的生产工艺流程与安全管理

一、焊接结构的生产工艺流程

焊接结构生产工艺流程取决于产品的结构形式。典型焊接结构生产工艺流程如图 1-14 所示。

1. 原材料和焊接材料的检验与管理

材料的检验项目应根据所焊结构的设计要求而定。主要检验项目有材料炉批号、型号、牌号、化学成分、力学性能和耐蚀性等。原材料和焊接材料检验合格后，应按有关行业或企业标准，分别存放于金属材料库和焊接材料库。

2. 金属材料的预处理

金属材料的预处理主要包括矫正和表面清理。

3. 放样、划线和号料

放样、划线和号料是决定焊件毛坯形状和尺寸公差的重要工序，也是焊接结构生产过程主要质量控制点之一。例如，采用数控切割机下料，并利用 Auto CAD 或 CAM 软件，将零件图形输入到切割机的数控系统，则可省略放样、划线工序。

4. 下料和边缘加工

焊件毛坯的切割、下料是保证构件尺寸精度的重要工序，切割质量应严加控制。金属的切割下料可以采用机械切割或热切割方法。切割边缘，特别是焊接接头的边缘，通常要进行边缘加工或坡口加工。

5. 成形和弯曲加工

大多数焊接结构，如锅炉、压力容器、船舶、车辆、桥梁及重型机械等，为达到产品设计形状的要求，在焊接之前或之后都要经过成形加工。成形工艺包括冲压、卷制、弯曲和旋压等。构件成形加工的质量，直接关系到后续工序——装配和焊接的顺利进行，因此成形加工必须符合相应工艺规程的要求。

6. 装配与焊接

在各类焊接结构的生产中，装配与焊接是决定产品最终质量的关键性工序，是质量保证体系中重要的质量控制点。为此，生产企业必须为每一部件编制装配工艺卡，为每一种焊接

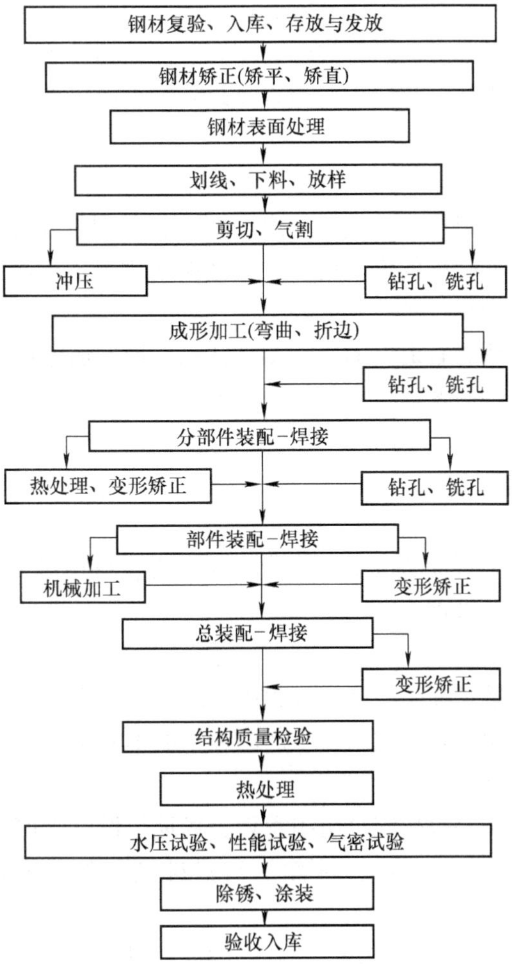

图 1-14 典型焊接结构生产工艺流程示意图

接头编制焊接工艺规程。

7. 焊后热处理

焊后热处理是焊接工艺不可分割的重要组成部分。它与焊件材料的种类、牌号、板厚、焊接工艺方法及工艺参数等密切相关，是保证焊件工作特性和使用寿命的关键工序。焊后热处理不仅可以消除或降低结构的焊接残余应力，稳定结构的尺寸，而且能有效地改善接头的金相组织，提高接头的各项性能。

8. 焊件的质量检验

焊件的质量保证，主要应通过生产全过程的各工序，特别是关键工序的控制来实现。焊件质量的最终检查，实际上是一种辅助性的质量控制手段。如果只重视最终的质量检查，而忽视生产全过程加工工艺的控制，可能会造成重大的经济损失。

焊件质量的最终检查有焊接结构的外形尺寸的检查，焊缝的外观检查，焊接接头的无损检测，焊接接头的密封性检查，结构整体的耐压检查和焊接接头的破坏性检验等。

9. 焊接结构的后处理

焊接结构的后处理是指在制造工序和检验程序结束后，对焊接构件的整个内外表面、部分表面，或仅限焊接接头及邻近区进行修整和清理。修整的目的是清除焊缝表面残留的焊接飞溅、击弧点及其他制造工艺和检测引起的表面缺陷。表面清理是保证成品涂装质量的准备工序。

10. 焊接结构的涂装

焊接结构的涂装是成品出厂前的最后一道工序。它是焊件在运输、安装和使用过程中，防止大气腐蚀和意外撞击而受损的重要措施。产品涂装质量不仅决定了产品的表面完好性，而且也从一个侧面反映生产单位的企业形象。

锅炉、压力容器、储罐和管道上的所有接管开孔，均需加塑料塞盖封牢。重要的焊接结构应用木质包装箱妥善包装后发运。包装箱两侧均需标注明显标记，以利于正确吊运。

二、焊接生产安全管理

焊接生产现场中，由于直接从事生产作业的人、机、料相对集中，存在多种危险因素，故需对焊接生产的安全进行管理。

1. 焊接生产管理的任务

焊接生产管理的任务就是在生产施工过程中，组织安全生产的全部管理活动，主要通过对生产因素具体的状态控制，减少或消除生产因素中的不安全状态和行为。

2. 焊接生产管理的内容

焊接生产管理的内容主要包括安全组织管理、场地与设施管理、行为控制和安全技术管理四个方面，分别对生产中的人、物、环境的行为与状态进行具体的管理与控制。

3. 焊接生产管理的基本原则

1）生产、安全同时管理。安全与生产虽有时存在矛盾，但管理目标是高度一致的。

2）坚持安全管理的目的性。安全管理的目的是保护劳动者的安全与健康，实现效益。

3）必须贯彻预防为主的方针。在生产过程中，应经常检查、及时发现不安全因素，并采取措施。

4）坚持“四全”动态管理。即坚持全员、全过程、全方位和全天候的动态管理。

5）安全管理重在控制。对生产因素的控制，与安全管理目的的关系最为直接。

4. 焊接生产管理的具体措施

1）对焊工进行安全教育和考试。焊工刚入厂时，要接受厂、车间和生产小组的三级安全教育，同时焊工必须经过安全技术培训，并经过考试合格后才允许上岗独立操作。

2）建立焊接安全责任制。通过建立安全责任制，明确企业中各级领导、职能部门和有关工程技术人员等，在焊接安全工作中应负的责任。

3）编制焊接安全操作规程。建立和执行必要的安全操作规程，是保障焊工安全健康和促进安全生产的一项重要措施。

4）对焊接工作场地进行组织。根据安全规则对焊接工作场地进行有效的组织，使各工序之间井然有序，保证生产安全。

三、5S 管理的基础知识

1．5S 的概念

5S 的概念起源于日本，是 Seiri（整理）、Seiton（整顿）、Seiso（清扫）、Seiketsu（清洁）和 Shisuke（素养）5 个单词的首字母。通过 5S 管理，可逐步深化现场管理，对改善工作环境，提高工作效率，提高员工素质，确保安全生产，保证产品质量，减少和防止多余物产生，降低生产成本，保证交货期等都具有重要作用。

1）整理（Seiri）。在工作现场区分需要与不需要的东西。保留需要的东西，撤除不需要的东西，其目的是将空间腾出来活用。

2）整顿（Seiton）。将需要的东西加以定位置放，并且保持在需要时可立即取出状态。定位之后，要明确标示；用完之后，要物归原位。其目的是不浪费时间找到物品。

3）清扫（Seiso）。就是将不需要的东西加以排除、丢弃，以保持工作场所无垃圾、无污秽之状态。勤于擦拭机器设备、勤于维护工作场所，其目的是不断维护干净的工作场所和设备。

4）清洁（Seiketsu）。维护清扫过后的厂区及整洁美观的工作环境，使工作的人觉得干净、卫生而产生无比的干劲。现场时时刻刻保持美观状态且维持前 3S 的效果，其目的是消除脏污，保持现场干净整洁。

5）素养（Shisuke）。就是通过开展上述 4S 的活动，让每一位员工养成良好习惯，并且遵守规定和规则，做到以厂为家。其目的是提升员工素质修养，实现员工的自我规范。

2．5S 管理的目标

5S 管理主要针对的是现场的生产环境，它对生产现场环境全局进行综合考虑，并制订切实可行的计划与措施，从而达到规范化管理。5S 的核心是养成习惯、形成习惯，并使之常态化。企业推动 5S 管理的目标如下。

1）提升企业形象。

2）提高生产效率。

3）提高库存周转率。

4）减少设备故障，保障产品的质量水平。

5）加强安全，减少安全隐患。

6）养成节约习惯，降低生产成本。

7）缩短作业周期，保证生产计划。

8）改善企业精神面貌，形成良好企业文化。

5S 是企业生产活动中最简明易懂、易做的现场管理内容，“认真做、坚持做、规范做、人人做”是它的精髓。5S 工作是精益生产的基础，也是精益管理的精华。

3．5S 管理评分标准

表 1-6、表 1-7 分别为办公区域和生产区域的 5S 管理检查评分表示例，其中的检查内容也就是 5S 管理的具体内容。

表 1-6 办公区域 5S 管理检查评分表

区分	检查内容	评分标准			得分	问题简述
		好	一般	差		
整顿/整理	1. 文件、资料、办公用品是否按“有用”、“无用”区分	各项内容区分清楚	有混放现象	混放现象严重		
	2. 无用文件、资料、办公用品是否及时清理	及时清理，无长期堆放	已堆放一周	长期堆放		
	3. 文件、资料、办公用品是否在规定区域摆放整齐	按规定区域摆放整齐	没有整齐摆放在规定区域，摆放在非规定区域内	不在规定区域摆放，且放置不整齐		
	4. 办公区域、生活区域、办公用具是否有责任人	各部位责任人明确	部分有责任人	无责任人		
	5. 安全通道、出口是否明显并保持畅通	安全通道、出口上无任何物品，标识清楚	安全通道不够畅通	安全通道、出口标识不清楚，堆有杂物		
	6. 各类交通工具是否停放在指定地点并且整齐	按规定整齐停放	个别车辆没有按规定停放	超过三辆自行车或其他车辆违规停放		
清扫/清洁	1. 办公现场是否整齐、清洁	垃圾及时清除，做到办公现场清洁卫生	局部有乱扔垃圾现象或垃圾清运不及时	摆放不整齐，环境脏、乱、差，有杂物		
	2. 更衣室是否整齐、清洁	更衣箱摆放整齐，清洁干净，无杂物、烟蒂	个别未按规定摆放整齐	摆放不整齐、环境脏乱差，有杂物、烟蒂		
	3. 会议桌、办公桌、工作台是否干净整洁	会议桌、办公桌、工作台干净、整洁，无杂物	个别未按规定摆放整齐	大部分不干净、不整洁或有杂物		
素养	1. 员工着装按公司规定	全体员工着装规范	有 1 ~2 人次违反	多人次违反		
	2. 到生产现场是否按照规定佩戴劳防用品	严格遵守四穿戴，安全帽标识清楚	有 1 ~2 人次违反	多人次违反		
	3. 宣传栏、告示栏、标语栏内容是否及时更新	宣传栏、告示栏、标语栏内容能及时更新	偶尔有未更新的信息	多处、长时间未更新		

（续）

区分	检查内容	评分标准			得分	问题简述
		好	一般	差		
素养	4. 是否文明就餐	文明就餐，不插队，餐后自觉归还餐具	有1~2人次违反文明就餐规定	多人次违反文明就餐规定		
	5. 用电、用纸或其他消耗品是否有浪费现象	基本无上述浪费现象	有个别浪费现象	浪费现象严重		
	6. 是否自觉遵守劳动纪律	准时到岗，无人迟到、早退	1人次提早吃饭、洗澡	2人次以上提早吃饭、洗澡		
	7. 上班时间是否做与工作无关的事	上班时间无人做与工作无关的事	1人次上班时间做与工作无关的事	2人次以上闲聊、串岗做与工作无关的事		
	8. 是否遵守公司定点定时吸烟的规定	定点、定时吸烟，地面无烟蒂	未发现有违反定点、定时吸烟行为，但地面有烟蒂	发现在非吸烟点和非吸烟时间吸烟		
	9. 是否使用文明礼貌用语	能使用文明礼貌用语，没有大声喧哗现象	个别员工没有使用文明礼貌用语	员工语言粗鲁，有不文明行为		
	10. 班前会是否准时召开、内容充实、员工精神饱满	能准时召开，员工站立规范、内容充实、精神饱满	个别人站立不规范，内容、精神面貌一般	未开班会或时间相差很大，无内容		
	11. 部门是否有5S定期检查记录	有5S定期检查记录	部分有5S检查记录	无5S检查记录		
合计						

表1-7　生产区域的5S管理检查评分表

区分	检查内容	评分标准			得分	问题简述
		好	一般	差		
整顿/整理/素养	1. 器材、物品和零部件是否按有用、无用和合格、不合格区分	各项内容按要求区分清楚	有混放现象	混放现象严重		
	2. 预装对象、物料是否在规定区域堆放整齐	按规定的区域整齐摆放	不整齐地摆放在规定区域内，或整齐地摆放在非规定区域内	不在规定区域摆放，且放置不整齐		
	3. 现场使用的图纸、工艺文件是否保持完好并现行有效	图纸、工艺文件保持完好，无污损且版本有效	少量图纸、工艺文件不符合要求	现场发现过期、作废图纸文件，或污损严重		

（续）

区分	检查内容	评分标准			得分	问题简述
		好	一般	差		
整顿/整理/素养	4. 安全通道、出口是否明显并保持畅通	安全通道、出口上无任何物品，标识清楚	安全通道不够畅通	安全通道、出口标识不清楚，堆有杂物		
	5. 各类交通工具是否停放在指定地点并且整齐	按规定整齐停放	个别车辆没有按规定停放	超过5辆自行车或其他车辆违规停放		
	6. 工具箱、垃圾箱、设备等是否按种类、功能摆放整齐	严格按种类、功能摆放整齐，工具箱内物品整齐	个别未按种类、功能摆放整齐	超过5个以上未摆放整齐		
	7. 垃圾是否按金属、非金属分类放置	所有垃圾严格分类	个别垃圾箱未分类	超过3个以上未分类		
	8. 风、水、电、气等各类管线是否按规定架设	严格按规定架设，整齐	个别地方未按规定架设	设置混乱		
清扫/清洁	1. 责任区和作业现场是否有乱扔垃圾现象	垃圾及时清运，做到工完、料净、场地清	个别有乱扔垃圾现象或垃圾清运不及时	垃圾乱扔现象严重		
	2. 设备、工作台等是否干净、整洁	干净、整洁，无杂物	个别不整洁，有杂物	多个工作台不干净、不整洁或有杂物		
	3. 是否按规定穿戴劳防用品	严格遵守四穿戴，安全帽标识清楚	有1~2人次违反	多人次违反		
	4. 管理广告牌内容是否结合生产经营实际	广告牌信息形式结合实际，内容充实	内容、形式一般	无广告牌或者内容空洞		
	5. 宣传栏、告示栏内容是否及时更新	宣传栏、告示栏、内容能及时更新	偶尔有未更新的信息	多处未及时更新		
	6. 责任区域是否有跑冒滴漏现象	基本无上述浪费现象	个别地方有跑冒滴漏现象	跑冒滴漏现象严重		
	7. 是否有乱扔焊材、螺丝等浪费现象	基本无上述浪费现象	有个别现象	浪费现象严重		
	8. 是否按时上下班	准时到岗、离岗	有个别人推迟上岗、提前离岗	多人有推迟上岗、提前离岗行为		
	9. 上班时间是否做与工作无关的事	上班时间无人做与工作无关的事	有个别人上班时间做与工作无关的事	多人闲聊、串岗		
	10. 是否遵守公司定点定时吸烟的规定	定点、定时吸烟，地面无烟蒂	未发现有违反定点、定时吸烟行为，但地面有烟蒂	发现在非吸烟点和非吸烟时间吸烟		
	11. 是否在规定的时间召开班前会	准时召开和结束	未准时开始或结束	未开班会或时间相差很大		
	12. 班前会是否内容充实、士气饱满	内容充实、士气饱满	内容、精神面貌一般	内容空泛，士气不振		
合计						

1 UNIT

【综合训练】

一、填空

1. 焊接生产管理的基本原则中，“四全”动态管理是指________、________、________和________的动态管理。

2. 5S 管理是________、________、________、________和________5 个单词的首字母。

二、简答

1. 简述焊接结构的生产工艺流程。

2. 焊接生产管理主要包括哪些内容？其具体措施有哪些？

第二单元　焊接应力与变形

学习目标

1. 了解有关应力与变形的相关知识。
2. 掌握焊接应力与变形产生的原因。
3. 掌握焊接变形的分类、危害、控制措施及消除方法。
4. 掌握焊接应力的分布、影响因素、预防措施及消除应力的方法。

模块一　焊接应力与变形的产生

焊接时一般采用集中热源在局部加热，因此造成焊件上温度分布不均匀，最终导致在结构内部产生了焊接应力与变形。焊接应力是形成各种焊接裂纹的重要因素，焊接残余应力和变形在一定条件下还会严重影响焊件的强度、刚度、受压时的稳定性、加工精度和尺寸稳定性等。

一、应力和变形的基础知识

1. 应力

物体在受外力作用后，以及在物理、化学或物理化学变化过程中，当温度、金相组织或化学成分等变化时，其内部都会产生内力。

作用在物体单位截面上的内力称为应力。根据引起内力的原因不同，应力分为工作应力和内应力。

物体由于外力的作用在其单位截面上出现的内力称为工作应力。

物体在无外力作用的情况下而存在于内部的应力称为内应力。内应力是由于物体内部成分不均匀、金相组织及温度的变化等因素造成物体内部的不均匀性变形而引起的应力。内应力存在于许多工程结构中，如焊接结构、铸造结构等。内应力的主要特点是在物体内部内应力构成一平衡力系。

根据内应力产生的原因不同，可分为热应力、装配应力、相变应力、焊接应力等。还可以根据内应力所涉及的范围，将其分为宏观内应力、微观内应力和超微观内应力。

2. 变形

物体在外力或温度等因素的作用下，其形状和尺寸发生变化，这种变化称为物体的变形。

按照物体变形的性质不同，变形可以分为弹性变形和塑性变形。当使物体产生变形的外力或其他因素去除后，变形也随之消失，即物体恢复原状，这样的变形称为弹性变形。当外力或其他因素去除后变形仍然存在，物体不能恢复原状，这样的变形称为塑性变形。

物体的变形还可按拘束条件分为自由变形和非自由变形。以图 2-1 中的一根金属杆为例，当温度为 T_0 时长度为 L_0，均匀加热，温度上升至 T 时，若金属杆不受阻，杆的长度会增加至 L，其长度的改变 $\Delta L_T = L - L_0$，ΔL_T 就是自由变形，如图 2-1a 所示。

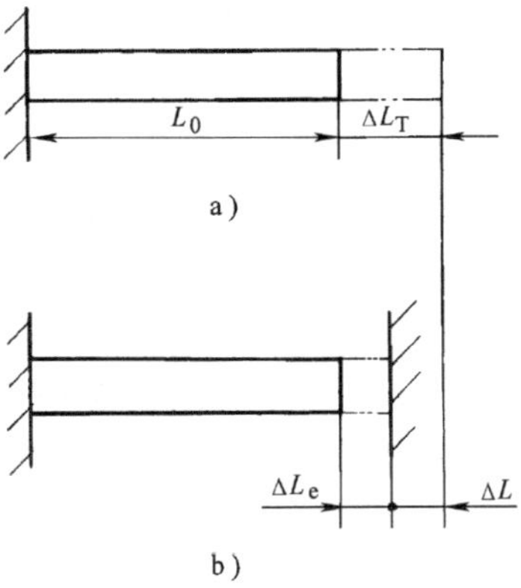

图 2-1 金属杆件的变形
a) 自由变形 b) 非自由变形

单位长度的变形量称为变形率，自由变形率用 ε_T 表示，其数学表达式为

$$\varepsilon_T = \Delta L_T / L_0 = \alpha(T - T_0) \tag{2-1}$$

式中 α——金属的线膨胀系数，它的数值随材料及温度的变化而变化。

如果金属杆在温度变化过程中的伸长受到阻碍，则变形量不能完全表现出来，就是非自由变形，如图 2-1b 所示。其中，把能表现出来的这部分变形称为外观变形，用 ΔL_e 表示，外观变形率 ε_e 可用下式表示，即

$$\varepsilon_e = \Delta L_e / L_0 \tag{2-2}$$

未表现出的变形称为内部变形，用 ΔL 表示。

$$\Delta L = \Delta L_T - \Delta L_e \tag{2-3}$$

同样，内部变形率 ε 用下式表示：

$$\varepsilon = \Delta L / L_0 \tag{2-4}$$

3. 焊接应力与焊接变形

焊接应力是焊接过程中及焊接过程结束后，存在于焊件中的内应力。由焊接而引起焊件尺寸和形状的改变称为焊接变形。焊接加热及冷却过程中产生的应力与变形，称为焊接瞬时应力和焊接瞬时变形；焊接过程结束后，残留在焊接结构中的应力与变形称为焊接应力和焊接变形。

小知识

焊接应力和变形直接影响结构的制造质量和使用性能，严重时会导致构件的失效甚至报废。

二、研究焊接应力与变形的几个假定

由于金属在焊接过程中其物理性能和力学性能都会发生变化，所以产生焊接应力与变形的原因比较复杂，为了分析问题方便，对金属材料焊接应力与变形作以下假定。

1. 平截面假定

假定构件在焊前所取的截面，焊后仍保持平面。即构件只发生伸长、缩短和弯曲，构件变形时其横截面只发生平移或偏转，永远保持平面。

2. 金属性能不变的假定

假定在焊接过程中材料的某些热物理性质，如线膨胀系数 α、热容 c、热导率 λ 等均不随温度的变化而变化。

3. 金属屈服点假定

低碳钢屈服点与温度的关系如图 2-2 中实线所示，为了讨论问题的方便，可以将它简化为图中虚线所示。在 500℃以下时，低碳钢屈服点与常温时相同，不随温度的变化而变化；在 500～600℃之间，屈服点呈线性下降；600℃以上时屈服点为零，呈全塑性状态。我们把材料屈服点为零时的温度称为塑性温度。

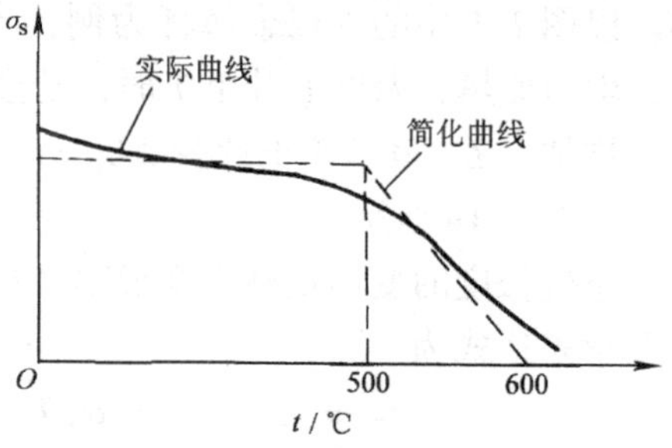

图 2-2　低碳钢的屈服强度与温度的关系

4. 焊接温度场假定

通常将焊接过程中的某一瞬间，焊接接头中各点的温度分布称为温度场。在焊接热源作用下构件上各点的温度在不断地变化，可以认为达到某一极限热状态时，温度场不再改变，这时的温度场称为极限温度场。

三、焊接应力与变形产生的原因

焊接应力和变形是由多种因素交互作用而导致的结果，主要因素包括焊件受热不均匀、焊缝金属的收缩、金相组织的变化及焊件刚性与拘束的影响等，其中最根本的原因是焊件受热不均匀。此外，焊缝在焊接结构中的位置、装配焊接顺序、焊接方法、焊接电流及焊接方向等对焊接应力与变形也有一定的影响。

1. 焊件的不均匀受热

为了便于了解焊件在不均匀受热时如何产生应力与变形，我们首先对均匀加热时产生应力与变形的情况进行讨论。

（1）不受约束的杆件在均匀加热时的应力与变形　根据前面对变形知识的讨论，不受约束的杆件在均匀加热与冷却时，其变形属于自由变形，因此在杆件加热过程中不会产生任何内应力，冷却后也不会有任何残余应力和残余变形，如图 2-3a 所示。

（2）受约束的杆件在均匀加热时的应力与变形　根据前面对非自由变形情况的讨论，受约束杆件的变形属于非自由变形，既存在外观变形，也存在内部变形。

如果加热温度较低，没有达到材料屈服点温度时（$T<T_s$），材料的变形为弹性变形，加热过程中杆件内部存在压应力的作用。当温度恢复到原始温度时，杆件自由收缩到原来的长度，压应力全部消失，不存在残余变形和残余应力。

如果加热温度较高，达到或超过材料屈服点温度时（$T>T_s$），则杆件中产生开始压缩塑性变形，内部变形由弹性变形和塑性变形两部分组成，甚至全部由塑性变形组成（$T>600$℃）。当温度恢复到原始温度时，弹性变形恢复，塑性变形不可恢复，可能出现以下三种情况。

1）如果杆件加热时自由延伸，冷却时限制收缩，那么冷却后杆件内既有残余应力又有残余变形，如图 2-3b 所示。

2）如果杆件加热时不能自由延伸，可以自由收缩，那么杆件中没有残余应力只有残余变形，如图 2-3c 所示。

3）如果杆件受绝对拘束，那么杆件中存在残余应力而没有残余变形，如图 2-3d 所示。

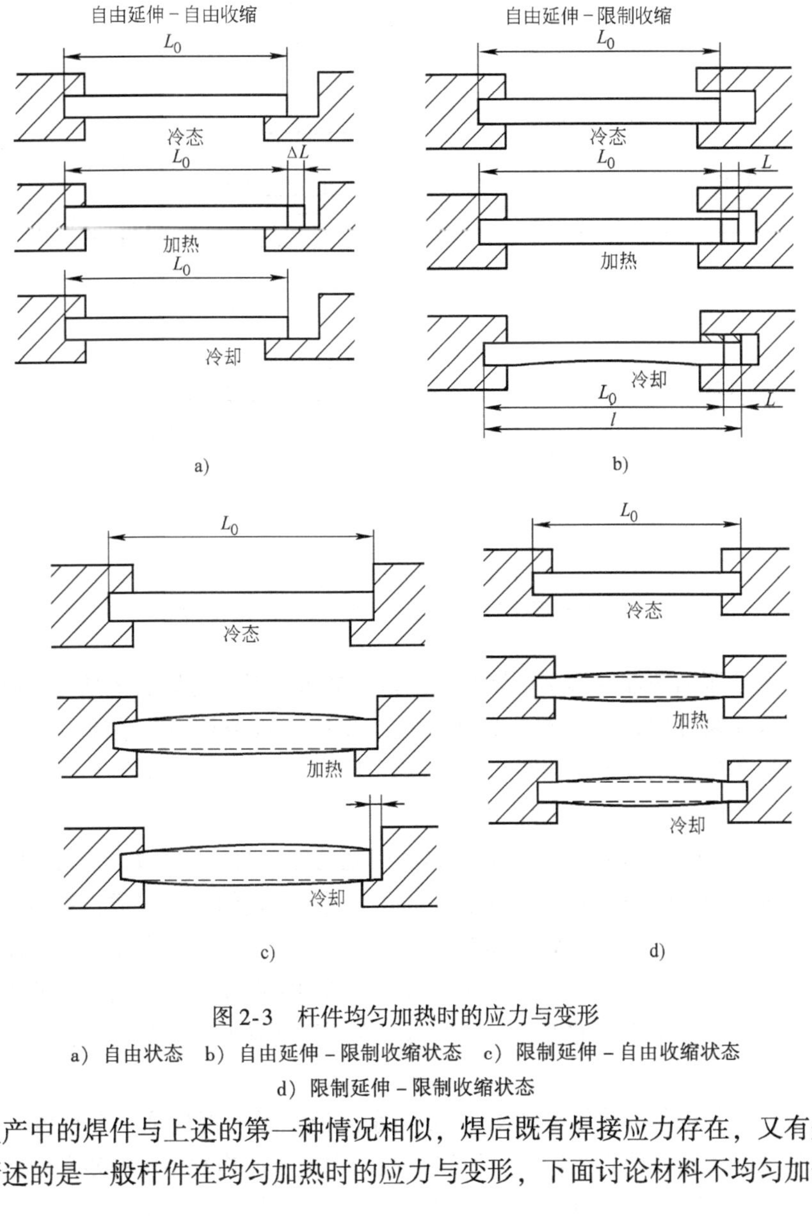

图 2-3　杆件均匀加热时的应力与变形

a）自由状态　b）自由延伸－限制收缩状态　c）限制延伸－自由收缩状态

d）限制延伸－限制收缩状态

实际生产中的焊件与上述的第一种情况相似，焊后既有焊接应力存在，又有焊接变形产生。以上所述的是一般杆件在均匀加热时的应力与变形，下面讨论材料不均匀加热时的应力与变形。

（3）长板条中心加热（类似于堆焊）引起的应力与变形　如图 2-4a 所示的长度为 L_0，厚度为 δ 的长板条，材料为低碳钢，在其中间沿长度方向上进行加热。为简化讨论，我们将板条上的温度区域分为两种，中间为高温区，其温度均匀一致；两边为低温区，其温度也均匀一致。

加热时，如果板条的高温区与低温区是可分离的，高温区将伸长，低温区长度不变，如

图2-4b所示，但实际上板条是一个整体，所以板条将整体伸长，此时高温区内产生较大的压缩塑性变形和压缩弹性变形，如图2-4c所示。

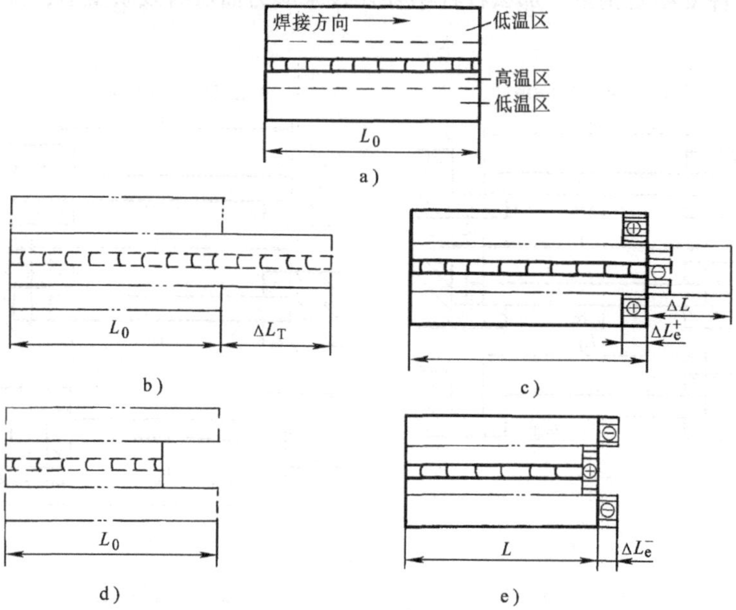

图2-4 长板条中心加热和冷却时的应力与变形
a）原始状态 b）、c）加热过程 d）、e）冷却以后

冷却时，由于压缩塑性变形不可恢复，所以，如果高温区与低温区是可分离的，高温区应缩短，低温区应恢复原长，如图2-4d所示。但实际上板条是一个整体，所以板条将整体缩短，这就是板条的残余变形，如图2-4e所示。同时在板条内部也产生了残余应力，中间高温区为拉应力，两侧低温区为压应力。

（4）长板条一侧加热（相当于板边堆焊）引起的应力与变形 如图2-5a所示的材质均匀的钢板，在其上边缘快速加热。假设钢板由许多互不相连的窄条组成，则各窄条在加热时将按温度高低而有不同的伸长，如图2-5b所示。但实际上，板条是一整体，各板条之间是互相牵连、互相影响的，上部分金属因受下部分金属的阻碍作用而不能自由伸长，因此产生了压缩塑性变形。由于钢板上的温度分布是自上而下逐渐降低，因此，钢板产生了向下的弯曲变形，如图2-5c所示。

钢板冷却后，各板条的收缩应如图2-5d所示。但实际上钢板是一个整体，上部分金属要受到下部分的阻碍而不能自由收缩，所以钢板产生了与加热时相反的残余弯曲变形，如图2-5e所示。同时在钢板内产生了如图2-5e所示的残余应力，即钢板中部为压应力，钢板两侧为拉应力。

由上述讨论可知：

1）对构件进行不均匀加热，在加热过程中，只要温度高于材料屈服点的温度，构件就会产生压缩塑性变形，冷却后，构件必然有残余应力和残余变形。

2）通常，焊接过程中焊件的变形方向与焊后焊件的变形方向相反。

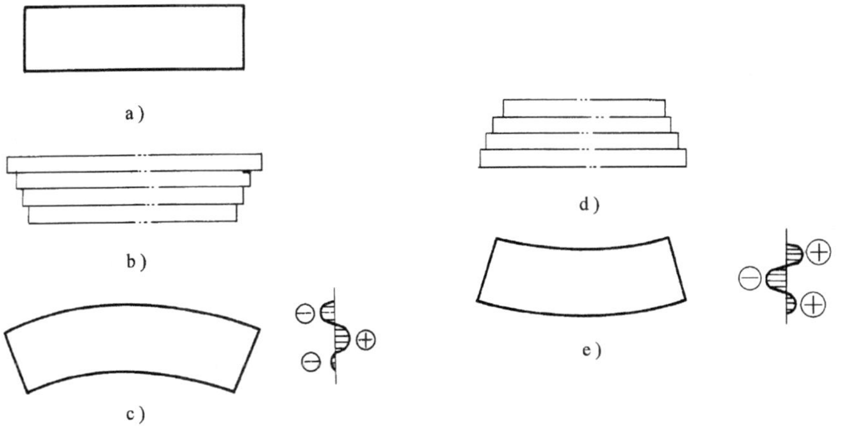

图 2-5 钢板边缘一侧加热和冷却时的应力与变形

a）原始状态 b）假设各板条的伸长 c）加热后的变形

d）假设各板条的收缩 e）冷却后的变形

3）焊接加热时，焊缝及其附近区域将产生压缩塑性变形，冷却时压缩塑性变形区要收缩。如果这种收缩能充分进行，则焊接残余变形大，焊接残余应力小；若这种收缩不能充分进行，则焊接残余变形小而焊接残余应力大。

4）焊接过程中及焊接结束后，焊件中的应力分布都是不均匀的。焊接结束后，焊缝及其附近区域的残余应力通常是拉应力。

2. 焊缝金属的收缩

当焊缝金属冷却，由液态转为固态时，其体积要收缩。由于焊缝金属与母材是紧密联系的，因此，焊缝金属并不能自由收缩。这将引起整个焊件的变形，同时在焊缝中引起残余应力。另外，一条焊缝是逐步形成的，焊缝中先结晶的部分要阻止后结晶部分的收缩，由此也会产生焊接应力与变形。

小知识

在焊接过程中，局部金属发生相变，其比容增大或减小而引起的应力称为相变应力。

3. 金属组织的变化

钢在加热及冷却过程中发生相变，可得到不同的组织，这些组织的比容各不相同，由此也会产生焊接应力与变形。

4. 焊件的刚性和拘束

刚性是指焊件抵抗变形的能力，而拘束是焊件周围物体对焊件变形的约束。刚性是焊件本身的性能，它与焊件材质、焊件截面形状和尺寸等有关，而拘束是一种外部条件。焊件的刚性和拘束对焊接应力和变形也有较大的影响。焊件自身的刚性及受周围的拘束程度越大，焊接变形越小，焊接应力越大；反之，焊件自身的刚性及受周围的拘束程度越小，则焊接变形越大，而焊接应力越小。

【综合训练】

一、填空

1. 内应力是由于__________、__________及__________的变化等因素造成物体内部的不均匀性变形而引起的应力。内应力的主要特点是________________________________。

2. 根据内应力产生的原因不同，可分为__________、__________、__________、__________等。

3. 物体的变形可按拘束条件分为______________和______________。物体单位长度的变形量称为______________。

4. 通常，焊接过程中焊件的变形方向与焊后焊件的变形方向______________。

二、简答

1. 什么叫弹性变形和塑性变形？
2. 低碳钢屈服点与温度有何关系？
3. 焊接应力与变形产生的原因有哪些？
4. 焊件的刚性与拘束对焊接应力与变形有何影响？

模块二　焊接残余变形

一、焊接变形的分类及其影响因素

按焊接变形对整个焊接结构的影响程度可分为局部变形和整体变形，按焊接变形的特征可分为收缩变形、角变形、弯曲变形、波浪变形和扭曲变形，这五种基本变形形式如图 2-6 所示。

1. 收缩变形

焊件在焊后所发生的尺寸缩短现象称为收缩变形，它分为纵向收缩变形和横向收缩变形。

（1）纵向收缩变形　如图 2-7 所示，焊件沿焊缝轴线方向尺寸的缩短称为纵向收缩变形，用 Δx 表示。由于焊缝及其附近区域在焊接高温的作用下产生纵向压缩塑性变形，焊件冷却后这个区域要收缩，于是引起纵向收缩变形。

纵向收缩变形量一般随长度的增加而增加；焊件的截面积越大，焊件的纵向收缩量越小；纵向收缩变形量还取决于材料的弹性模量、压缩塑性变形区的面积和压缩塑性变形量等。压缩塑性变形量与纵向收缩变形量成正比，其大小与焊接方法、焊接参数、焊接顺序以及母材的热物理性质有关，其中以热输入影响最大。一般情况下，压缩塑性变形量与热输入成正比。对于同样截面的焊缝，可以一次焊成，也可以采用多层焊。多层焊每层所用的热输

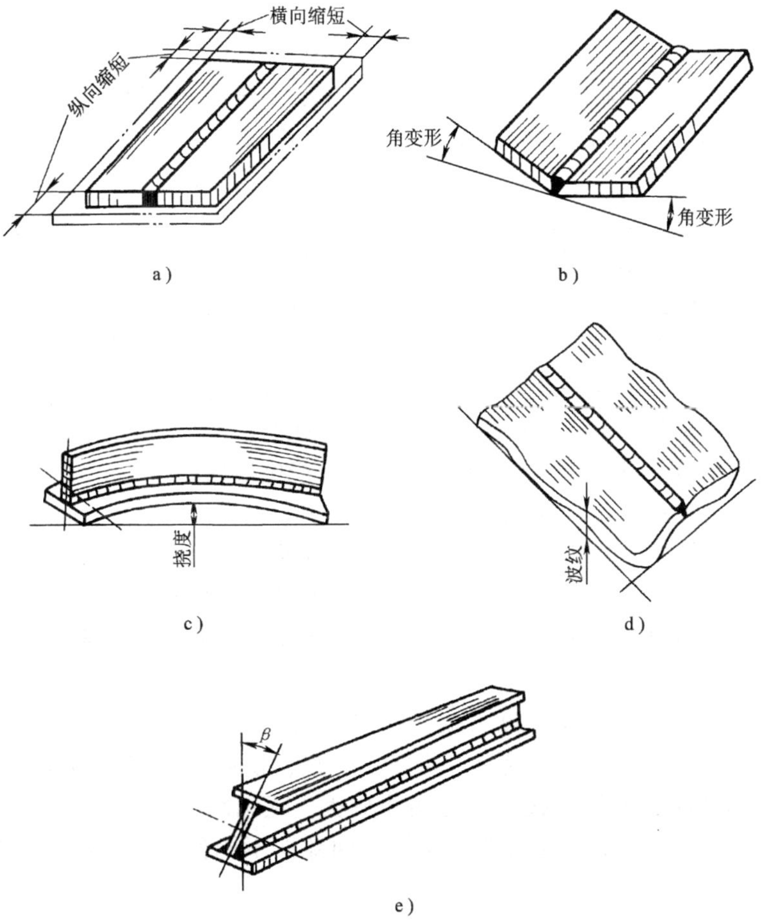

图 2-6　焊接变形的基本形式

a）收缩变形　b）角变形　c）弯曲变形　d）波浪变形　e）扭曲变形

入比单层焊时要小得多，因此，多层焊时每层焊缝所产生的压缩塑性变形区面积比单层焊时小。但多层焊所引起的总变形量并不等于各层焊缝之和，因为各层焊缝所产生的塑性变形区面积是相互重叠的。图 2-8 所示为单层焊和双层焊对接接头塑性变形区示意图。单层焊的塑性变形区面积为 $ABCD$，双层焊第一层焊道产生的塑性变形区为 $A_1B_1C_1D_1$，第二层的塑性变形区为 $A_2B_2C_2D_2$。由此可以得出结论，对截面相同的焊缝，采用多层焊引起的纵向收缩量比单层焊小，分的层数越多，每层的热输入越小，纵向收缩量就越小。

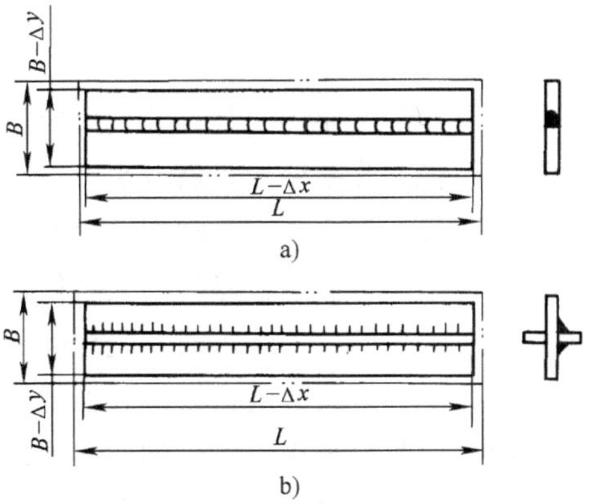

图 2-7　纵向和横向收缩变形

a）对接焊缝　b）角焊缝

焊件的原始温度对焊件的纵向收缩也有影响。一般来说，焊件的原始温度提高，相当于热输入增大，焊后纵向收缩量增大。但是，当原始温度高到某一程度，可能会出现相反的情况，因为随着原始温度的提高，焊件上的温差减小，温度趋于均匀化，压缩塑性变形率下降，可使压缩塑性变形量减小，从而使纵向收缩量减小。

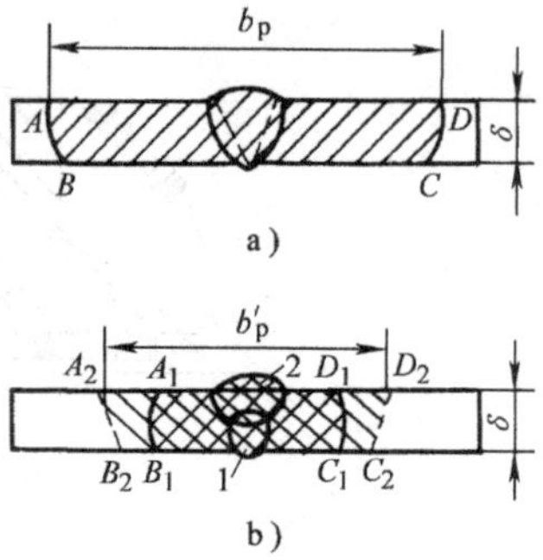

图 2-8 单层焊和双层焊的塑性变形区对比
a）单层焊 b）双层焊

焊件材料的线膨胀系数对纵向收缩量也有一定的影响，线膨胀系数大的材料，焊后纵向收缩量大，如不锈钢和铝比碳钢焊件的收缩量大等。

（2）横向收缩变形　焊件沿垂直于焊缝轴线方向尺寸的缩短即为横向收缩变形，如图 2-7 中的 Δy。构件焊接时，不仅产生纵向收缩变形，同时也产生横向收缩变形。产生横向收缩变形的过程比较复杂，影响因素很多，如热输入、接头形式、装配间隙、板厚、焊接方法以及焊件的刚性等，其中以热输入、装配间隙、接头形式等影响最为明显。

不管采用何种接头形式，其横向收缩变形量总是随焊接热输入增大而增加。装配间隙对横向收缩变形量的影响也比较大，且情况复杂。一般来说，随着装配间隙的增大，横向收缩也增加。

另外，横向收缩量沿焊缝长度方向分布是不均匀的。因为一条焊缝是逐步形成的，先焊的焊缝冷却收缩对后焊的焊缝有一定挤压作用，使后焊的焊缝横向收缩量更大。一般来说，焊缝的横向收缩沿焊接方向是由小到大，逐渐增大到一定长度后便趋于稳定。由于这个原因，生产中常将一条焊缝的两端头间隙取不同值，后半部分比前半部分要大 1～3mm。

小知识

如果焊件在用夹具固定的条件下焊接，其收缩变形量可减小 40%～70%，但焊后会引起较大的焊接应力。

横向收缩的大小还与焊件装配后定位焊和装夹情况有关，定位焊焊缝越长，装夹的拘束程度越大，横向收缩变形量就越小。

对接接头的横向收缩量随焊缝金属量的增加而增大；热输入、板厚和坡口角度增大，横向收缩量也增加，但是板厚的增大会使接头的刚度增大，可以限制焊缝的横向收缩，使横向收缩量减少。另外，多层焊时，先焊的焊道引起的横向收缩较明显，后焊焊道引起的横向收缩量逐层减小。焊接方法对横向收缩量也有影响，如相同尺寸的构件采用埋弧焊比采用焊条电弧焊时横向收缩量小；气焊的横向收缩量比电弧焊的大。

角焊缝的横向收缩要比对接焊缝的横向收缩小得多。同样的焊缝尺寸，板越厚，横向收缩变形越小。

2. 角变形

焊后由于焊缝的横向收缩使得两连接件间相对角度发生变化的变形叫角变形。中厚板对接焊、堆焊、搭接焊及 T 形接头焊接时，都可能产生角变形。焊缝接头形式不同，其角变形的特点也不同，如图 2-9 所示。

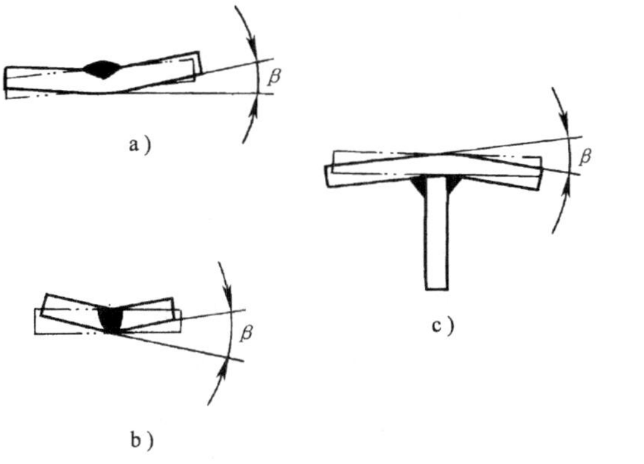

图 2-9　几种接头的角变形

a）堆焊　b）对接接头　c）T 形接头

（1）平板堆焊的角变形　平板堆焊时，在钢板厚度方向上的温度分布是不均匀的。温度高的一面受热膨胀较大，另一面膨胀小甚至不膨胀。由于焊接面膨胀受阻，出现较大的压缩塑性变形，这样，冷却时在钢板厚度方向上产生收缩不均匀的现象，焊接一面收缩大，另一面收缩小，所以产生如图 2-9a 所示的角变形。

角变形的大小与焊接热输入、板厚等因素有关，当然也与焊件的刚性有关。当热输入一定时，板厚越大，厚度方向上的温差越大，角变形增加；但当板厚增大到一定程度，此时构件的刚性增大，抵抗变形的能力增强，角变形反而减小。另外，板厚一定时，热输入增大，压缩塑性变形量增加，角变形增加；但热输入增大到一定程度，堆焊面与背面的温差减小，角变形反而减小。

小知识

产生角变形的根本原因是焊缝的横向收缩变形在板厚方向上的不均匀分布，由此造成了构件平面的偏转。

（2）对接接头的角变形　对接接头的角变形如图 2-9b 所示，主要与坡口形式、坡口角度、焊接层数、焊接顺序等有关。坡口截面不对称的焊缝，其角变形大，因而用 X 形坡口代替 V 形坡口，有利于减小角变形；坡口角度越大，焊缝横向收缩沿板厚分布越不均匀，角变形越大。同样板厚和坡口形式下，多层焊比单层焊角变形大，多层多道焊比多层焊角变形大。另外，坡口截面对称，采用不同的焊接顺序，产生的角变形大小也不相同，图 2-10a 所示为 X 形坡口对接接头，先焊完一面后翻转再焊另一面，焊第二面时所产生的角变形不能完全抵消第一面产生的角变形，这是因为焊第二面时第一面已经冷却，增加了接头的刚性，使第二面的角变形小于第一面，最终产生一定的残余角变形。如果采用正反面各层对称交替焊，如图 2-10b 所示，这样正反面的角变形可相互抵消。但这种方法其焊件翻转次数比较多，不利于提高生产率。比较好的办法是，先在一面少焊几层，然后翻转过来焊满另一面，使其产生的角变形稍大于先焊的一面，最后翻转过来焊满第一面，如图 2-10c 所示，这样就能以最少的翻转次数来获得最小的角变形。非对称坡口的焊接，如图 2-10d 所示，应先焊焊接量少的一面，后焊焊接量多的一面，并且注意每一层的焊接方向应相反。

薄板焊接时，正反面的温差小，且薄板的刚度小，焊接过程中，在压应力作用下易产生失稳，使角变形方向不定，没有明显规律性。

(3) T形接头角变形　T形接头的角变形可以看成是由立板相对于水平板的回转与水平板本身的角变形两部分组成，如图2-11a所示。T形接头不开坡口焊接时，其立板相对于水平板的回转相当于坡口角度为90°的对接接头角变形 β'，如图 2-11b 所示；水平板本身的角变形相当于水平板上堆焊引起的角变形 β''，如图2-11c所示。这两种角变形综合的结果，使T形接头两板间的角度发生如图 2-11d 所示的变化。

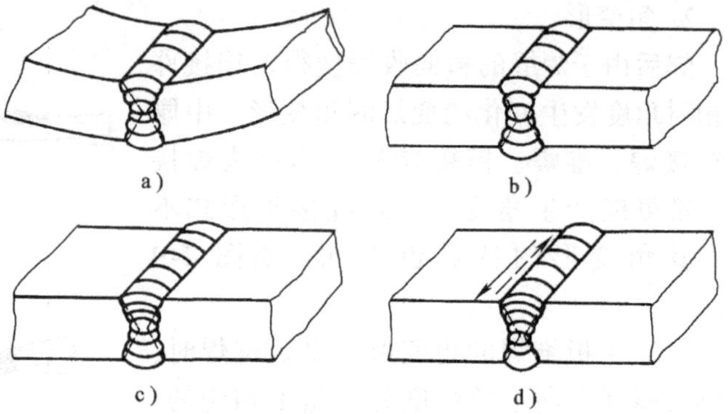

图 2-10　角变形与焊接顺序的关系

a)、c) 对称坡口非对称焊　b) 对称坡口对称交替焊　d) 非对称坡口非对称焊

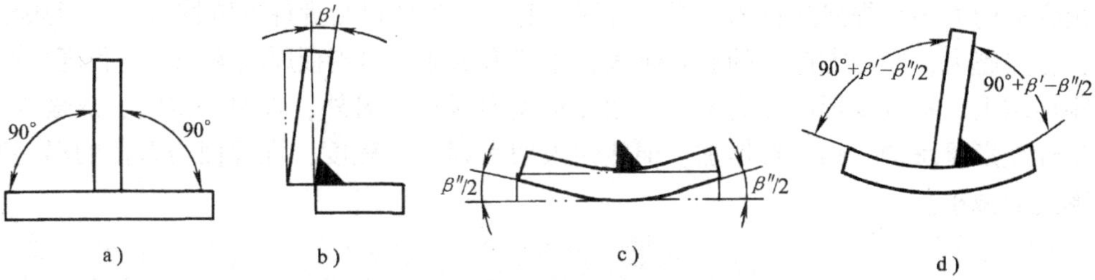

图 2-11　T形接头的角变形

a) T形接头　b) 立板的回转变形　c) 水平板的角变形　d) T形接头总变形

为了减小T形接头角变形，一方面可以通过开坡口来减小立板与水平板间的焊缝夹角，减小 β'值；另一方面还可以通过减小焊脚尺寸来减少焊缝金属量，降低 β''值。

(4) 框架构件的角变形　在某些金属结构元件上，T形接头的角变形可能导致整个构件的畸变。图 2-12a 所示为焊有密排肋板壁板的框架结构，若无外加拘束，则T形接头的角变形引起壁板弯曲变形。若肋条加以刚性固定，则壁板将出现图 2-12b 所示的波浪变形。

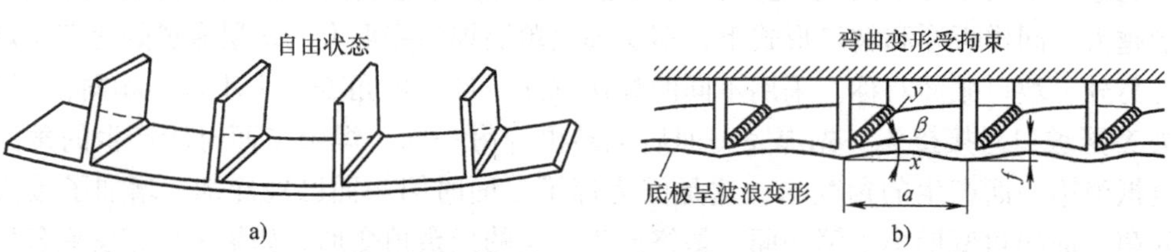

图 2-12　框架角变形引起的整体畸变

a) 自由状态　b) 拘束状态

3. 弯曲变形

弯曲变形是由于焊缝的中心线与结构截面的中性轴不重合或不对称，焊缝的收缩沿构件宽度方向分布不均匀而引起的。由于焊缝的收缩分纵向收缩和横向收缩，因此，弯曲变形分

为纵向收缩引起的弯曲变形和横向收缩引起的弯曲变形。

（1）纵向收缩引起的弯曲变形　如图2-13所示的板边堆焊，由于焊缝的中心线在结构截面中性轴的一侧，其焊缝的纵向收缩沿宽度方向不均匀分布，因而引起弯曲变形。通过研究表明，弯曲变形的大小与塑性变形区的中心线到焊件截面中性轴的距离（偏心距 s）成正比，偏心距 s 越大，弯曲变形越严重；焊缝位置对称或接近于截面中性轴，则弯曲变形就比较小。纵向收缩引起的弯曲变形还与焊件的刚度成反比。

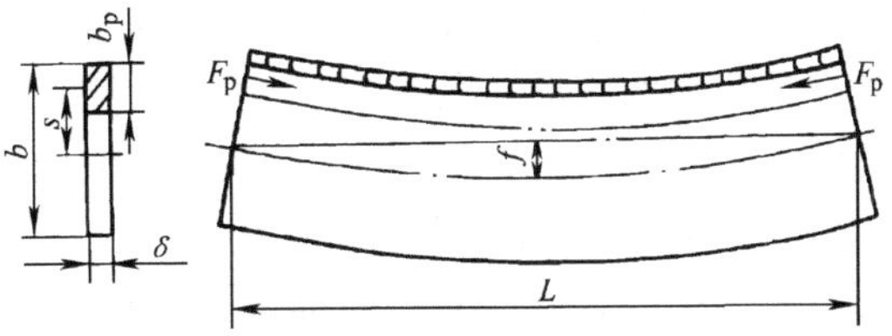

图2-13　焊缝的纵向收缩引起的弯曲变形

（2）横向收缩引起的弯曲变形　如果焊缝的横向收缩在结构上分布不对称，也会引起构件的弯曲变形。如图2-14所示，工字梁上布置若干短肋板，由于肋板与腹板及肋板与上翼板的角焊缝均分布于结构中性轴的上部，它们的横向收缩沿梁高度方向分布不对称，因而引起工字梁的下挠变形。

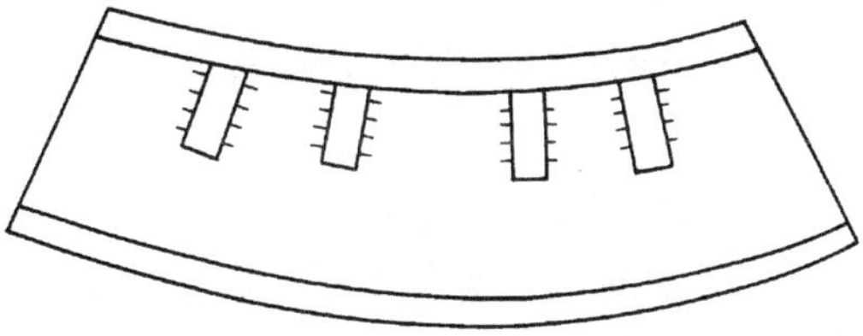
图2-14　焊缝的横向收缩引起的弯曲变形

4. 波浪变形

波浪变形常发生于板厚小于6mm的薄板焊接过程中，又称为失稳变形。大面积平板拼接，如船体甲板、大型油罐罐底板等，在焊接残余压应力作用下，极易产生波浪变形。

图2-15所示为几种典型薄板构件的波浪变形。

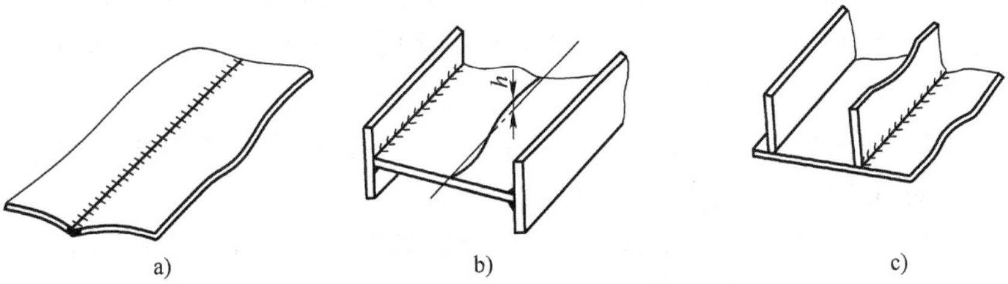

图2-15　典型薄板构件上的波浪变形

a）薄板对接纵缝　b）工字梁的纵向焊缝　c）带肋板角焊缝

防止波浪变形可从两方面着手：一是尽量减少产生波浪变形的外部因素，即降低焊接残余压应力，如采用减小塑性变形区的焊接方法，选用较小的焊接热输入等；二是通过增加焊件刚度和拘束度来提高焊件失稳临界应力值，如给焊件增加肋板，适当增加焊件的厚度等。

焊接角变形也可能产生波浪变形。如图2-16所示，采用大量肋板的结构，每块肋板的角焊缝引起的角变形，连贯起来就造成波浪变形。这种波浪变形与失稳的波浪变形有本质的区别，需要不同的解决方法。

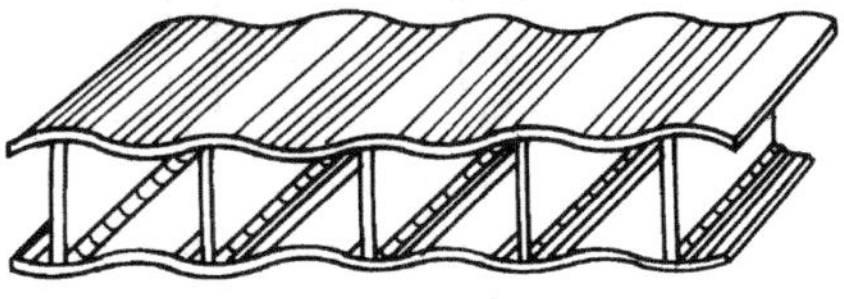
图2-16　焊接角变形引起的波浪变形

5. 扭曲变形

在一些框架、杆件或梁柱等刚性较大的焊接构件上，往往会发生扭曲变形。在图2-17中，工字梁上有四条纵向焊缝，如果按图中1~4顺序和方向焊接，因为角焊缝引起的角变形在焊缝长度方向逐渐增大，则会产生扭曲变形。若两条角焊缝同时同向焊接，或在夹具中进行焊接，则可以减小或防止扭曲变形。

在五种基本焊接变形中，最基本的是收缩变形，收缩变形再加上不同的影响因素，就构成了其他四种基本变形形式。

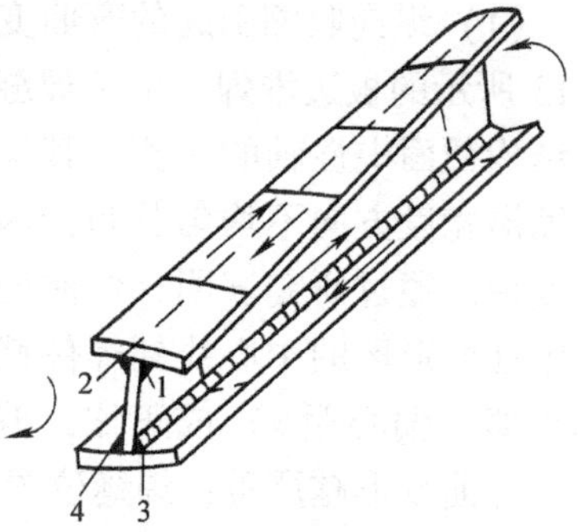

图2-17　工字梁的扭曲变形

二、控制焊接变形的措施

构件的焊接变形会造成结构外形和尺寸的超差，影响后续工序的正常进行，严重时会降低结构的承载能力。焊件变形的矫正，不仅增加了加工工序，延长了生产周期，而且提高了生产成本，难以实现自动化焊接。

从焊接结构的设计开始，就应考虑控制变形可能采取的措施。进入生产阶段，可采用焊前预防变形的措施，以及在焊接过程中“积极”的工艺措施。而在焊接完成后，只能选择相应的“消极”矫正措施来减少或消除发生的残余变形。

1. 控制焊接变形的设计措施

（1）选择合理的焊缝尺寸和坡口形式

1）选择合理的焊缝截面尺寸。焊接变形与焊缝金属的截面尺寸大小有很大关系，因此对结构焊缝进行设计时，在保证结构承载能力和焊接质量的前提下，应根据板厚选取合理的最小焊缝截面尺寸。尤其是角焊缝尺寸，最容易盲目加大。

对受力较大的T字形或十字形接头，在保证强度相同的条件下，采用开坡口的焊缝可减少焊缝金属，对减小角变形有利，如图2-18所示。

2）选择合理的坡口形式。对接焊缝，选用对称的坡口形式比非对称的坡口形式容易控制角变形。因此，具有翻转条件的结构，宜选用双V形等对称的坡口形式。T形接头立板端开J形坡口比开单边V形坡口产生的角变形小，如图2-19所示。

（2）合理选择焊缝长度和数量　由于焊缝长度对焊接变形有影响，所以在满足强度要

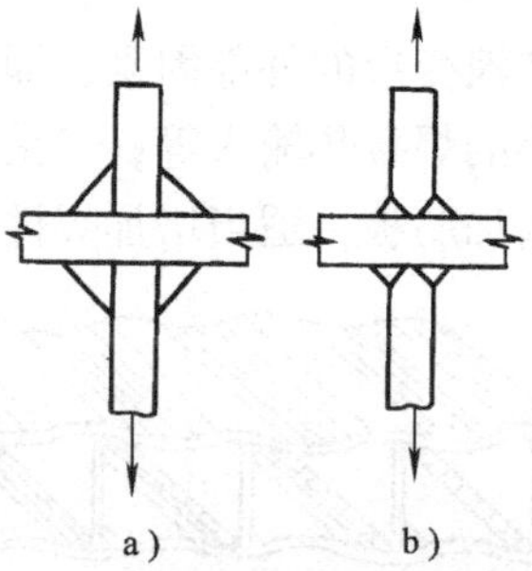

图2-18　相同承载能力的十字接头

a）不开坡口　b）开坡口

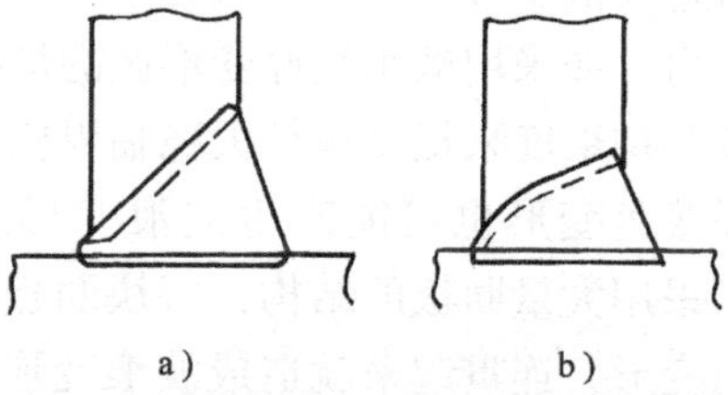

图2-19　T形接头的坡口

a）角变形大　b）角变形小

求和密封性要求的前提下，可以用断续焊缝代替连续焊缝，以减小焊接变形。另外，在设计过程中还要尽可能减少焊缝数量，多采用型材、冲压件代替焊接件；焊缝多且密集处，可以采用铸—焊联合结构，以减少焊缝数量。此外，适当增加壁板厚度，以减少肋板数量，或者如图2-20所示，采用压型结构代替肋板结构，都对防止薄板结构的变形有利。

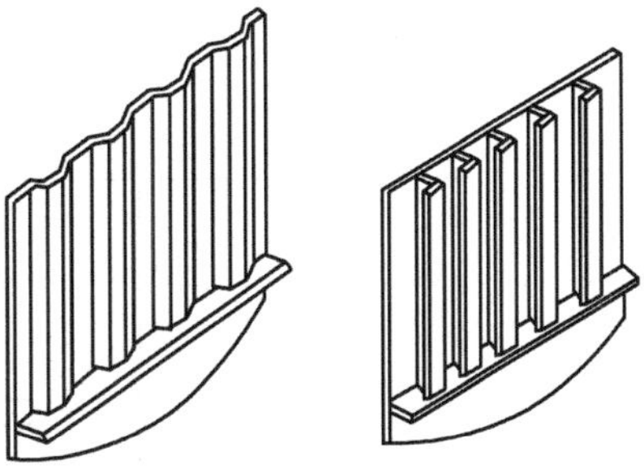

图 2-20　采用压制型材代替焊接肋板
a）压型加强肋板　b）焊接肋板

（3）合理安排焊缝位置　结构设计过程中，应尽量使焊缝中心线与结构截面的中性轴重合或靠近中性轴，力求在中性轴两侧的变形量大小相等且方向相反，起到相互抵消的作用。例如，图 2-21 所示的箱形结构，图 2-21a 中焊缝集中于中性轴一侧，弯曲变形大，图 2-21b、图 2-21c 中的焊缝安排合理。

图 2-22a 的肋板设计，使焊缝集中在截面的中性轴下方，肋板焊缝的横向收缩集中在中性轴下方将引起上拱的弯曲变形。改成图 2-22b 的设计形式，可以减小和防止这种变形。

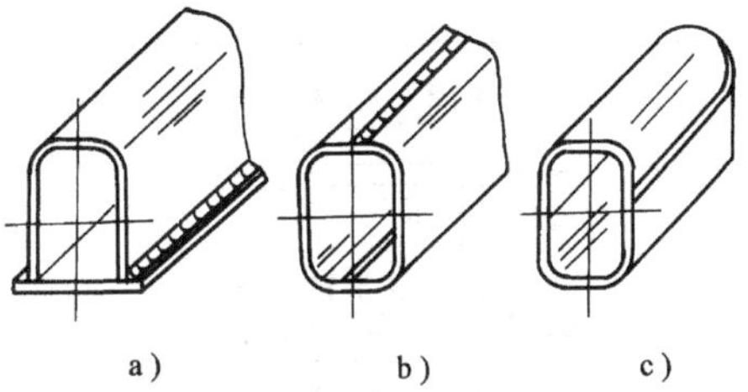

图 2-21　箱形结构的焊缝安排
a）不合理　b、c）合理

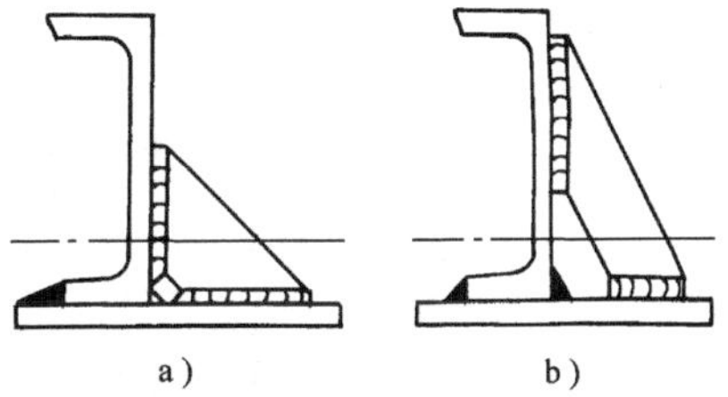

图 2-22　肋板焊缝的合理安排
a）不合理　b）合理

2. 控制焊接变形的工艺措施

（1）留余量法　此方法就是在下料时，将零件的实际长度或宽度尺寸比设计尺寸适当加大，以补偿焊件的收缩。余量的多少可根据公式并结合生产经验来确定。留余量法主要是用于防止焊件的收缩变形。

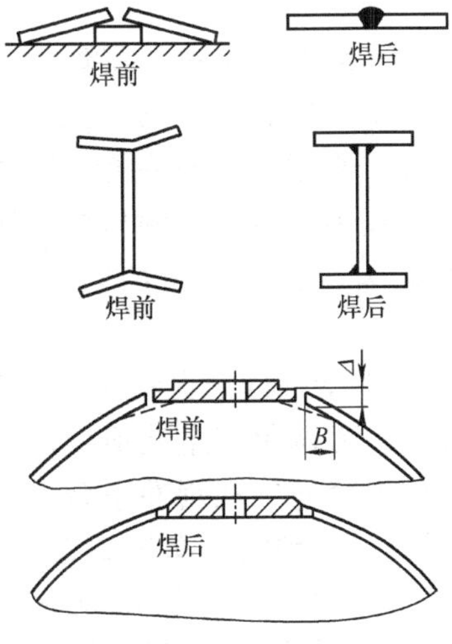

图 2-23　典型焊接结构的反变形法措施

（2）反变形法　反变形法在生产中应用比较广泛，它是根据焊件的变形规律，焊前预先将焊件向着与焊接变形的相反方向进行人为的变形（反变形量与焊接变形量相等），使之与焊接变形相抵消。此法很有效，但必须准确地估计焊后可能产生的变形方向和大小，并根据焊件的结构特点和生产条件灵活地运用。图 2-23 所示为几种典型焊接结构的反变形法措施。

反变形法主要用于控制焊件的角变形和弯曲变形。

（3）预拉伸法　预拉伸法多用于薄板平面结构件的焊接。在焊前先将薄板件用机械方法拉伸或用加热方法使之伸长，再与其他构件，如框架或肋条装配焊接在一起。焊接是在薄板已有预张力或已经预先热膨胀的情况下进行，焊后去除预拉伸或加热，薄板回复初始状态，可有效地降低焊接残余应力，控制波浪变形效果明显。

图2-24所示为采用预拉伸法控制波浪变形的工艺方案，该案例将薄板与壁板骨架焊接成整体构件。

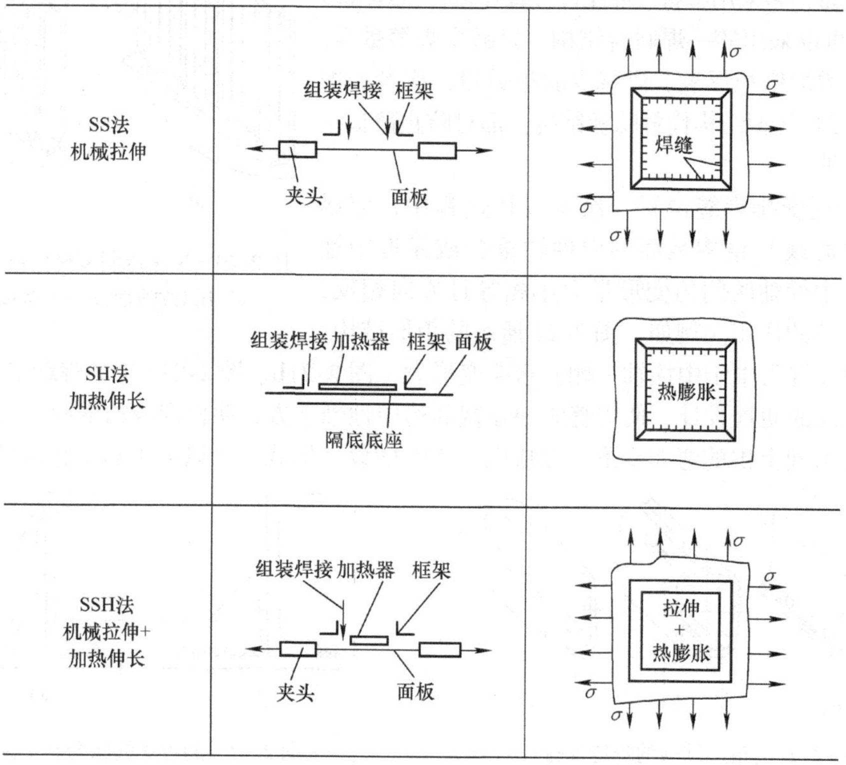

图2-24　采用预拉伸法控制波浪变形的工艺方案

（4）刚性固定法　将焊件固定在具有足够刚性的胎架机具上，或者临时装焊支撑，来增加焊件的刚度或拘束度，以达到减小焊接变形的目的，这就是刚性固定法。常用的刚性固定法有以下几种。

1）将焊件固定在刚性平台上。薄板焊接时，为避免产生波浪变形，可将其用定位焊缝固定在刚性平台上，并且用压铁压住焊缝附近，如图2-25所示。

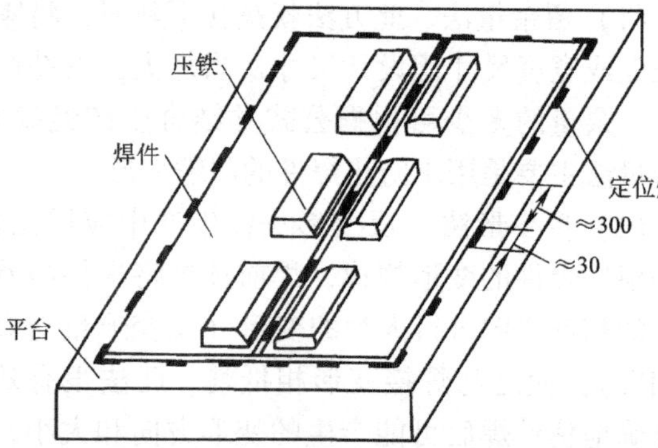

图2-25　薄板拼接时的刚性固定

2）将焊件组合成刚性更大或对称的结构。T形梁焊接时容易产生角变形和弯曲变形，如图2-26所示，将两根T形梁组合在一起，使焊缝对称于结构截面的中性轴，同时增加了结构的刚性，并配合反变形法（采用垫铁），采用合理的焊接顺序，对防止弯曲变形和角变形有利。

3）利用焊接夹具增加结构的刚性和拘束。如图2-27所示，利用夹紧器将构件固定，增加构件的拘束，就可以有效地防止构件产生角变形和弯曲变形。

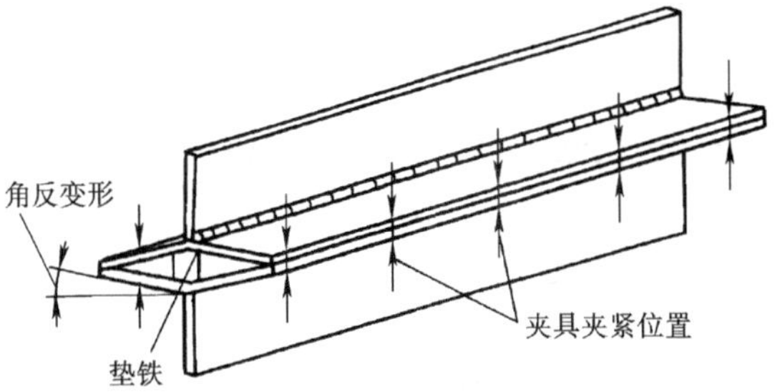

图 2-26　T 形梁在刚性夹紧下进行焊接

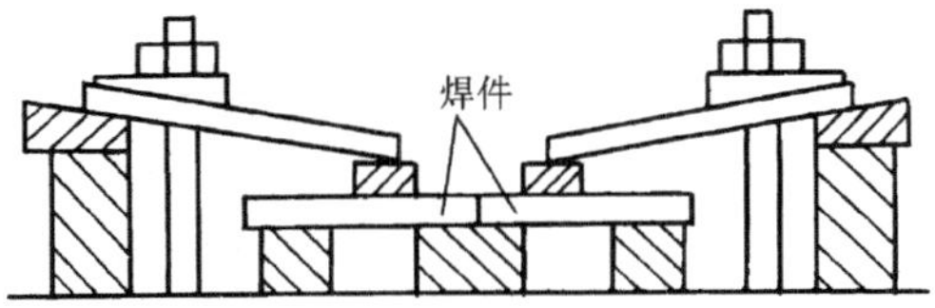

图 2-27　对接拼板时的刚性固定

小知识

刚性固定法对防止弯曲变形的效果不如反变形法，但对角变形和波浪变形较为有效。

4）利用临时支撑增加结构的拘束。单件生产中采用专用夹具，在经济上不合理。因此，可在容易发生变形的部位焊上一些临时支撑或拉杆，增加局部的刚度，能有效地减小焊接变形。如图2-28所示，是防护罩用临时支撑来增加拘束的应用实例。

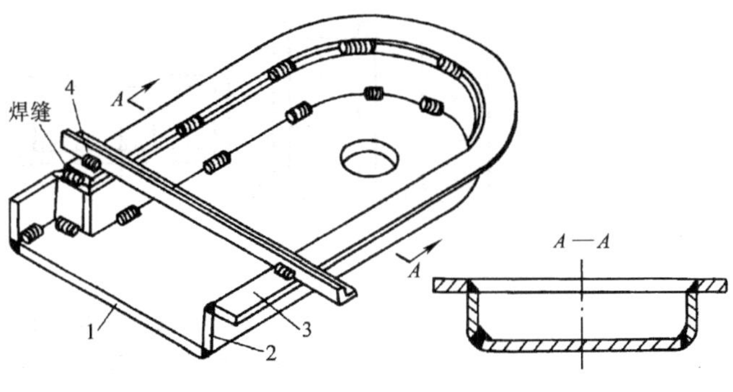

图 2-28　防护罩焊接时的临时支撑

（5）选择合理的装配焊接顺序　由于装配焊接顺序对焊接结构变形的影响很大，因此，在无法使用胎夹具的情况下施焊，采用合理的装配和焊接顺序，也可使焊接变形减至最小。为了控制和减小焊接变形，选择装配焊接顺序应按以下原则进行。

1）正在施焊的焊缝应尽量靠近结构截面的中性轴。桥式起重机的主梁结构由上下翼板、左右腹板及中间的若干肋板组成，如图 2-29 所示。梁的大部分焊缝处于结构中性轴的上方，其横向收缩会引起梁下挠的弯曲变形，而梁制造技术中要求该箱形主梁具有一定的上拱度。为了解决这一矛盾，除了在左右腹板下料时预制上拱度外，还应选择最佳的装配焊接顺序，使下挠的弯曲变形最小。

根据该梁的结构特点，一般先将上翼板与两腹板装成“Π”形梁，如图 2-30 所示，最后装下翼板，组成封闭的箱形梁。“Π”形梁的装配焊接顺序是影响主梁上拱度的关键，应先将大、小肋板与上翼板装配，焊 *A* 焊缝，此时焊缝 *A* 基本接近结构截面的中性轴，变形最小；然后同时装配左右腹板，焊 *C* 和 *B* 焊缝，由于焊缝基本对称于结构截面的中性轴，

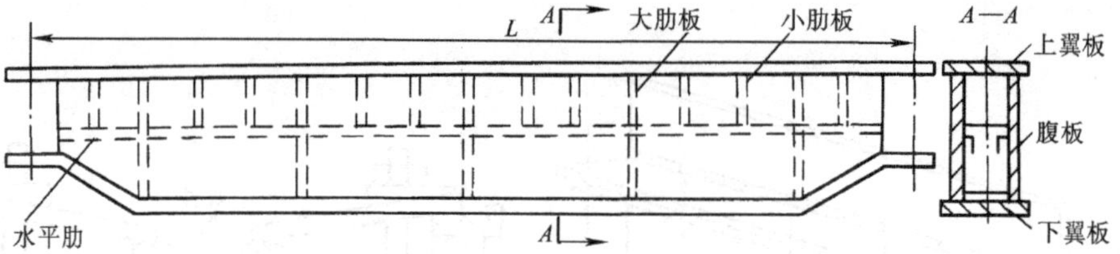

图 2-29　桥式起重机箱形主梁

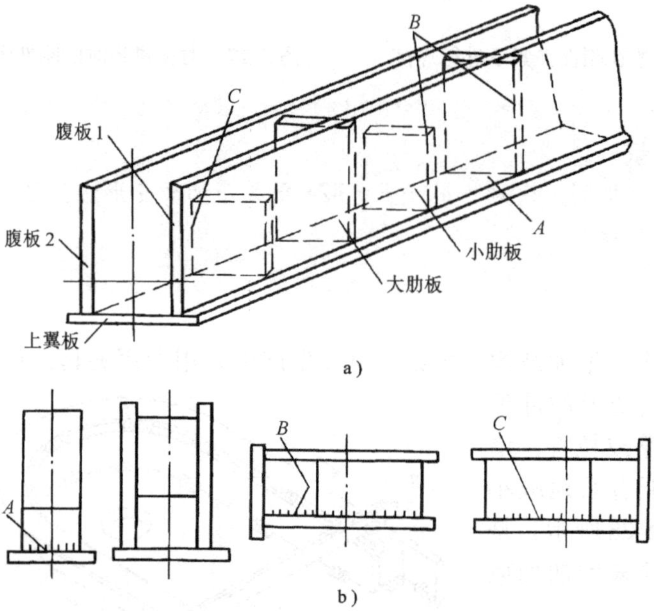

图 2-30　主梁装配焊接

a）Π 形梁结构示意图　b）Π 形梁的装配焊接方案

下挠变形很小。“Π”形梁装配完毕后，先不焊接上翼板与左右腹板的角焊缝，等到下翼板装配完毕后再焊接左右腹板与上下翼板的四条角焊缝，这样由于四条角焊缝基本对称于结构截面的中性轴，可以使焊接变形最小。因此，该方案是最佳的装配焊接顺序，也是目前类似结构在实际生产中广泛采用的一种方案。

2）对于焊缝非对称布置的结构，装配焊接时应先焊焊缝少的一侧。如图 2-31a 所示压力机的压型上模，截面中性轴 $x—x$ 以上有四条焊缝，多于中性轴 $x—x$ 以下的两条焊缝，如果装配焊接顺序不合理，最终将产生下挠的弯曲变形。解决办法是先由两人对称地焊接 1 和 1′焊缝（图 2-31b），此时将产生较大的上拱弯曲变形 f_1 并增加了结构的刚性，再按图 2-31c 的位置焊接焊缝 2 和 2′，产生下挠弯曲变形 f_2，最后按图 2-31d 的位置焊接 3 和 3′，产生下挠弯曲变形 f_3，这样 f_1 近似等于 f_2 与 f_3 的和，并且方向相反，弯曲变形基本相互抵消。

3）焊缝对称布置的结构，应由偶数焊工对称地施焊。如图 2-32 所示的圆筒体对接焊缝，应由两名焊工对称地施焊。

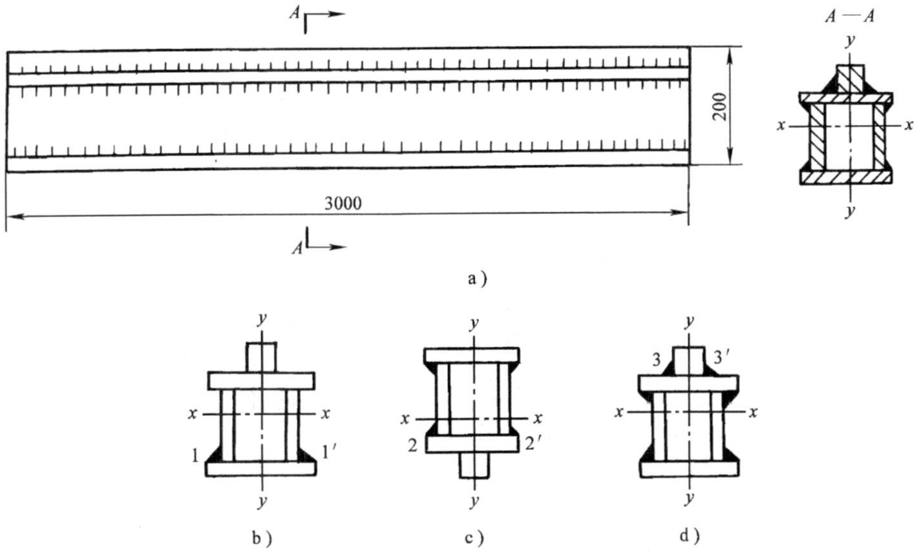

图 2-31　压力机压型上模的焊接顺序

a）压型上模结构图　b）、c）、d）焊接顺序

4）长焊缝（1m 以上）焊接时，可采用图2-33 所示的方向和顺序进行焊接，来减小其焊后的收缩变形。

5）相邻两条焊缝，为了防止产生扭曲变形，应按图2-34中正确的方向和顺序焊接。

（6）合理地选择焊接方法和焊接参数　由于各种焊接方法的热输入不同，因而产生的焊接变形也不一样。能量集中和热输入较低的焊接方法，可有效地降低焊接变形。用 CO_2 气体保护焊焊接中厚钢板的变形比用气焊和焊条电弧焊小得多，更薄的板可以采用脉冲钨极氩弧焊、激光焊等方法焊接。电子束焊的焊缝很窄，变形极小，一般经精加工的工件，焊后仍具有较高的精度。

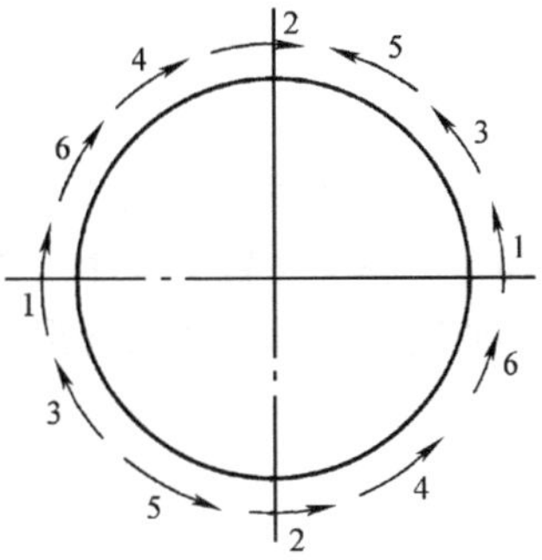

图 2-32　圆筒体对接焊缝的焊接顺序

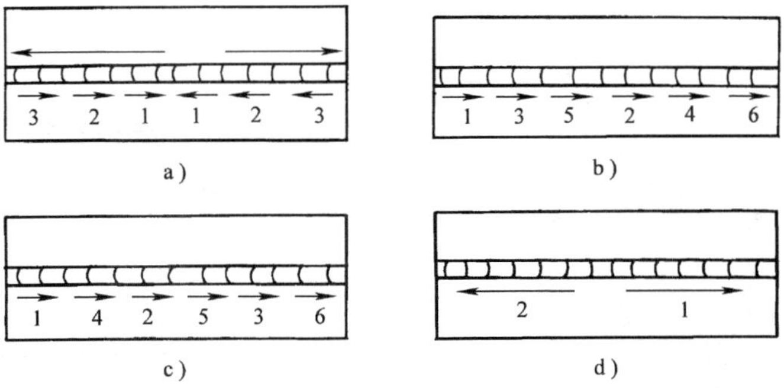

图 2-33　长焊缝的几种焊接顺序

a）分段退焊法　b）、c）跳焊法　d）分段焊法

焊接热输入是影响变形量的关键因素，当焊接方法确定后，可通过调节焊接参数来控制热输入。在保证熔透和焊缝无缺陷的前提下，应尽量采用小的焊接热输入。根据焊件结构特点，可以灵活地运用热输入对变形影响的规律来控制焊接变形。如图 2-35 所示的非对称截面梁的焊接，因焊缝 1、2 离结构截面中性轴的距离 s 大于焊缝 3、4 到中性轴的距离 s'，所以焊后会产生下挠的弯曲变形。如果在焊接 1、2 焊缝时，采用多层焊，每层选择较小的线能量；焊接 3、4 焊缝时，采用单层焊，选择较大的线能量，这样焊接焊缝 1、2 时所产生的下挠变形与焊接焊缝 3、4 时所产生的上拱变形基本相互抵消，焊后得到平直的构件。

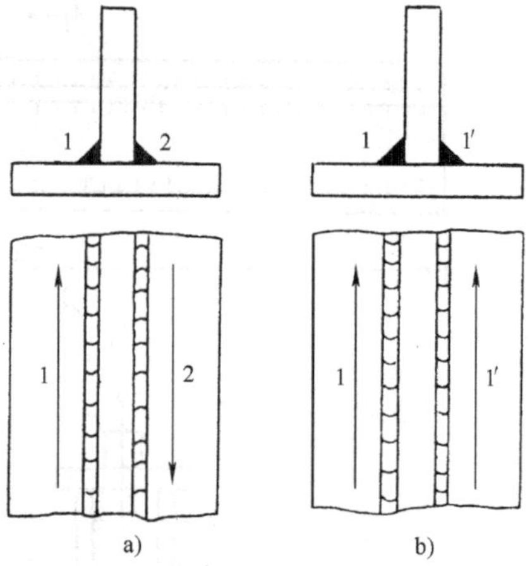

图 2-34　相邻两条焊缝的焊接方向和顺序

a）不正确　b）正确

想一想

哪些工艺措施，在减小变形的同时，也没有产生更大的残余应力？

（7）热平衡法　对于某些焊缝不对称布置的结构，焊后往往会产生弯曲变形。如果在与焊缝对称的位置上采用气体火焰与焊接同步加热，只要加热的工艺参数选择适当，就可以减小或防止构件的弯曲变形。如图 2-36 所示，采用热平衡法对边梁箱形结构的焊接变形进行控制。

（8）散热法　散热法就是通过各种方式将焊缝及其附近处的热量迅速带走，减小焊缝及其附近的受热区，达到减小焊接变形的目的。图 2-37a 是水浸法散热示意图，图 2-37b 是喷水法散热示意图，图 2-37c 是采用纯铜板中钻孔通水的散热垫法散热示意图。

以上所述为控制焊接变形的常用方法。在焊接结构的实际生产过程中，应充分估计各种变形，分析各种变形的变形规律，根据现场条件选用一种或几种方法，有效地控制焊接变形。

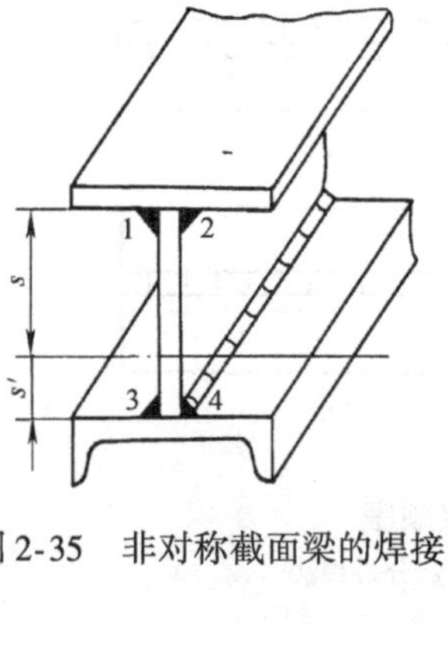

图 2-35　非对称截面梁的焊接

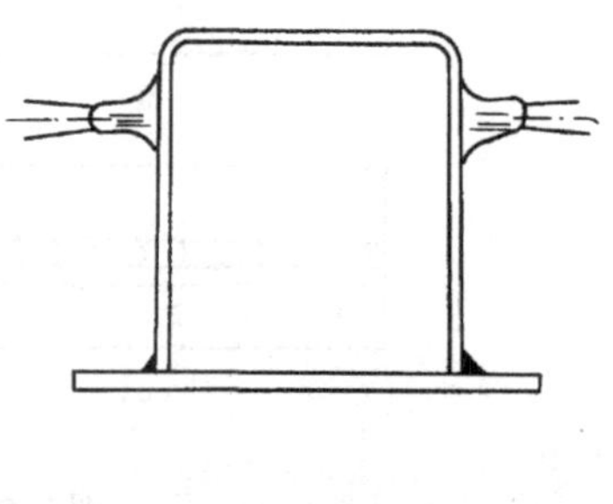

图 2-36　采用热平衡法防止焊接变形

2 UNIT

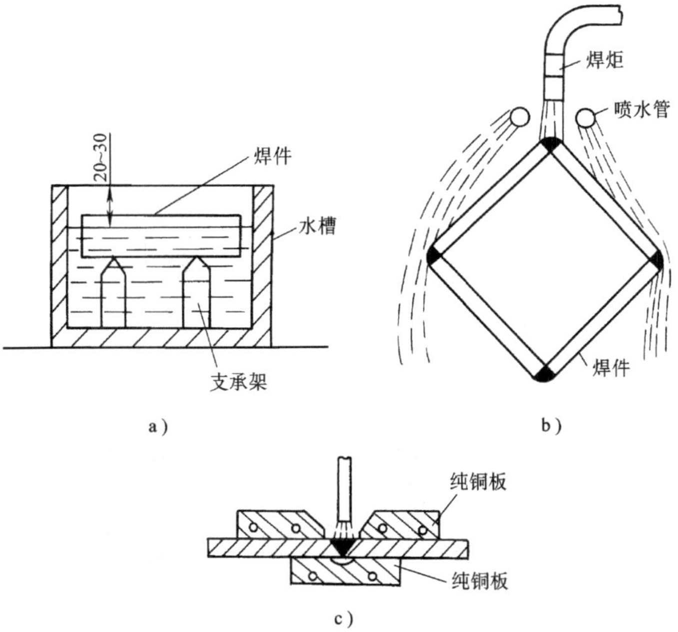

图 2-37 散热法示意图

a）水浸法散热 b）喷水法散热 c）散热垫法散热

三、矫正焊接变形的方法

在焊接结构生产中，焊接变形十分复杂，虽然在结构设计和生产工艺方面已经采取了各种控制和减小焊接变形的措施，但是构件焊接后还是难以避免或大或小的焊接变形。当焊接结构中的残余变形超出技术要求的变形范围时，就必须对焊件的变形进行矫正。

1. 手工矫正法

手工矫正法就是利用手锤、大锤等工具锤击焊件的变形处，使材料延伸补偿焊接收缩。此法主要用于矫正一些小型简单焊件的弯曲变形和薄板的波浪变形。

2. 机械矫正法

机械矫正法就是在机械力的作用下使部分金属得到延伸，产生拉伸塑性变形，使变形的构件恢复到所要求的形状。具体地说，就是用千斤顶、拉紧器、压力机等将焊件顶直或压平。机械矫正法一般适用于塑性比较好的材料及形状简单的焊件，如图 2-38 所示。

3. 火焰加热矫正法

火焰加热矫正就是利用火焰对焊件进行局部加热，使焊件产生新的变形去抵消焊接变形。由于其设备简单操作方便，所以火焰加热矫正法在生产中应用广泛，主要用于矫正弯曲变形、角变形、波浪变形等，也可用于矫正扭曲变形。

加热火焰一般采用氧乙炔中性火焰，火焰加热的方式有点状加热、线状加热和三角形加热三种。

（1）点状加热　如图 2-39 所示的薄板失稳变形，通常采用点状加热来矫正。加热点应分布在波浪变形部位。薄板采用火焰法矫正变形时，由于火焰加热的范围较大，容易使薄板

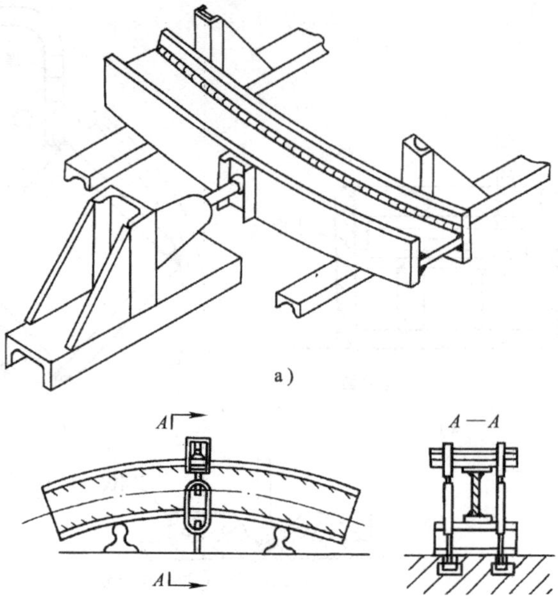

图 2-38　机械矫正法矫正梁的弯曲变形
a）千斤顶矫正　b）拉紧器矫正

进一步外拱，从而降低对加热区金属的压缩作用。这种情况下，应采用多孔板压住工件，然后通过小孔对工件加热，限制受热面积，增强矫正效果。对于中厚度板材的变形，火焰矫正时可在加热区周围喷水冷却，限制加热范围，提高对加热区的挤压作用。但喷水法不适用于淬硬倾向较高的钢材。

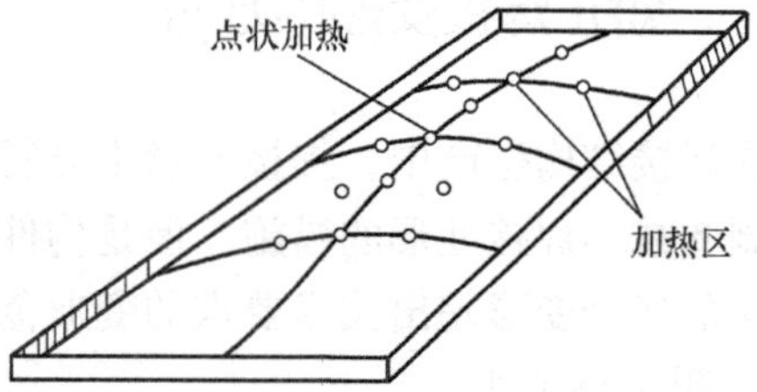

图 2-39　点状加热法矫正薄板波浪变形

小知识

如果导电系数高的铝、铜等材料的薄壁焊接构件发生焊接变形，还可以通过强电磁脉冲矫正法进行矫正。其优点是焊件表面不会产生撞击损伤痕迹，冲击能量可控制。

如图 2-40 所示，加热点的数目应根据焊件的结构形状和变形情况而定。对于厚板，加热点的直径 d 应大些；薄板的加热点直径则应小些。一般来说，加热点直径不超过 15mm。变形量大时，加热点之间距离 a 应小一些；变形量小时，加热点之间距离则应大一些。一般 a 值取 50～100mm 范围内。

（2）线状加热　火焰沿直线缓慢移动或同时作横向摆动，形成一个加热带的加热方式，称为线状加热。线状加热有直通加热、链状加热和带状加热三种形式，如图 2-41 所示。线状加热可用于矫正波浪变形，角变形和弯曲变形等。

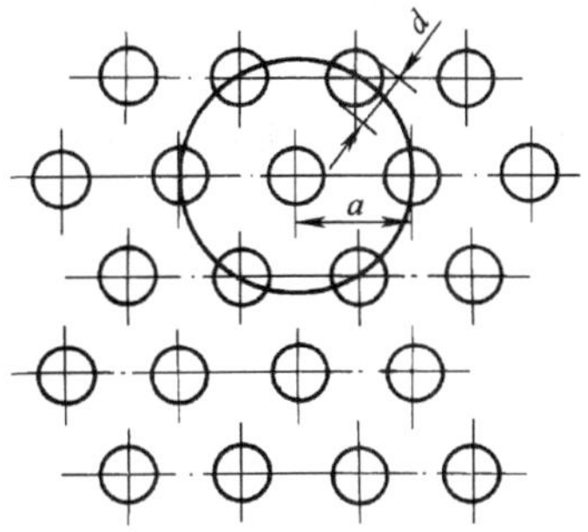

图 2-40　点状加热

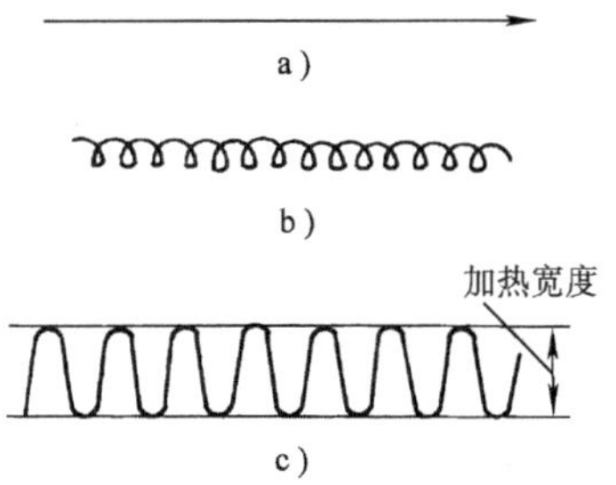

图 2-41　线状加热

a）直通加热　b）链状加热　c）带状加热

（3）三角形加热　三角形加热即加热区域呈三角形，一般用于矫正刚度大，厚度较大结构的弯曲变形。加热时，三角形的底边应在被矫正结构的拱边上，顶端朝焊件的弯曲方向，如图 2-42 所示。三角形加热与线状加热联合使用，对矫正大而厚焊件的焊接变形，效果更佳。

图 2-43a 所示为门形焊接型钢的旁弯。可以采用在上下盖板外弯侧加热若干个三角形来矫正。非对称焊接工字型钢的上挠变形（图 2-43b），可在上盖板上加热几个矩形，在腹板上部加热三角形来矫正。焊接管的旁弯（图 2-43c）也可采用相似的加热方法加以矫正。

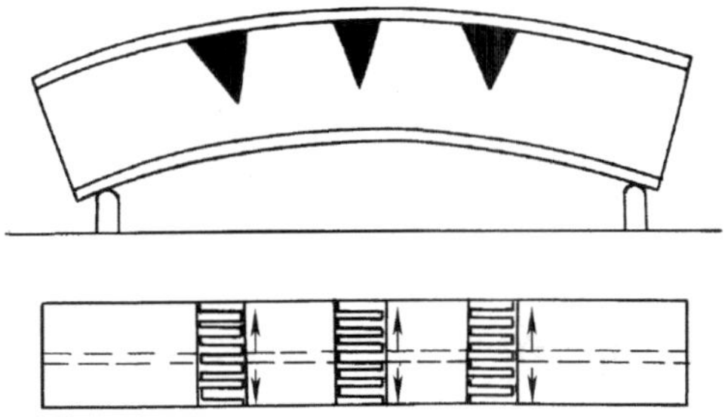

图 2-42　工字梁弯曲变形的火焰矫正

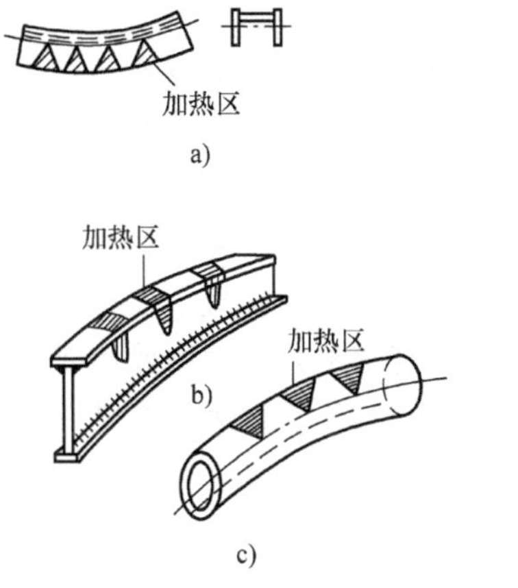

图 2-43　焊接型材弯曲变形的火焰矫正法

a）门形型钢　b）工字型钢　c）管

火焰加热矫正焊接变形的效果取决于下列三个因素。

小知识

火焰加热矫正法也遵循杠杆定律，火焰离中性轴越远，矫正力越大。当焊接变形大时，加热点应选择离中性轴稍远的地方，变形小的应选择在离中性轴稍近的点，不可矫枉过正。

1）加热方式。加热方式的确定取决于焊件的结构形状和焊接变形形式，一般薄板的波浪变形应采用点状加热；焊件的角变形可采用线状加热；弯曲变形多采用三角形加热。

2）加热位置。加热位置的选择应根据焊接变形的形式和方向而定。

3）加热温度和加热区的面积。应根据焊件的变形量及焊件材质确定，当焊件变形量较大时，加热温度应高一些，加热区的面积应大一些。

【综合训练】

一、填空

1. 按焊接变形的特征，可分为五种基本变形形式，即________、________、________、________和________。

2. 由于焊缝及其附近区域在焊接高温的作用下产生纵向的________，冷却后这个区域要收缩，于是引起焊件的纵向收缩变形。

3. 横向收缩量沿焊缝长度方向分布是不均匀的。一般来说，焊缝的横向收缩沿焊接方向是________。由于这个原因，生产中常将一条焊缝的两端头间隙取不同值，后半部分比前半部分要________。

4. 弯曲变形是由于焊缝的中心线与________不重合或不对称，焊缝的收缩沿构件宽度方向分布不均匀而引起的。

5. 留余量法主要是用于防止焊件的________。反变形法主要用于防止焊件的________和________。

6. 焊接热输入是影响变形量的关键因素，在保证熔透和焊缝无缺陷的前提下，应尽量采用________的焊接热输入。

二、简答

1. 简述预防焊接变形的措施及其原理。
2. 简述矫正焊接残余变形的方法及其原理。
3. 简述影响焊件纵向收缩变形的因素有哪些？
4. 常用的刚性固定法有哪几种？

模块三　焊接应力

一、焊接应力的分类及分布

焊接应力按其成因、形成时间和分布特征等，可以分成如图 2-44 所示的各种类型。除了相变应力以外，对焊接接头性能和可靠性产生影响的主要是焊接应力。

焊接应力的分布主要取决于构件的形状、接头形式和尺寸。典型的焊件形状和接头形式如图 2-45 所示。

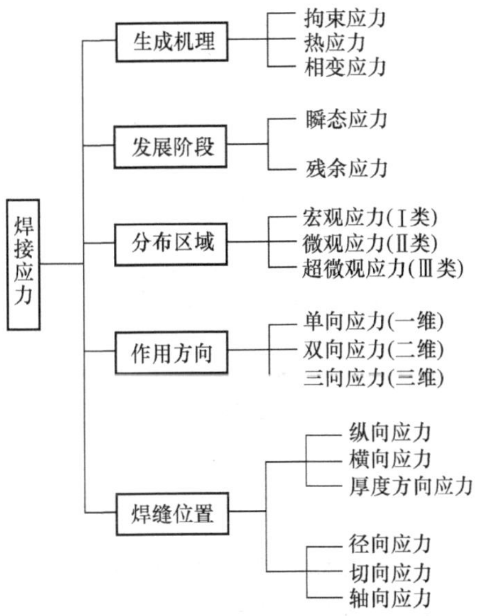

图 2-44　焊接应力的分类

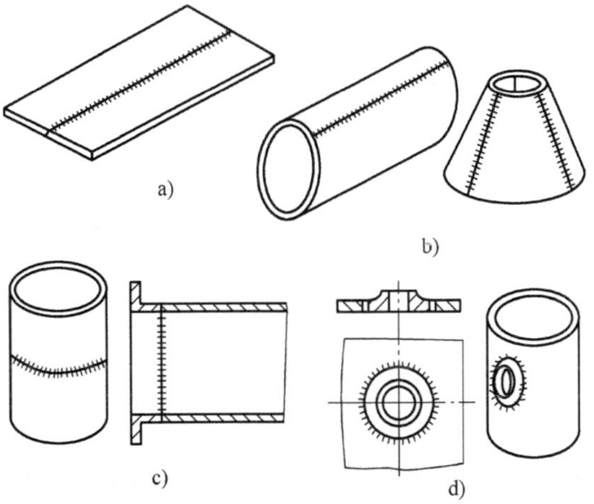

图 2-45　典型的焊件形状和接头形式
a）平板对接　b）筒体纵缝焊接
c）筒体环缝焊接　d）容器与接管连接

对于大多数中、薄厚度的焊接构件来说，焊接接头的残余应力基本上是双向应力 σ_x、σ_y，即为平面应力状态，接头厚度方向的残余应力 σ_z 很小，可以忽略。只有在高拘束度的厚壁接头中，厚度方向的残余应力 σ_z 才达到较高数值。

1. 纵向残余应力 σ_x 的分布

小知识

不同成分的板材纵向应力分布规律基本相同，但由于热物理性能和力学性能不同，其残余应力大小不尽相同。如钛材，焊缝中的纵向应力一般为板材屈服极限的 0.5 ~0.8 倍，铝材焊缝为 0.6 ~0.8 倍。

作用方向平行于焊缝轴线的残余应力称为纵向残余应力，用 σ_x 表示。

在焊接结构中，焊缝及其附近区域的纵向残余应力为拉应力，一般可达到材料的屈服强度。离开焊缝区，拉应力急剧下降并转为压应力。宽度相等的两板对接时，其纵向残余应力在焊件横截面上的分布情况如图 2-46 所示。

图 2-47 所示为板边堆焊时，其纵向残余应力 σ_x 在焊缝横截面上的分布。两块不等宽度的板对接时，宽度相差越大，宽板中的应力分布越接近于板边堆焊时的情况。若两板宽度相差较小时，其应力分布近似于等宽板对接时的情况。

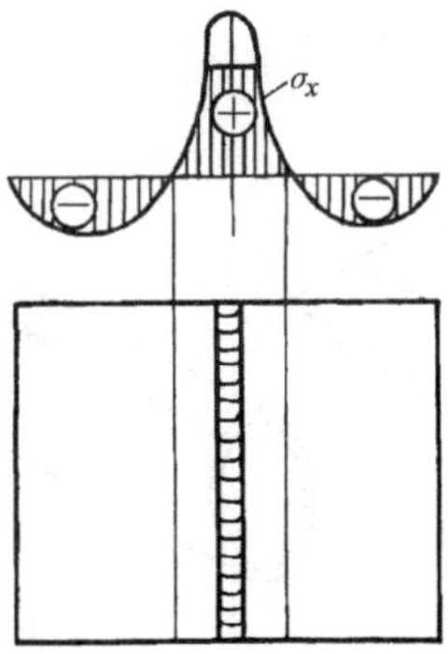

图 2-46　对接接头 σ_x 在焊缝横截面上的分布

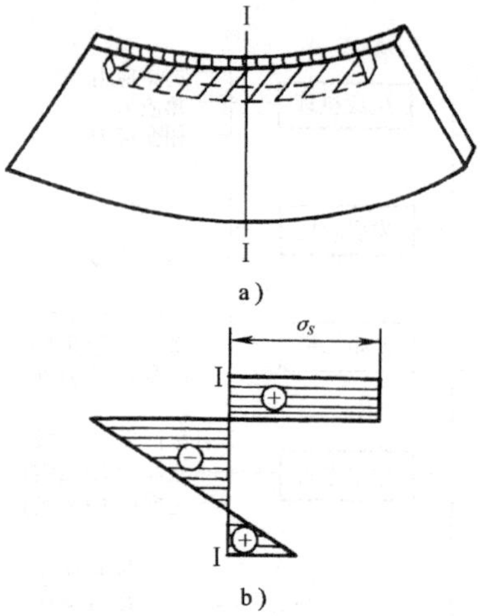

图 2-47　板边堆焊时的残余应力与变形

纵向应力在焊件纵截面上的分布规律如图 2-48 所示。焊件纵截面端头拘束很小，纵向应力为零，焊缝端部存在一个残余应力过渡区，焊缝中段是残余应力稳定区。当焊缝较短时，不存在稳定区，焊缝越短，σ_x 越小。

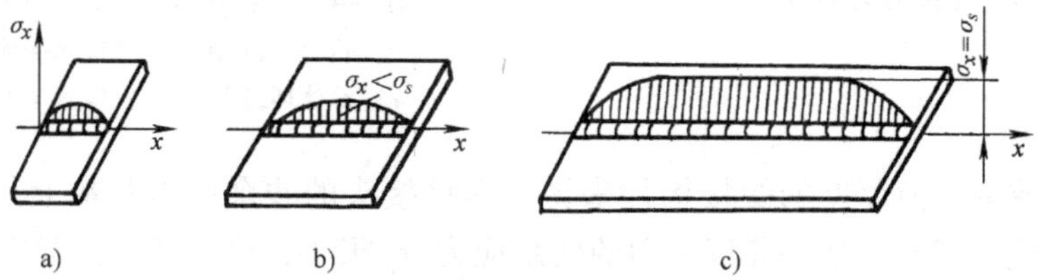

图 2-48　不同长度焊缝纵截面上 σ_x 的分布

a）短焊缝　b）中长焊缝　c）长焊缝

2. 横向残余应力 σ_y 的分布

垂直于焊缝轴线的残余应力称为横向残余应力，用 σ_y 表示。

横向残余应力 σ_y 的产生原因比较复杂，一般认为它是由焊缝及其附近塑性变形区的纵向收缩引起的横向应力 σ_y' 和由焊缝及其塑性变形区的横向收缩的不均匀和不同时性所引起的横向应力 σ_y'' 两部分合成得来的。

（1）焊缝及其附近塑性变形区的纵向收缩引起的横向应力 σ_y'　如图 2-49a 所示，该构件由两块平板条对接而成，如果假想沿焊缝中心将构件一分为二，即两块板条都相当于板边堆焊，将出现如图 2-49b 所示的弯曲变形，要使两板条恢复到原来位置，必须在焊缝中部加上横向拉应力，在焊缝两端加上横向压应力。由此可以推断，焊缝及其附近塑性变形区的纵向收缩引起的横向应力如图 2-49c 所示，其两端为压应力，中间为拉应力。各种长度的平板条对接焊，其 σ_y' 的分布规律基本相同，但焊缝越长，中间部分的拉应力将有所降低，如图 2-50 所示。

（2）横向收缩所引起的横向应力 σ_y''　在焊接结构上，一条焊缝不可能同时完成，先焊的部分先冷却，后焊的部分后冷却。先冷却的部分会限制后冷却部分的横向收缩，这就引起了 σ_y''。σ_y'' 的分布与焊接方向、分段方法及焊接顺序等因素有关。图 2-51 为不同焊接方向时

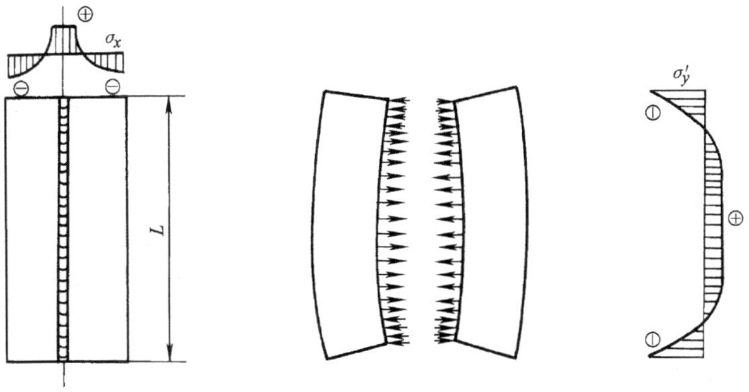

a)　　b)　　c)

图 2-49　纵向收缩引起的横向应力 σ'_y 的分布

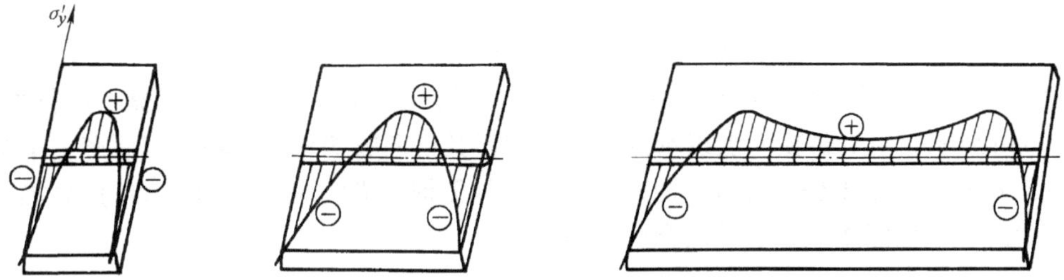

a)　　b)　　c)

图 2-50　不同长度平板对接焊时 σ'_y 的分布

a）短焊缝　b）中长焊缝　c）长焊缝

σ''_y的分布。其中图 2-51a 中焊缝分两段由中间向两端焊接，中间部分先焊先收缩，两端部分后焊后收缩，则两端部分的横向收缩受到中间部分的限制，因此 σ''_y 的分布是中间部分为压应力，两端部分为拉应力；在图 2-51b 中，焊缝则是从两端向中间进行焊接，中间部分为拉应力，两端部分为压应力。

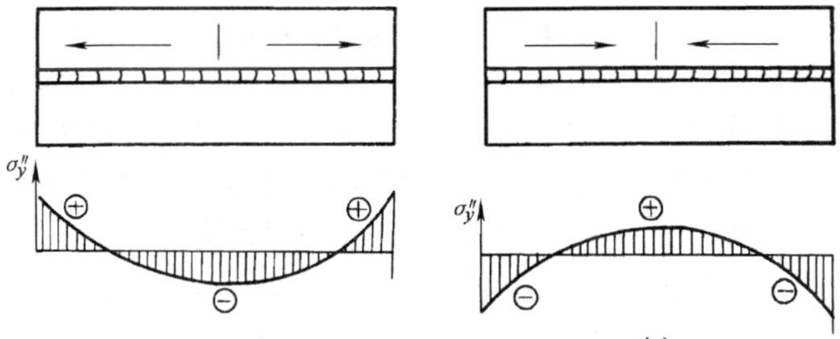

a)　　b)

图 2-51　不同方向焊接时 σ''_y 的分布

a）由中间向两端焊　b）由两端向中间焊

总之，在焊接结构中 σ'_y、σ''_y是同时存在的，且横向残余应力 σ_y 的大小受到 σ_s 限制。

3. 特殊情况下的残余应力分布

（1）厚板中的焊接应力　厚板结构中除了存在纵向残余应力和横向残余应力外，在厚度方向还存在较大的残余应力 σ_z。研究表明，它们在厚度上的分布是不均匀的，主要受焊接工艺方法的影响。图2-52为厚240mm的低碳钢电渣焊焊缝中心线上的应力分布。该焊缝中心存在三向均为拉伸的残余应力，且均为最大值，这与电渣焊工艺有关。因采用电渣焊时，焊缝正、背面装有水冷铜滑块，表面冷却速度快，中心部位冷却较慢，其收缩受周围金属制约，故焊缝中心部位出现较高的残余拉应力。

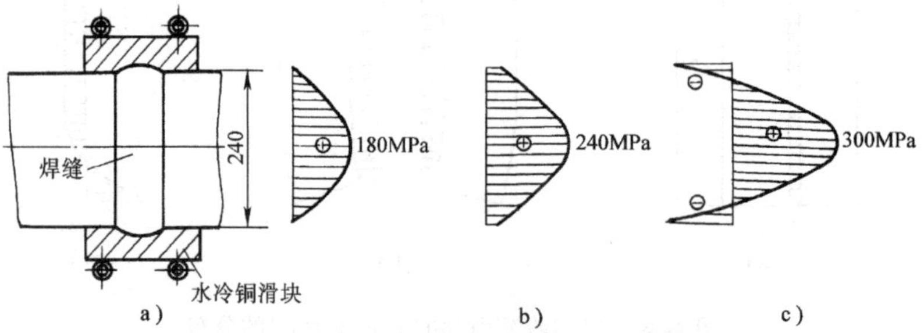

图2-52　厚板电渣焊中沿厚度上的应力分布

a) σ_z 在厚度上的分布　b) σ_x 在厚度上的分布　c) σ_y 在厚度上的分布

(2) 拘束状态下的焊接应力　在生产中焊接结构往往是在受拘束的情况下进行焊接的。如图2-53a所示，对焊件横向加以刚性拘束，焊后其横向收缩受到限制，因而产生了拘束横向应力，其分布如图2-53b所示。拘束横向应力与无拘束横向应力（图2-53c）叠加，结果在焊件中产生了如图2-53d所示的合成横向应力。

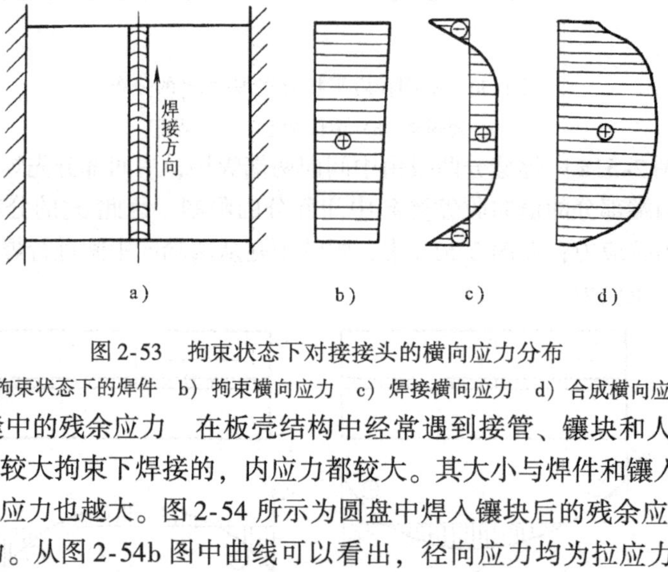

图2-53　拘束状态下对接接头的横向应力分布

a) 拘束状态下的焊件　b) 拘束横向应力　c) 焊接横向应力　d) 合成横向应力

(3) 封闭焊缝中的残余应力　在板壳结构中经常遇到接管、镶块和人孔法兰等封闭焊缝焊接，它们是在较大拘束下焊接的，内应力都较大。其大小与焊件和镶入体本身的刚度有关，刚度越大，内应力也越大。图2-54所示为圆盘中焊入镶块后的残余应力，σ_θ 为切向应力，σ_r 为径向应力。从图2-54b图中曲线可以看出，径向应力均为拉应力，切向应力在焊缝附近最大，为拉应力，由焊缝向外侧逐渐下降为压应力，由焊缝向中心达到一均匀值。在镶块中部有一个均匀的双轴应力场，镶块直径越小，外板对它的约束越大，这个均匀双轴应力值就越高。

(4) 焊接梁柱中的残余应力　图2-55所示为T形梁、工字梁和箱形梁纵向残余应力的分布情况。对于此类结构可以将其腹板和翼板分别看作是板边堆焊或板中心堆焊来加以分析，一般情况下焊缝及其附近区域中总是存在有较高的纵向拉应力，而在腹板的中部则会产生纵向压应力。

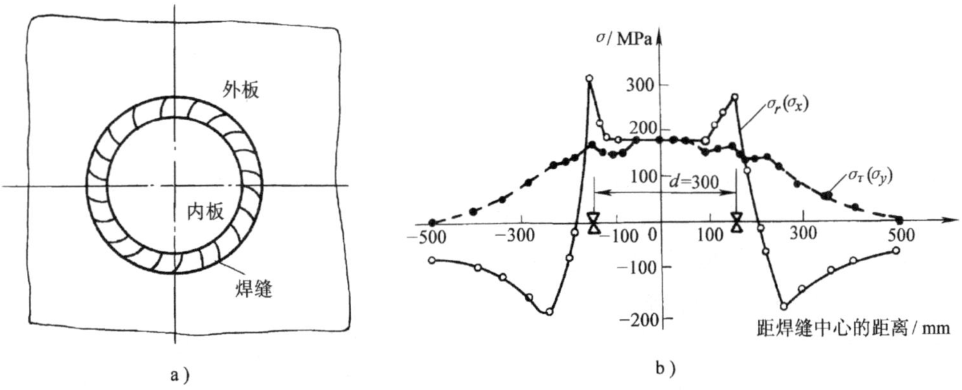

图 2-54　圆形镶块封闭焊缝的残余应力

a）封闭焊缝　b）σ_θ 和 σ_r 的分布

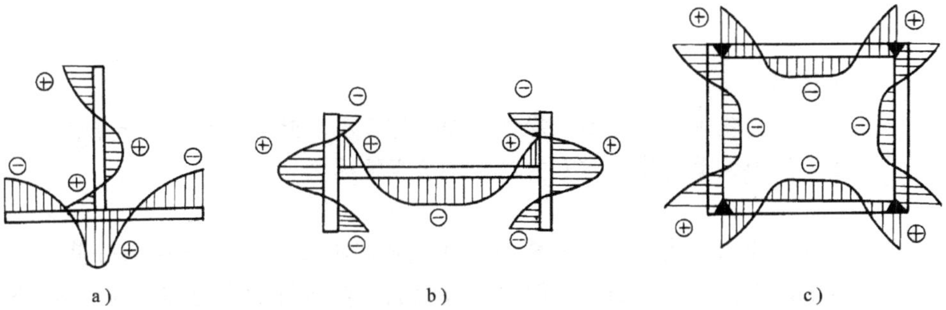

图 2-55　焊接梁柱的纵向残余应力分布

a）焊接 T 形梁的残余应力　b）焊接工字梁的残余应力

c）焊接箱形梁的残余应力

（5）环形焊缝中的残余应力　管道对接时，环形焊缝中的焊接应力分布比较复杂，当管径和壁厚之比较大时，环形焊缝中的应力分布与平板对接相似，如图 2-56 所示，但焊接残余应力的峰值比平板对接焊要小。

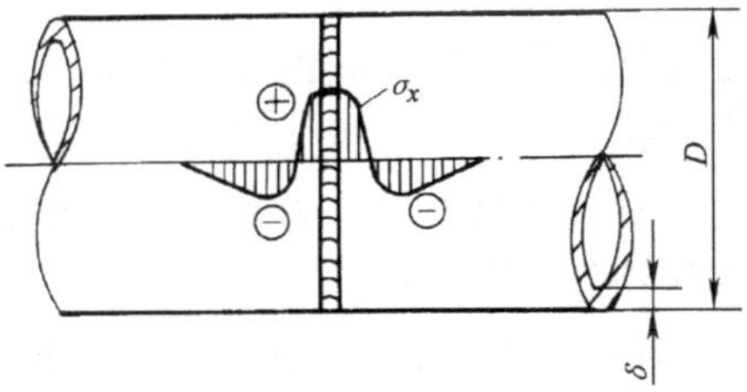

图 2-56　圆筒环缝纵向残余应力分布

二、焊接应力对焊接结构的影响

1. 对结构强度的影响

没有严重应力集中的焊接结构，只要材料具有一定的塑性变形能力，焊接内应力并不影响结构的静载强度。但是，当材料处于脆性状态时，则残余拉应力和外载引起的拉应力叠加有可能使局部区域的应力首先达到断裂强度，导致结构早期破坏。因此，焊接应力的存在将明显降低脆性材料结构的静载强度。

2. 对结构脆性断裂的影响

在焊接结构中，当采用韧性较低的高强度结构钢时，应当注意焊接残余应力的不利影响。在焊接接头中的尖缺口类缺陷（如裂纹、未熔合和未焊透等）在各种不利条件的共同作用下，可能导致结构的低应力脆性断裂。

3. 对焊接接头疲劳强度的影响

焊接接头在交变载荷的作用下产生疲劳裂纹时，焊接拉伸残余应力将促使裂纹进一步扩展，并提高了应力值和应力循环特征，从而加剧了应力循环损伤。当焊缝区的拉应力使应力循环的平均值增高时，焊接接头的疲劳强度会降低。此外，焊接接头往往会引起应力集中，残余拉应力对疲劳强度的不利影响会更加明显。

4. 对受压杆件稳定性的影响

小知识

焊接残余应力并不像焊接变形那样直观，能用眼睛分辨出来，而必须通过专门的仪器才能测知它的存在及分布情况。

当外载引起的压应力与残余压应力叠加之和达到屈服极限 σ_s，则这部分截面就丧失了进一步承受外载的能力，于是削弱了杆件的有效截面，使压杆的失稳临界应力 σ_{cr} 下降，对压杆稳定性有不利的影响。

5. 对焊件加工精度和尺寸稳定性的影响

对于某些构件，如机床床身、机架、机座等，为达到图样要求的外形尺寸和精度，焊后要求进行机械加工。若焊件未经相应的消除应力处理，则在机械加工过程中，由于从焊件边缘切除一部分材料，而使一部分残余应力得到释放。原来的残余应力平衡状态被破坏，产生新的焊件变形，而影响构件的加工精度。

6. 对焊接接头应力腐蚀倾向的影响

在焊接结构中，常用的金属材料在特定的腐蚀介质和应力的共同作用下都存在不同程度的应力腐蚀倾向。焊接接头中的拉伸残余应力可能成为应力腐蚀开裂的起因，或者加速了应力腐蚀裂纹的扩展速度。因此，对于在易产生应力腐蚀的介质中工作的焊接结构，相应的制造规程都明确规定了焊后必须作消除应力处理。

焊接应力对结构强度等方面的影响较大，因此，为了保证焊接结构具有良好的使用性能，必须设法在焊接过程中减小焊接应力，有些重要结构，焊后还必须采取措施消除焊接应力。

三、减小焊接应力的措施

减小焊接应力，一般可以从设计和工艺两方面着手。设计焊接结构时，在不影响结构使用性能的前提下，应尽量考虑能减小和改善焊接应力的设计方案。另外，在制造过程中还要采取一些必要的工艺措施，以使焊接应力减小到最低程度。

1. 设计措施

1）在保证结构强度的前提下，尽量减少焊缝的数量和焊缝尺寸。

2）避免焊缝过于集中，焊缝间应保持足够的距离。焊缝过于集中不仅使应力分布更不均匀，而且能出现双向或三向复杂的应力状态。此外，焊缝不要布置在高应力区及结构截面突变的地方，防止残余应力与外力叠加，影响结构的承载能力。

3）采用刚性较小的接头形式。如图2-57所示容器与接管之间连接接头的两种形式，插入式连接的拘束度比翻边式的大，前者的焊缝上可能产生双向拉应力，且达到较高数值，而后者的焊缝上主要是纵向残余应力。

2. 工艺措施

（1）采用合理的装配焊接顺序和方向　合理的装配焊接顺序能使每条焊缝尽可能自由收缩，具体应注意以下几点。

1）在一个平面上的焊缝，焊接时应保证焊缝的纵向和横向收缩均能比较自由。如图2-58的拼板焊接，合理的焊接顺序应是按图中1～10的顺序施焊，即先焊相互错开的短焊缝，后焊直通长焊缝。

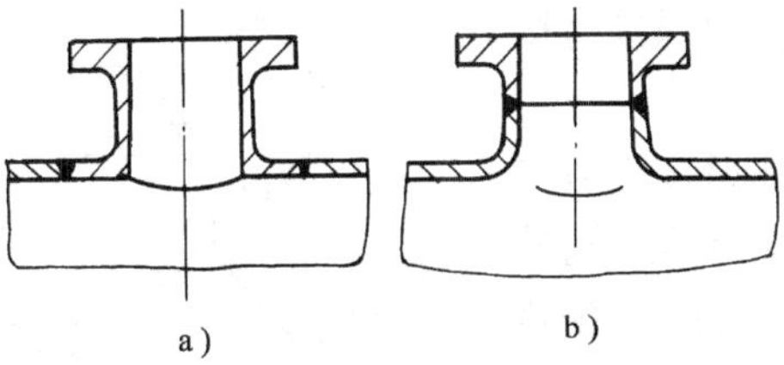

图2-57　焊接管的连接

a）插入式　b）翻边式

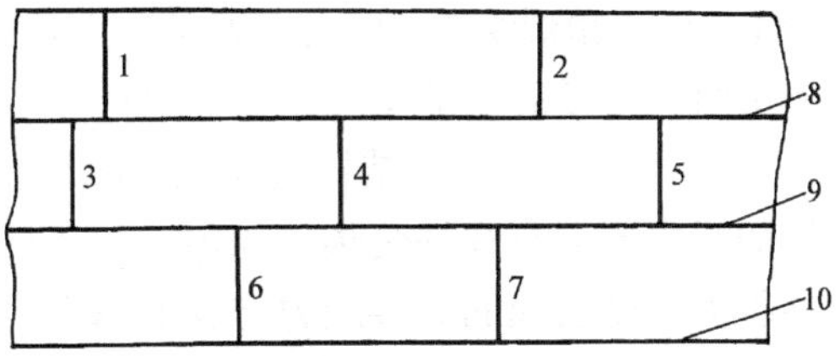

图2-58　拼接焊缝合理的装配焊接顺序

2）收缩量最大的焊缝先焊。因为先焊的焊缝收缩时受阻较小，因而残余应力就比较小。如图2-59所示的带盖板的双工字梁结构，应先焊盖板上的对接焊缝1，后焊盖板与工字梁之间的角焊缝2，原因是对接焊缝的收缩量比角焊缝的收缩量大。

3）工作时受力最大的焊缝先焊。如图2-60所示的大型工字梁，应先焊受力最大的翼板对接焊缝1，再焊腹板对接焊缝2，最后焊预先留出来的一段角焊缝3。

4）注意平面交叉焊缝的焊接顺序　如图2-61为几种T形接头焊缝和十字接头焊缝，应采用图2-61中a、b、c的焊接顺序，才能避免在焊缝的相交点产生裂纹及夹渣等缺陷。图2-61d为不合理的焊接顺序。

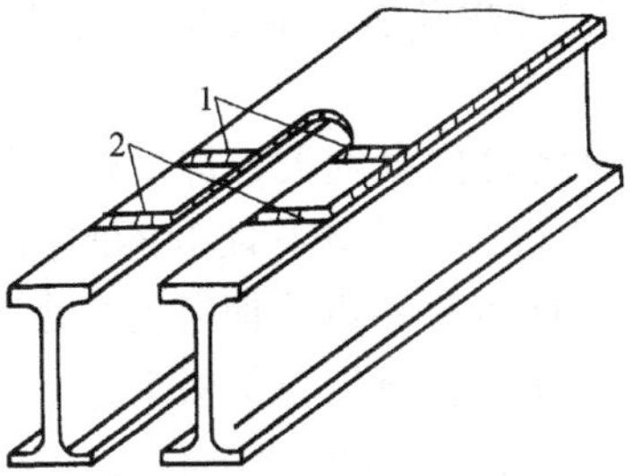

图2-59　带盖板的双工字梁结构焊接顺序

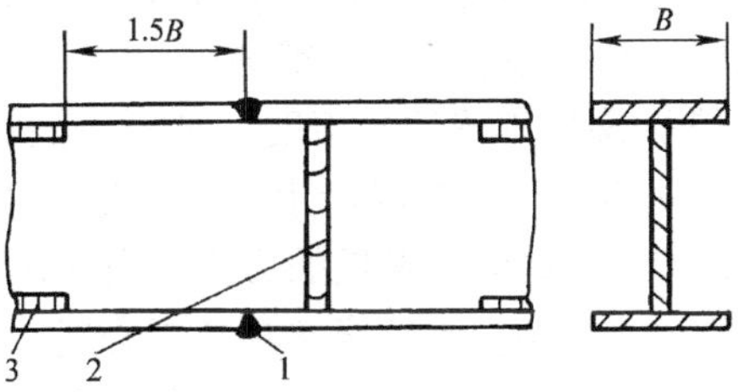

图2-60　对接工字梁的焊接顺序

图2-62为对接焊缝与角焊缝交叉的结构。对接焊缝1的横向收缩量大，必须先焊对接

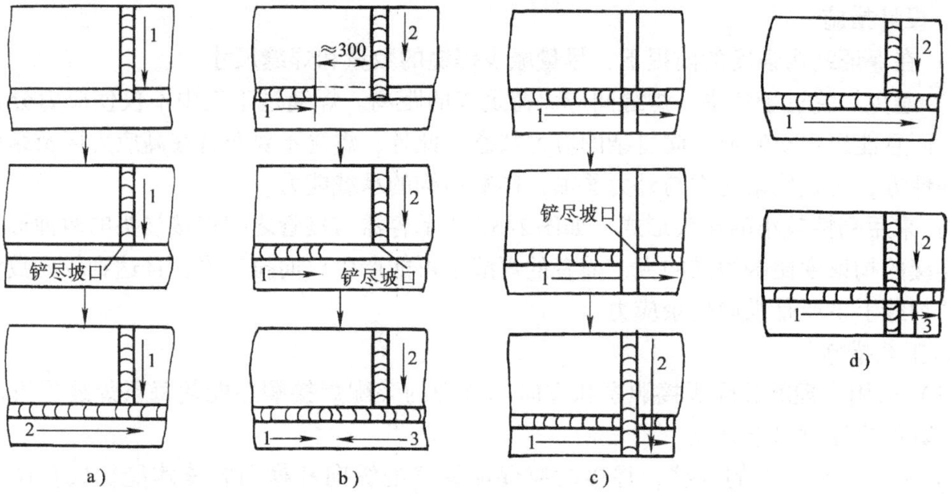

图 2-61　平面交叉焊缝的焊接顺序

a)、b)、c) 合理　d) 不合理

焊缝 1，后焊角焊缝 2。反之，如果先焊角焊缝 2，则焊接对接焊缝 1 时，其横向收缩不自由，极易产生裂纹。

(2) 缩小焊接区与结构整体之间的温差　引起焊接应力与变形的根本原因是焊件受热不均匀。焊接区与结构整体之间的温差越大，则引起的焊接应力与变形越大。工程中常用“预热法”和“冷焊法”减小焊接区与结构整体之间的温差。

预热法是在施焊前，预先将焊件局部或整体加热到 150～650℃。对于焊接或焊补那些淬硬倾向较大的材料的焊件，以及刚性较大或脆性材料焊件时，常常采用预热法。

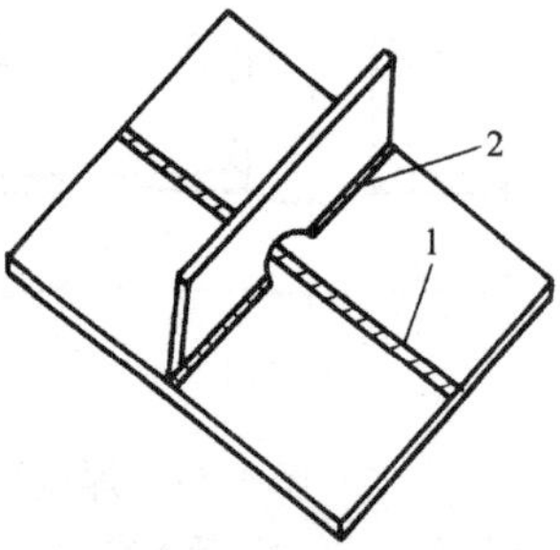

图 2-62　对接焊缝与角焊缝交叉

想一想

“预热法”和“冷焊法”的实质是否相同?

冷焊法是通过减少焊件受热来减小焊接部位与结构上其他部位间的温度差。具体做法有尽量采用小的热输入施焊，选用小直径焊条，小电流、快速焊及多层多道焊。另外，应用冷焊法时，环境温度应尽可能高。

(3) 降低焊缝的拘束度　平板上镶板的封闭焊缝焊接时拘束度大，焊后焊缝纵向和横向拉应力都较高，极易产生裂纹。为了降低残余应力，应设法减小该封闭焊缝的拘束度。图 2-63a 所示是焊前对平板的边缘适当翻边，作出反变形，焊接时翻边处拘束度减小。如图 2-63b 所示，若镶板收缩余量预留得合适，焊后残余应力可减小且镶板与平板平齐。

(4) 加热“减应区”法　焊接时加热那些阻碍焊接区自由伸缩的部位（称“减应区”)，使之与焊接区同时膨胀或同时收缩，起到减小焊接应力的作用，此法称为加热“减应区”法，图 2-64 为加热“减应区”法的减应原理。图中框架中心已断裂，若直接焊接断

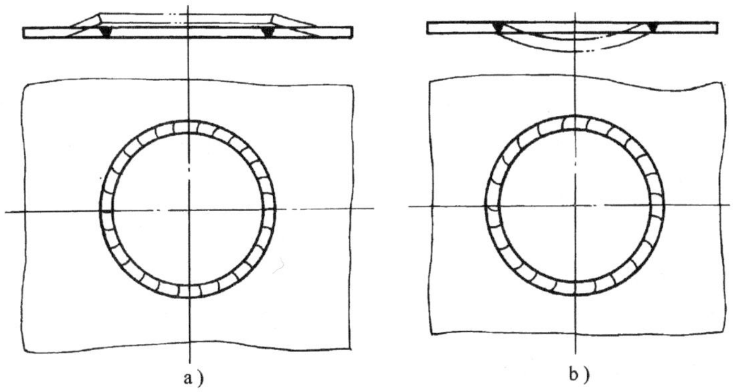

图 2-63　降低局部刚度减少内应力

a）平板边缘翻边　b）镶板留余量

口处，焊缝横向收缩受阻，在焊缝中受到很大的横向应力。若焊前在构件两侧的“减应区”处同时加热，两侧受热膨胀，使构件中心断口间隙增大。此时对断口处进行焊接，焊后两侧也停止加热。于是焊缝和两侧加热区同时冷却收缩，互不阻碍，结果减小了焊接应力。

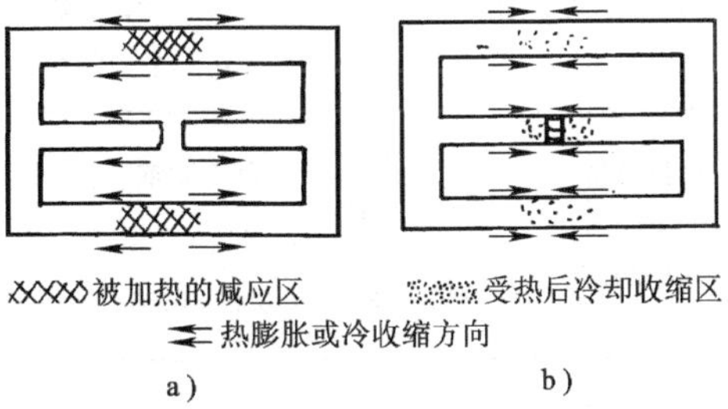

图 2-64　加热“减应区”法示意图

a）加热过程　b）冷却过程

此法在铸铁补焊中应用最多，也最有效。该方法关键在于正确选择加热部位，选择的原则是：只加热阻碍焊接区膨胀或收缩的部位。检验加热部位是否确的方法是：用气焊焊炬在所选处试加热一下，若待焊处的缝隙是张开的，则表示选择正确，否则不正确。

四、消除焊接残余应力的措施

虽然在结构设计时考虑了残余应力的问题，在工艺上也采取了一定的措施来防止或减小焊接残余应力，但由于焊接应力的复杂性，焊接完成以后结构仍可能存在较大的残余应力。另外，有些结构在装配过程中还可能产生新的内应力，这些焊接残余应力及装配应力都会影响结构的使用性能。特别是重要的焊接结构，焊后应设法采取措施消除残余应力。常用的消除残余应力的方法如下。

1. 热处理法

热处理法是利用材料在高温时屈服点下降和蠕变现象来达到松弛焊接残余应力的目的，同时热处理还可改善焊接接头的性能。生产中常用的热处理法有整体热处理和局部热处理两种。

（1）整体热处理法　将工件整体置于加热炉内，以一定的速度加热到规定的退火温度，保温一段时间后，以缓慢的速度冷却的工艺过程。其整体去应力退火温度曲线如图 2-65 所示。消除应力的效果取决于焊件的复杂程度，通常可消除原始焊接 80% 以上的残余应力，可以满足绝大多数焊接结构对消除残余应力的技术要求。

去应力退火由加热、均温、保温和冷却四个阶段组成。其主要工艺参数包括加热温度、加热速度、均温时间、保温时间和冷却速度。

1）加热温度。对于钢材，去应力退火的加热温度一般为该种钢的 Ac_1 以下100～200℃，各种材料的去应力退火温度范围见表2-1。

2）加热速度。该工艺参数主要取决于焊件的结构特点、接头壁厚和钢材的特性。通常加热速度在50～200℃/h范围内选择。较复杂的结构、加热过程中易变形的焊件和厚壁焊件应选用较低的加热速度。而对于消应力处理裂纹敏感的钢材，应以较快的加热速度通过敏感温度区。

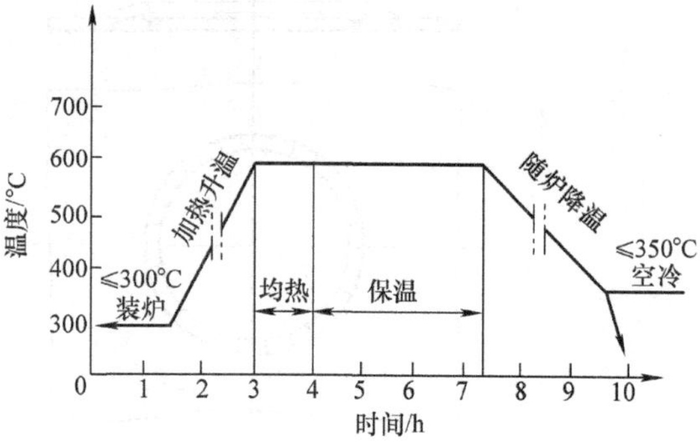

图2-65　整体去应力退火温度曲线

表2-1　各种材料的去应力退火温度范围

材料种类	碳钢及低合金钢	奥氏体钢	铝合金	镁合金	钛合金	铌合金	铸铁
去应力温度/℃	550～680	850～1050	250～300	250～300	550～600	1100～1200	550～650

3）均温时间和保温时间。均温时间是指炉膛温度达到规定的退火温度至焊件内外壁均达到该温度的时间，它主要取决于工件的质量、体积和壁厚，以及加热速度。对于大型焊件，均温时间较长，必须与保温时间分开考虑，否则将影响消除应力的效果。

在相同的加热速度下，低合金钢、特别是高温强度较高的低合金钢，应选用较长的保温时间。

4）冷却速度。去应力退火工艺通常规定在保温结束后，工件随炉冷却至300～400℃，出炉后在平静空气中冷却。但对于某些低合金钢焊件，则要求严格控制冷却速度。其选择原则相似于加热速度，按焊件的结构特点和钢种，可在60～150℃/h范围内选择。

整体去应力退火处理具有消除应力较彻底的优点，其缺点是能源消耗大，必须配备炉膛尺寸与工件相当的热处理炉，造价昂贵，只有生产规模较大的企业才能配备这种大型热处理炉。对于单件小批量生产，采用上述热处理方法很不经济。通常的做法是在容器的内部采用燃气或柴油火焰加热以及电阻片加热的办法进行整体退火加热，并在处理前在容器的外壁采用保温毡覆盖加以保温。

（2）局部热处理　对于某些不允许或不可能进行整体热处理的焊接结构，可采用局部热处理。局部热处理就是对构件焊缝周围局部应力很大的区域，缓慢加热到一定温度后保温，然后缓慢冷却。其消除应力的效果不如整体热处理，它最多只能降低残余应力峰值60%，不能完全消除残余应力，大多用于形状比较简单、拘束度较小的焊接接头，如圆柱形容器壳体、管道对接缝和平板对接缝等。为保证消除应力的效果，加热区的范围应有足够的宽度。局部退火处理的热源可以采用火焰炬、红外线加热器、工频感应加热圈和电阻加热器等。

2. 机械拉伸法

机械拉伸法是通过不同方式在构件上施加一定的拉伸应力，使焊缝及其附近产生拉伸塑性变形，与焊接时在焊缝及其附近所产生的压缩塑性变形相互抵消一部分，达到松弛残余应力的目的。实践证明，拉伸载荷加得越高，压缩塑性变形量就抵消得越多，残余应力消除得越彻底。在压力容器制造的最后阶段，通常要进行水压试验，其目的之一也是利用加载来消除部分残余应力。

3. 温差拉伸法

温差拉伸法的基本原理与机械拉伸法相同，其不同点是机械拉伸法采用外力进行拉伸，而温差拉伸法是采用局部加热形成的温差来拉伸压缩塑性变形区。图 2-66 所示为温差拉伸法消除残余应力示意图，在焊缝两侧各用一适当宽度（一般为 100 ~ 150mm）的氧乙炔焰嘴加热焊件，使焊件表面加热到200℃左右，在焰嘴后面一定距离用水管喷头冷却，以造成两侧温度高，焊缝区温度低的温度场，两侧金属的热膨胀对中间温度较低的焊缝区进行拉伸，产生拉伸塑性变形抵消焊接时所产生的压缩塑性变形，从而达到消除残余应力的目的。如果加热温度和加热范围选择适当，消除应力的效果可达 50% ~70%。

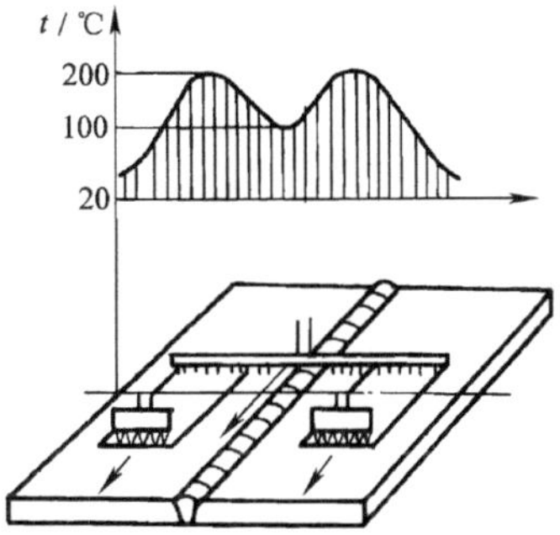

图 2-66　温差拉伸法消除残余应力示意图

4. 锤击焊缝

在焊后用锤子或一定直径的半球形风锤锤击焊缝，可使焊缝金属产生延伸变形，能抵消一部分压缩塑性变形，起到减小焊接应力的作用。锤击时注意施力应适度，以免施力过大而产生裂纹。

5. 振动法

振动法又称振动时效或振动消除应力法（VSR）。它是利用由偏心轮和变速马达组成的激振器，使结构发生共振所产生的循环应力来降低内应力。其效果取决于激振器、工件支点位置、激振频率和时间。振动法所用设备简单、价廉、节省能源、处理费用低、时间短（从几分钟到几十分钟），也没有高温回火时金属表面氧化等问题。故目前在焊件、铸件、锻件中，为了提高尺寸稳定性多采用此法。

【综 合 训 练】

一、填空

1. 在焊接结构中，焊缝及其附近区域的纵向残余应力为______________。一般可达到材料的______________，离开焊缝区，______________急剧下降并转为______________。

2. T 形梁、工字梁和箱形梁纵向残余应力的分布情况，一般情况下焊缝及其附近区域中总是存在有______________，而在腹板的中部则会产生______________。

3. 焊接残余应力除了对______________、______________以及对______________的影响外，还对结构的刚度、疲劳强度及应力腐蚀开裂有不同程度的影响。

4. 整体热处理消除残余应力的效果取决于__________、__________、__________、__________和__________。一般可消除__________的残余应力，在生产中应用比较广泛。

二、简答

1. 按变形形态不同，焊接变形可分为哪几类？
2. 焊接残余应力对焊接结构的影响有哪些？
3. 防止和减小焊接应力的措施有哪些？简述其原理。
4. 消除焊接残余应力的方法有哪些？简述其原理。

第三单元　焊接接头的强度计算及破坏方式

学习目标

1. 熟悉电弧焊接头的工作应力分布情况。
2. 掌握焊接结构静载强度的计算方法。
3. 掌握焊接接头的脆性断裂及疲劳破坏方式。

模块一　电弧焊接头的工作应力

一、应力集中

在焊接接头中，有时会存在变形和某种焊接缺陷，造成接头几何形状突变或不连续，从而在接头受外力作用时，导致接头中工作应力分布不均匀。在几何形状突变处或不连续处应力突然增大，高于平均应力的现象，称为应力集中。

应力集中程度的大小，常以应力集中系数 K_T 表示，即

$$K_T = \frac{\sigma_{max}}{\sigma_a} \tag{3-1}$$

式中　σ_{max}——最高应力值；

σ_a——平均应力值。

K_T 越高，应力集中程度越大。在焊接接头中引起应力集中的主要原因如下。

（1）焊缝中有工艺缺陷　如气孔、夹杂、裂纹和未焊透等，在其周围都会引起应力集中，其中裂纹和未焊透引起的应力集中最严重。

（2）焊缝外形不合理　如对接焊缝的余高过大，角焊缝为凸角焊缝等，在焊趾处都会形成较大的应力集中。

（3）焊接接头设计不合理　如接头截面的突变、加盖板的对接接头等，均会造成严重的应力集中。焊缝布置不合理，如只有单侧焊缝的T形接头，也会引起应力集中。

二、电弧焊接头的工作应力分布

1. 对接接头的工作应力分布

在焊接结构生产中，对接接头的焊缝中略高于母材金属板面的部分称为余高。由于余高

造成了构件表面不平滑，在焊缝与母材金属的过渡处引起应力集中，如图3-1所示。K_T 的大小与余高 h 和焊缝向母材金属过渡的半径 r 有关。减小 r 和增大 h，均使 K_T 增加。当余高 h 为零时，$K_T=1$，应力集中消失。由余高带来的应力集中，对动载结构的疲劳强度是十分不利的，所以此时要求它越小越好。对重要的动载结构，可采用削平余高或增大过渡圆弧的措施来降低应力集中，以提高接头的疲劳强度。

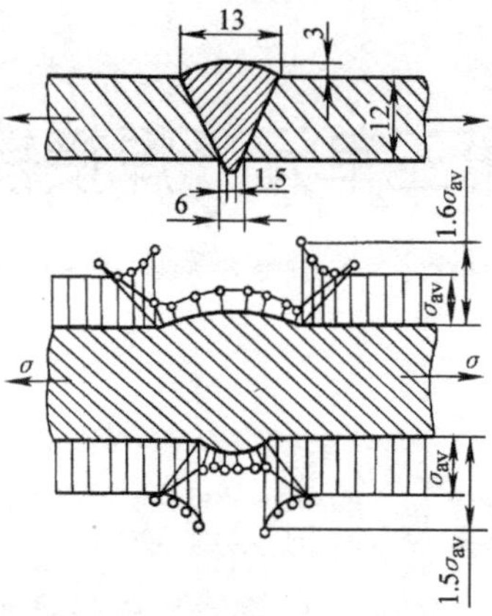

图3-1 接头的应力分布
（σ_a 为平均应力）

与其他形式的接头相比，对接接头外形的变化不大，所以它的应力集中较小，而且易于降低或消除。因此，对接接头是最好的接头形式，不但静载可靠，而且疲劳强度也较高。

2. T形接头（十字接头）的工作应力分布

由于T形接头（十字接头）焊缝向母材金属过渡较急剧，接头中应力分布极不均匀，在角焊缝的根部和过渡处，易产生很大的应力集中，如图3-2所示。

图3-2a是未开坡口T形（十字）接头中正面焊缝的应力分布状况。由于整个厚度没有焊透，焊缝根部应力集中很大。在焊趾截面 $B—B$ 上应力分布也不均匀，B 点的应力集中系数 K_T 值随角焊缝的形状而变，应力集中 K_T 随 θ 角减小而减小，随焊脚尺寸 K 增大而减小。

图3-2b是开K形坡口并焊透的T形（十字）接头，这种接头使应力集中程度大大降低。由此可见，保证焊透是降低T形（十字）接头应力集中的重要措施之一。因此，在焊接结构生产中，对重要的T形（十字）接头必须开坡口焊透或采用深熔法进行焊接。

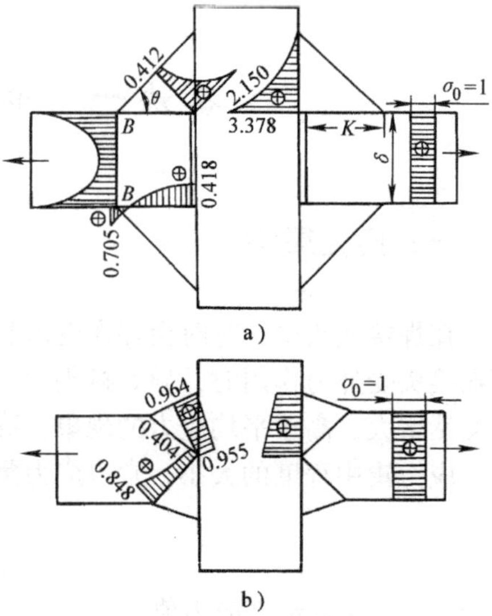

图3-2 T形（十字）接头的应力分布
a）不开坡口 b）开K形坡口并焊透

3. 搭接接头的工作应力分布

根据搭接角焊缝受力的方向，可以将搭接角焊缝分为正面角焊缝、侧面角焊缝和斜向角焊缝三种，如图3-3所示。焊缝与外力的作用方向相垂直的角焊缝称为正面角焊缝（L_3 段）；而相平行的称为侧面角焊缝（L_1、L_5 段）；介于两者之间的称为斜向角焊缝（L_2、L_4 段）。

（1）正面角焊缝的工作应力分布 在正面角焊缝的搭接接头中，应力分布很不均匀，如图3-4所示。在角焊缝的焊根 A 点和焊趾 B 点，都有较大的应力集中。减小 θ 角和增大熔深，焊透根部，都可以降低应力集中系数。

（2）侧面角焊缝的工作应力分布 侧面角焊缝的工作应力分布如图3-5所示，其特点是最大应力在两端，中部应力最小，而且焊缝较短时应力分布较均匀，焊缝较长时，应力分布不均匀的程度就增加。因此，采用过长的侧面角焊缝是不合理的，通常规定侧面角焊缝的长度不得大于50K（K 为焊脚尺寸）。

(3) 联合角焊缝的工作应力分布　既有侧面角焊缝又有正面角焊缝的搭接接头称为联合角焊缝搭接接头。在只有侧面角焊缝的搭接接头中，母材金属断面上的应力分布不均匀(图 3-5)，增加正面角焊缝后应力分布较为均匀，*A—A* 截面上两端点上的应力集中得到改善，如图 3-6 所示。由于正面角焊缝能承担一部分外力，且比侧面角焊缝刚度大，变形小，所以侧面角焊缝的切应力也得到改善。设计搭接接头时，增加正面角焊缝，不但可以改善应力分布，还可以缩短搭接长度。

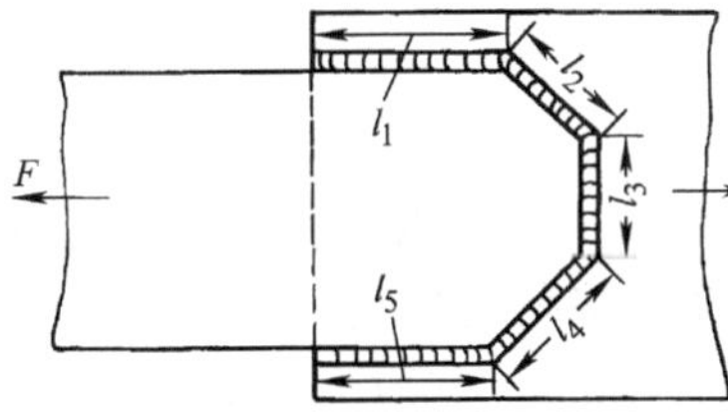

图 3-3　搭接接头角焊缝

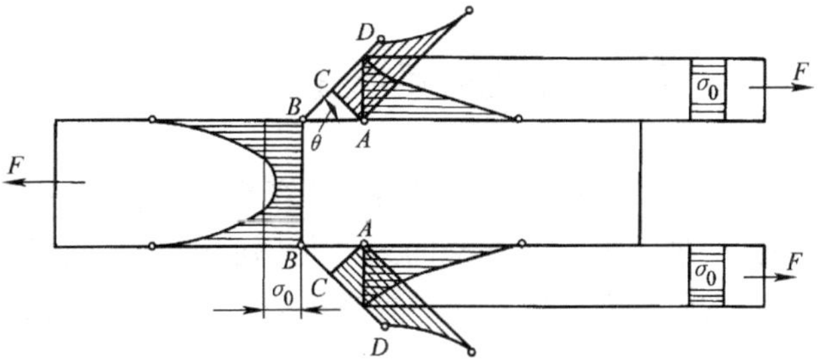

图 3-4　正面搭接角焊缝的应力分布

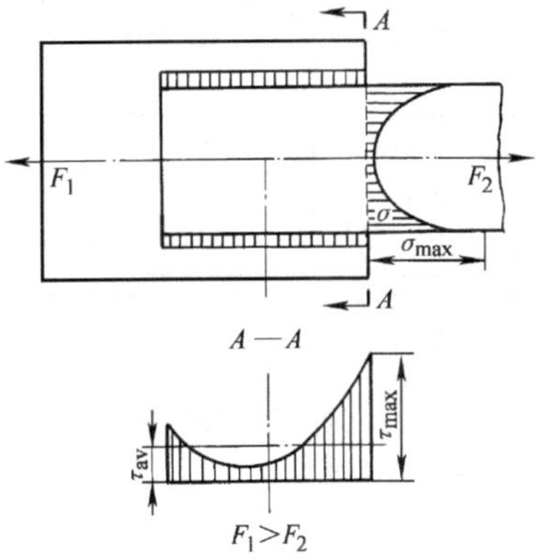

图 3-5　侧面角焊缝的工作应力分布

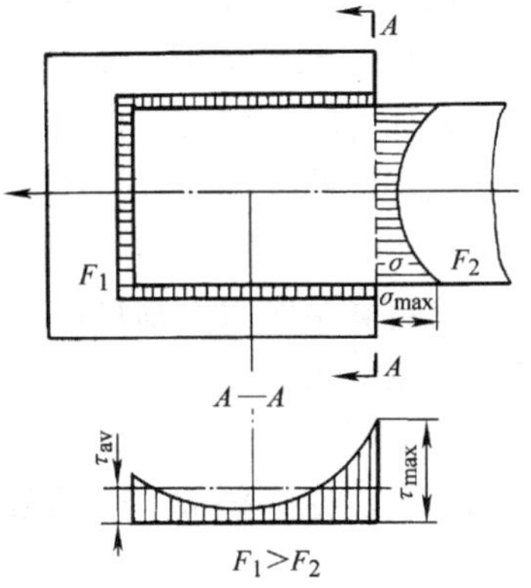

图 3-6　联合角焊缝的应力分布

在各种角焊缝构成的搭接接头中，实验证明，在焊脚尺寸相同的条件下，正面角焊缝的单位长度强度较侧面角焊缝高，而斜向角焊缝介于二者之间。

【综 合 训 练】

一、填空

1. 对接接头中，由于余高造成了构件表面不平滑，往往在________处引起应力集中。应力集中程度与________和________有关。

2. 在 T 形接头（十字接头）中，由于焊缝向母材金属过渡较急剧，接头中应力分布极不均匀，在________和________处易产生很大的应力集中。在焊接结构生产中，对重要的 T 形（十字）接头必须________或采用________进行焊接。

3. 在各种角焊缝构成的搭接接头中，在相同的焊脚尺寸的条件下，__________角焊缝的单位长度强度较________角焊缝高，而________角焊缝的单位长度强度介于二者之间。

二、简答

1. 什么是应力集中？应力集中产生的原因有哪些？
2. T 形接头应力分布情况如何？怎样减小 T 形接头的应力集中？

模块二　焊接结构的静载强度计算

一、工作焊缝和联系焊缝

任何一个焊接结构上都有若干条焊缝，根据其传递载荷的方式和重要程度，一般可分为两种：一种焊缝与被连接的元件是串联的，它承担着传递全部载荷的作用，即焊缝一旦断裂，结构就立即失效，这种焊缝称为工作焊缝，如图 3-7a、b 所示，其应力称为工作应力；另一种焊缝与被连接的元件是并联的，它仅传递很小的载荷，主要起元件之间相互联系的作用，焊缝一旦断裂，结构不会立即失效，这种焊缝称为联系焊缝，如图 3-7c、d 所示，其应力称为联系应力。在结构设计时无需计算联系焊缝的强度，只需计算工作焊缝的强度。对于具有双重作用的焊缝，它既有工作应力又有联系应力，则只计算工作应力，不考虑联系应力。

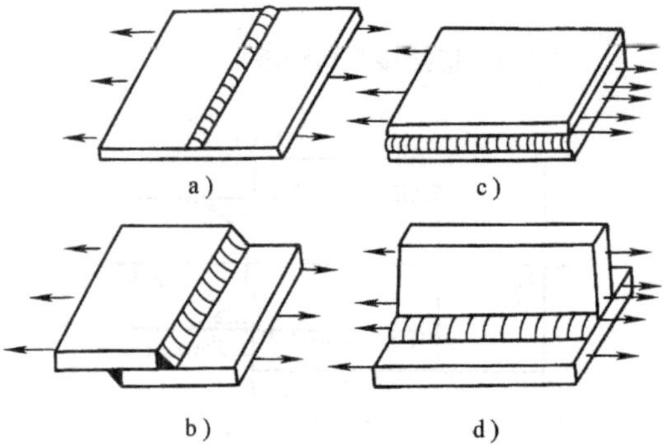

图 3-7　工作焊缝和联系焊缝

a)、b) 工作焊缝　c)、d) 联系焊缝

二、焊接接头静载强度计算的假设

由于焊接接头的应力分布非常复杂，所以精确计算接头的强度是困难的，常用的计算方法都是在一些假设的前提下进行的，称为简化计算法。工程上为了计算方便常作如下假设。

1) 残余应力对接头强度没有影响。

2) 焊趾处和余高处的应力集中对接头强度没有影响。

3) 接头的工作应力是均布的，以平均应力计算。

4) 正面角焊缝与侧面角焊缝的强度没有差别。

5) 焊脚尺寸 K 的大小对角焊缝的强度没有影响。

6) 角焊缝都是在切应力的作用下破坏的，按切应力计算其强度。

7) 角焊缝的破断面（计算断面）在角焊缝截面的最小高度上，其值等于内接三角形高 a，a 称为计算高度，直角等腰角焊缝的计算高度为

$$a = \frac{K}{\sqrt{2}} = 0.7K \tag{3-2}$$

8) 余高和少量的熔深对接头的强度没有影响，但是，在采用熔深较大的埋弧焊和 CO_2 气体保护焊时，应予以考虑，如图 3-8 所示。其角焊缝计算断面高度 a 为

$$a = (K + p)\cos 45° \tag{3-3}$$

当 $K \leqslant 8\text{mm}$ 时，可取 $a = K$；当 $K > 8\text{mm}$ 时，可取 $p = 3\text{mm}$。

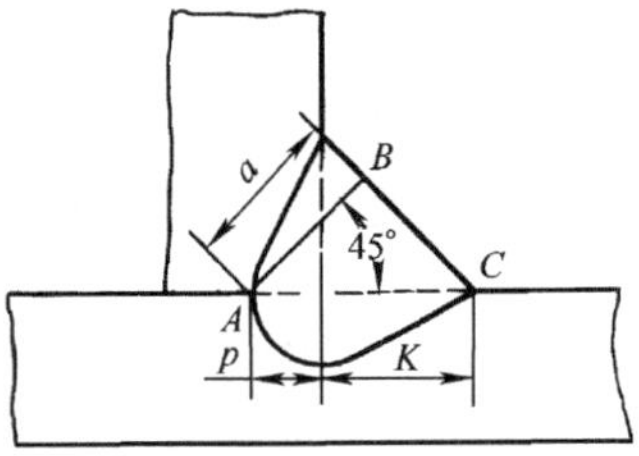

图 3-8　深熔焊的角焊缝

三、电弧焊对接接头的静载强度计算

静载强度计算方法，目前仍然采用许用应力法。而接头的强度计算实际上是计算焊缝的强度。因此，接头强度计算时的许用应力均为焊缝的许用应力。

电弧焊对接接头的静载强度计算的一般表达式为

$$\sigma \leqslant [\sigma'] \text{ 或 } \tau \leqslant [\tau'] \tag{3-4}$$

式中　σ、τ——平均工作应力；

$[\sigma']$、$[\tau']$——焊缝的许用应力。

计算对接接头的强度时，可不考虑焊缝余高，焊缝计算长度取实际长度，计算厚度取两板中较薄者。如果焊缝金属的许用应力与基本金属相等，则可不必进行强度计算。

全部焊透的对接接头的各种受力情况如图 3-9 所示。图中 F 为接头所受的拉（或压）力，F_s 为切力，M_1 为平面内弯矩，M_2 为垂直平面的弯矩。

各种受力情况的强度计算公式如下。

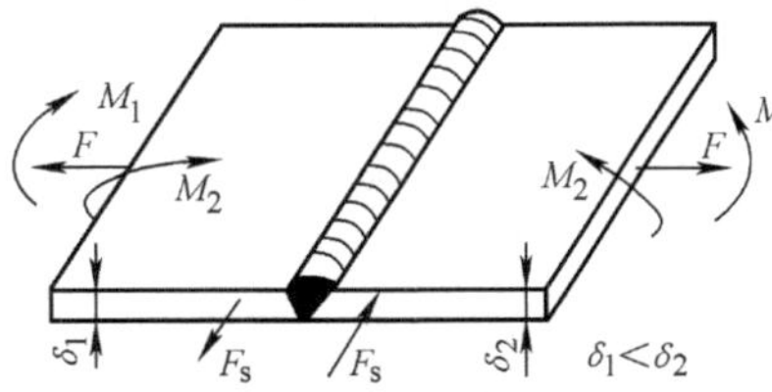

图 3-9　对接接头受力情况

1）受拉时

$$\sigma_t = \frac{F}{L\delta_1} \leqslant [\sigma_t'] \tag{3-5}$$

2）受压时

$$\sigma_p = \frac{F}{L\delta_1} \leqslant [\sigma_p'] \tag{3-6}$$

3）受剪切时

$$\tau = \frac{F_s}{L\delta_1} \leqslant [\tau'] \tag{3-7}$$

4）受板平面内弯矩（M_1）

$$\sigma = \frac{6M_1}{\delta_1 L^2} \leqslant [\sigma_t'] \tag{3-8}$$

5）受垂直板面弯矩（M_2）

$$\sigma = \frac{6M_2}{\delta_1^2 L} \leqslant [\sigma_t'] \tag{3-9}$$

式中　σ_t、σ_p、τ、σ——焊缝所承受的工作应力（MPa）；

F、F_s——接头所受的力（N）；

M_1、M_2——接头所受的弯矩（N · mm）；

L——焊缝长度（mm）；

δ_1——接头中较薄板的板厚（mm）；

$[\sigma_t']$、$[\sigma_p']$、$[\tau']$——焊缝许用应力(MPa)。

【例 3-1】 两块厚为 5mm、宽为 500mm 的钢板对接在一起，两端受 2.84×10^5N 的拉力，材料为 Q235A 钢，$[\sigma_t']=142$MPa，试校核其焊缝强度。

解 已知 $F=2.84\times10^5$N，$L=500$mm，$\delta_1=5$mm，$[\sigma_t']=142$MPa，代入式（3-5）得

$$\sigma_t=\frac{F}{L\delta_1}=\frac{2.84\times10^5\text{N}}{500\text{mm}\times5\text{mm}}=113.6\text{MPa}<[\sigma_t']=142\text{MPa}$$

想一想

通过强度计算公式，如何进行板厚及焊缝长度的计算？

所以该对接接头焊缝强度满足要求，结构工作时是安全的。

【综 合 训 练】

一、填空

1. 电弧焊对接接头的静载强度计算的一般表达式为 $\sigma\leq$________或 $\tau\leq$________。

2. 计算对接接头的强度时，可不考虑焊缝余高，焊缝计算长度取________，计算厚度取两板中较________（薄、厚）者。

3. 如果焊缝金属的许用应力与基本金属相等，则________（必须/不必）进行强度计算。

二、简答

1. 什么是工作焊缝？什么是联系焊缝？

2. 对焊接接头静载强度计算的假设有哪些？

模块三　焊接结构的破坏

一、焊接结构的疲劳破坏

疲劳断裂是金属结构失效的一种主要形式。相对于铆接结构，焊接结构对疲劳的敏感性和产生裂纹的危险性更大。在历史上桥梁、起重机械和工程机械、车辆、船舶、压力容器、飞机等焊接结构在正常运行情况下，因疲劳断裂而酿成的灾难性事故时有发生。

1. 疲劳的基本概念

小知识

疲劳断裂的断口，具有一般脆性断口的放射线、人字纹或结晶状形貌。

由循环应力引起的裂纹起始和缓慢扩展而产生的结构部件的损伤称为疲劳。承受循环载荷的结构，当构件所受的应力低于弹性极限时，在应力集中的部位就可能产生疲劳裂纹，由于疲劳裂纹发展的最后阶段——失稳扩展（断裂）是突然发生的，没有预兆，没有明显的塑性变形，难以采取预防措施，所以疲劳裂纹对结构的安全性有很大威胁。

焊接结构在交变应力或应变作用下，也会由于裂纹扩展而发生疲劳破坏。

2. 影响焊接结构疲劳强度的因素

影响焊接结构疲劳强度的因素很多，如应力集中，以及构件截面尺寸、表面状态、加载情况和介质等。

（1）应力集中和表面状态的影响　在焊接结构中，由于在接头部位产生不同程度的应力集中，所以会对接头的疲劳强度产生不利影响。对接接头的应力集中比其他接头形式的小，疲劳强度较高；T形（十字）接头存在较大的应力集中，因此其疲劳强度远远低于对接接头；在搭接接头中，应力集中很严重，所以疲劳强度也很低。

表面状态对疲劳强度也有影响。表面粗糙相当于存在很多微缺口，金属材料表面的缺口也可能造成应力集中，且缺口越尖锐应力集中越严重，所以这些缺口处的应力集中会导致疲劳强度下降。

（2）焊接应力的影响　焊接应力对疲劳强度的影响取决于残余应力的分布状态。在工作应力较高的区域，如应力集中处和受弯曲构件的边缘，残余应力是拉伸的，则它降低疲劳强度；反之，若该处存在压缩残余应力，则将提高疲劳强度。焊接应力在结构上是拉应力与压应力同时存在的，如果将残余压应力调整到材料表面或应力集中区则是十分有利的，如果材料表面或应力集中区存在的是残余拉应力，则极为不利，应设法消除。

（3）焊接缺陷的影响　焊接缺陷对疲劳强度的影响与缺陷的种类、尺寸、方向和位置有关。片状缺陷（如裂纹、未熔合、未焊透）比带圆角的缺陷（如气孔等）影响大；表面缺陷比内部缺陷影响大；与作用力方向垂直的片状缺陷的影响比其他方向的大；位于残余拉应力场内的缺陷，其影响比在残余压应力场内的大；同样的缺陷，位于应力集中区内（如焊趾裂纹和根部裂纹）的影响比在均匀应力场中的影响大。

3. 提高焊接接头疲劳强度的措施

（1）降低应力集中和危险部位的实际应力　设计中应尽量采用合理的结构形式和应力集中系数小的焊接接头，如避免复杂的形面、注意截面的圆滑过渡（图3-10）；尽量采用对接接头形式，并保证母材金属与焊缝之间平滑过渡；对抗疲劳强度要求较高的零件采用抛光处理、降低表面粗糙度值、防止表面划伤以及避免表面缺陷等；制造工艺要确保缺口质量，有缺口的零件应避免选用对缺口敏感的材料。

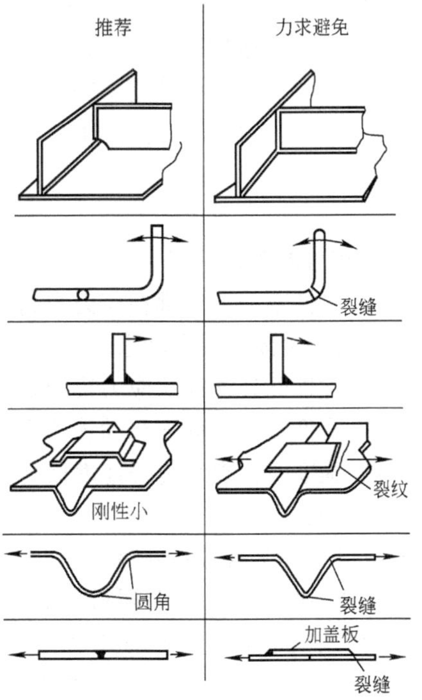

图3-10　典型结构设计比较

小知识

对于钢结构的焊接，采用合理的接头形式、提高焊缝内部和表面质量，避免各种缺陷的产生是防止疲劳断裂的重要措施。

（2）表面强化 表面强化可以在零件表面产生很高的残余压应力，从而延缓或控制疲劳裂纹在表面的产生，即使表面有微小裂纹也不易扩展。所以可采用滚压、喷丸强化等工艺使零件表面产生残余压应力以提高其疲劳强度。

表面淬火及表面化学热处理，既能获得表硬心韧的综合力学性能，又能在零件表层获得残余压应力，从而能有效地提高零件抗疲劳能力。

（3）减少焊缝中的缺陷 尽量减少焊缝中的夹渣、裂纹、气孔、未熔合、未焊透等缺陷，同时控制其数量、尺寸和形状，能有效地提高疲劳强度。

二、焊接结构的脆性断裂

自从焊接结构广泛应用以来，焊接结构的脆性断裂（简称脆断）事故时有发生。这些事故具有突然性、不易预防的特点，一般都有灾难性的后果，必须高度重视。研究表明，造成焊接结构脆断的原因是多方面的，主要是材料（包括母材和焊材）、结构设计和制造工艺三方面因素综合作用的结果。

小知识

由焊接引起的缺陷是钢结构焊接接头脆断的重要原因，据调查美国船舶脆断事故约有40%是从焊接缺陷处开始破坏的。

1. 脆性断裂的特点

1）脆性断裂一般都在应力不高于结构设计应力和没有明显塑性变形的情况下发生，并扩展到结构整体，损失严重。

2）脆性断裂往往从应力集中处开始，如构件内存在的缺陷或焊缝处。

3）在低温、厚截面和动载荷作用下，极易引起脆性断裂。

4）脆断时，裂纹传播速度极高，当裂纹进入更低的应力区或材料的高韧性区时，裂纹就停止扩展。

2. 影响金属脆断的主要因素

研究表明，同一种金属材料由于受到外界因素的影响，其断裂性质会发生改变。其中最主要的因素是温度、加载速度和应力状态，而且这三者往往共同起作用。

（1）温度的影响 温度对材料断裂性质影响很大，如果把一组开有同样缺口的试样在不同温度下进行试验，就会看到，随着温度降低，它们的破坏方式从塑性破坏变为脆性破坏。材料从塑性向脆性转变的温度称为脆性转变温度，又称临界温度。各种钢材的脆性转变温度不同，因此，可以用来衡量材料抗脆性断裂的指标。

（2）加载速度的影响　实验证明，钢的屈服点 σ_s 随着加载速度提高而提高。这说明了钢材的塑性变形抗力随加载速度的提高而加强，促进了材料脆性断裂。提高加载速度的作用相当于降低温度。

（3）拉应力的影响　塑性变形主要是由于金属晶体内沿滑移面发生滑移，引起滑移的力学因素是切应力。金属材料受外力作用时，在不同的截面上会产生不同的拉应力和切应力。切应力促进塑性变形，而拉应力促进脆性裂纹的扩展。当零件中存在缺陷、应力集中，同时又在拉伸应力的作用下，就会在缺陷根部产生三轴拉应力。

在三轴拉伸时，最大应力超出单轴拉伸时的屈服应力，极易导致脆性断裂。因此，应力集中的作用以及除载荷作用方向以外的拉应力分量是造成金属零件在静态低负荷下产生脆性断裂的重要原因。材料的应力状态越复杂，则发生脆性断裂的倾向性越大。

（4）材料状态的影响　前述三个因素均属引起材料脆断的外因，材料本身的质量则是引起脆断的内因。

1）厚度的影响。厚板在缺口处容易形成三向拉应力，且厚板相对于薄板受轧制次数少，终轧温度高，组织较疏松，内外层均匀性差。因此板厚增大，发生脆断可能性增大。

2）晶粒度的影响。对于低碳钢和低合金钢来说，晶粒度对钢的脆性转变温度影响很大，晶粒度越细，转变温度越低，越不易发生脆断。

3）化学成分的影响。碳素结构钢，随着碳含量增加，其强度也随之提高，而塑性和韧性却下降，即脆断倾向增大。其他如 N、O、H、S、P 等元素会增大钢材的脆性。而适量加入 Ni、Cr、V、Mn 等元素则有助于减小钢的脆性。

3. 预防焊接结构脆性断裂的措施

（1）零件的设计与制造　如前所述，温度是引起零件脆性断裂的重要因素之一，设计者必须考虑使零件的工作温度高于材料的临界脆性转变温度 T_c。若所设计的零件工作温度低于 T_c 时，则必须降低设计应力水平，若其设计应力不能降低，则应更换材料，选择韧性更高，T_c 更低的材料。

在进行零件结构和焊接工艺设计时，应使缺陷所产生的应力集中减少到最低限度，如零件形状圆滑过渡、减少尖角及结构尺寸的不连续性，合理布置焊缝的位置、焊缝不交叉，结构加工后不应存在缺口、凹槽、过深的刀痕等缺陷。对质量要求高的焊接结构在条件允许的条件下，焊后应进行消除残余应力退火和对焊缝采用 TIG 焊重熔等。

（2）冶金方面　实践证明，C、N、P、Si 等元素增大钢的冷脆性，钢中的 Ni、少量 Mn、Cu 等元素有利于获得较高的低温冲击韧性。对钢中的有益元素要保证在规定的范围，而对提高钢脆性转变温度，降低冲击韧性的有害元素和夹杂含量必须控制在规定的含量以下。总之，调整合金元素、降低杂质含量、提高钢的纯净度是降低材料脆断的有效途径。细化晶粒是提高钢材塑性、韧性并避免脆性断裂的另一个重要的冶金手段。

（3）钢材的热处理　形变热处理是形变强化与热处理淬火强化相结合的一种复合强化工艺，通过热处理可以获得强度、硬度高、塑性和韧性好的低碳马氏体，同时还具有脆性转变温度低，缺口敏感性小等优点。

综上所述，要在提高强度的同时，又能改善韧性，降低脆性，可从三个方面着手：一是改善合金的化学成分和冶炼生产方法，去除或固定对韧性不利的有害因素；二是获得可达到最佳韧性的显微组织和相分布；三是细化显微组织、细化晶粒。

【综合训练】

一、填空

1. 对重要的动载结构，可采用__________或__________的措施来降低应力集中，以提高接头的疲劳强度。

2. 由于T形接头（十字接头）焊缝向母材金属过渡较急剧，接头中应力分布极不均匀，在__________和__________处，易产生很大的应力集中。

3. 在各种角焊缝构成的搭接接头中，在相同的焊脚尺寸的条件下，__________角焊缝的单位长度强度较__________角焊缝高，而__________角焊缝的单位长度强度介于二者之间。

4. 表面淬火及表面化学热处理，既能获得__________的综合力学性能，又能在零件表层获得__________，从而能有效地提高零件的疲劳抗力。

二、简答

1. 什么是应力集中？应力集中产生的原因有哪些？

2. T形接头应力分布情况如何？怎样减小T形接头的应力集中？

3. 两块钢板对接，$\delta_1 = 18\text{mm}$，$\delta_2 = 20\text{mm}$，焊缝受1600kN的拉力，受1400kN的切应力，焊缝金属的许用拉应力$[\sigma_t'] = 127\text{MPa}$；许用切应力$[\tau'] = 93\text{MPa}$，试设计焊缝长度。

4. 影响焊接结构疲劳强度的因素有哪些？

5. 金属发生脆性断裂时有哪些基本特点？

6. 预防金属结构脆性断裂的主要措施有哪些？

第四单元　焊接结构生产工艺

学习目标

1. 掌握焊接结构工艺性审查方法。
2. 掌握焊接结构的工艺过程分析方法。
3. 掌握焊接工艺评定的知识。
4. 掌握焊接结构生产工艺规程编制的有关知识。

模块一　焊接结构工艺性审查

焊接结构生产是从焊接生产的准备工作开始的。焊接生产的准备包括技术准备和物资准备。技术准备内容有结构的工艺性审查、工艺过程分析、焊接工艺评定和编制焊接工艺规程。物资准备内容有定购原材料和辅助材料、外购和自行设计制造装配焊接设备和装备等。然后从材料入库真正开始了焊接结构制造工艺过程，包括材料复验入库、备料加工、装配焊接、焊后热处理、质量检验、成品验收；其中还穿插返修、涂装和喷漆；最后到合格产品入库。

一、工艺性审查的目的

焊接结构的工艺性是指设计的焊接结构在具体的生产条件下能否经济地制造出来，并分析采用最有效的工艺方法的可行性。焊接结构的工艺性是关系着一个产品制造快慢、质量好坏和成本高低的关键问题，一个结构的工艺性好坏是这个结构设计好坏的重要标志。为了提高设计产品结构的工艺性，工厂应在首次生产前对所有新设计的产品和改进设计的产品以及外来产品图样进行结构工艺性审查。

想一想

都有哪些产品需要进行工艺性审查?

焊接结构的工艺性审查是个复杂问题，在审查过程中应实事求是，多分析比较，以便确定最佳方案。图 4-1a 所示为带双孔叉的连杆结构形式，装配和焊接不方便；图 4-1b 所示结构采用正面和侧面角焊缝连接，装配和焊接方便，但因为是搭接接头，疲劳强度低，不能满足使用性能的要求；图 4-1c 所示是采用锻焊组合结构，使焊缝成为对接形式，既保证了接头强度，又便于装配焊接，是合理的接头形式。

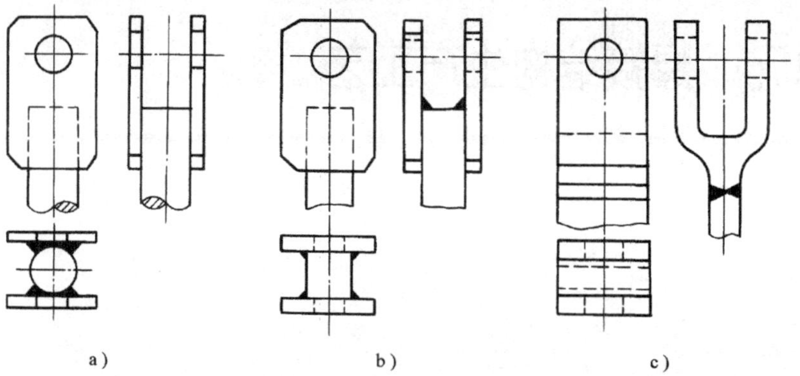

图4-1 双孔叉的连杆结构形式

a）采用圆钢连接 b）采用方钢连接 c）采用锻焊组合结构连接

通过分析可知，焊接结构工艺性审查的目的是保证结构设计的合理性、工艺的可行性、使用的可靠性和经济性。通过工艺性审查可以及时调整和解决工艺方面的问题，加快工艺规程编制的速度，缩短新产品生产准备周期，减少或避免在生产过程中发生重大技术问题。此外，通过工艺性审查，还可以提前发现新产品中关键零件或关键加工工序所需的设备和工装，以便提前安排定货和设计。

二、工艺性审查的步骤

1. 产品结构图样审查

焊接结构的图样是工程的语言，主要包括新产品设计图样、继承性设计图样和按照实物测绘的图样等。由于图样的工艺性完善程度不同，因此工艺性审查的侧重点也有所区别。但是，在生产前无论哪种图样都必须按以下要求进行图样审查，合格后才能交付生产准备和生产使用。

对图样的基本要求是绘制的焊接结构图样应符合机械制图国家标准中的有关规定。图样应当齐全，除焊接结构的装配图外，还应有必要的部件图和零件图。由于焊接结构一般都比较大，结构复杂，所以图样应选用适当的比例，也可在同一图中采用不同的比例绘出。当产品结构较简单时，可在装配图上直接把零件的尺寸标注出来。根据产品的使用性能和制作工艺需要，在图样上应有齐全合理的技术要求，在图样上不能用图形、符号表示的内容，应用文字说明。

2. 产品结构技术要求审查

小知识

作为生产单位，对设计图样的任何修正和更改，均须取得原设计单位的认可和审批，否则后果自负。

焊接结构技术要求主要包括使用要求和工艺要求。使用要求一般是指结构的强度、刚度、耐久性（抗疲劳、耐腐蚀、耐磨和抗蠕变等），以及在工作环境条件下焊接结构的几何尺寸、力学性能、物理性能等。而工艺要求则是指产品所用材料的焊接性、结构的合理性、生产的经济性和方便性。

为了满足焊接结构的技术要求，首先要分析产品的结构，了解焊接结构的工作性质及工作环境，然后对焊接结构的技术要求以及所执行的技术标准进行熟悉、消化和理解，并结合具体的生产条件来考虑整个生产工艺能否适应焊接结构的技术要求，做到及时发现问题，提出合理的修改方案，改进生产工艺，使产品全面达到规定的技术要求。

三、工艺性审查的内容

在进行焊接结构工艺性审查前，除了要熟悉该结构的工艺特点和技术要求以外，还必须了解被审查产品的用途、工作条件、受力情况及产量等有关方面的问题。在进行焊接结构的工艺性审查时，主要审查以下几方面内容。

1. 是否有利于减小应力集中

应力集中不仅是降低疲劳强度的主要原因，也是降低材料塑性，引起结构脆断的主要原因，对结构强度有很坏的影响。为了减少应力集中，应尽量使结构表面平滑，在截面发生改变的地方应过渡平缓，并有合理的接头形式。一般常从以下几个方面考虑。

（1）尽量避免焊缝过于集中　图4-2a结构是用八块小肋板加强轴承套，许多焊缝集中在一起，存在着严重的应力集中，不适合承受动载荷。采用图4-2b的结构形式，不仅改善了应力集中的情况，也使其工艺性得到改善。

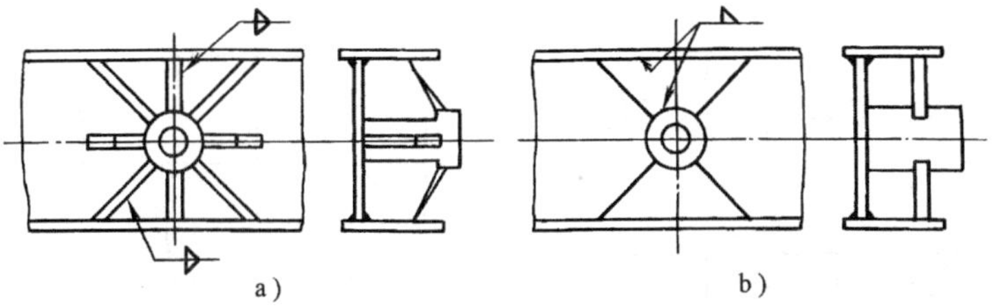

图4-2　肋板的形状与位置比较

a）不合理　b）合理

图4-3a中焊缝布置，都有不同程度的应力集中，而且可焊到性差，若改成图4-3b所示结构，其应力集中和可焊到性都得到改善。

（2）尽量采用合理的接头形式　对于重要的焊接接头应采用开坡口的焊缝，防止因未焊透而产生应力集中。设法将角接接头和T形接头，转化为应力集中系数较小的对接接头。图4-4是这种转化的应用实例，将图4-4a的接头形式转化为图4-4b的形式，实质上是把焊缝从应力集中的位置转移到没有应力集中的地方，同时改善了接头的工艺性。应当指出，在对接接头中只有当力能够从一个零件平缓地过渡到另一个零件上去时，应力集中才是最小的。

（3）尽量避免构件截面的突变　在截面变化的地方必须采用圆滑过渡或平缓过渡，不要形成尖角。例如，搭接板存在锐角时（图4-5a）应把锐角改变成圆角或钝角（图4-5b）。又如，肋板存在尖角时（图4-6a）应将它改变成图4-6b的形式。在厚板与薄板或宽板与窄板对接时，均应在接合处设计一定的斜度，使之平滑过渡。

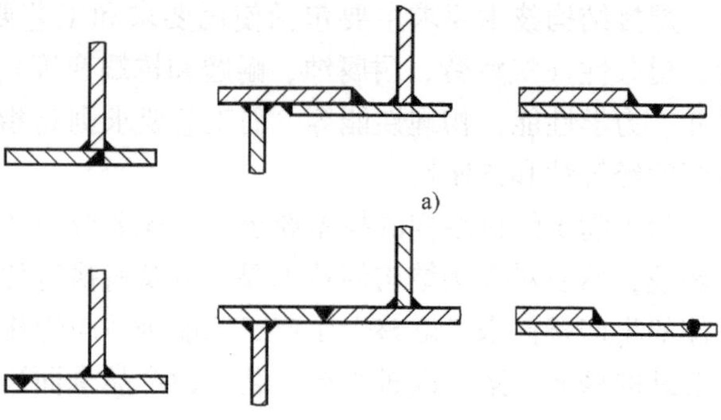

图4-3　焊缝布置与应力集中的关系
a）不合理　b）合理

想一想

为什么对接接头是最合理的接头形式?

（4）应用复合结构　复合结构具有发挥各种工艺长处的特点，它可以采用铸造、锻造和压制工艺，将复杂的接头简化。把角焊缝改成对接焊缝，不仅减小了应力集中，而且改善了工艺性。图4-7就是应用复合结构，把角焊缝改为对接焊缝的实例。

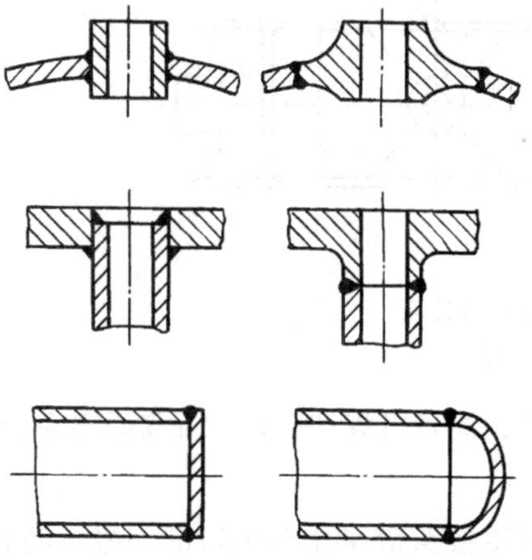

图4-4　接头转化的应用实例
a）不合理　b）合理

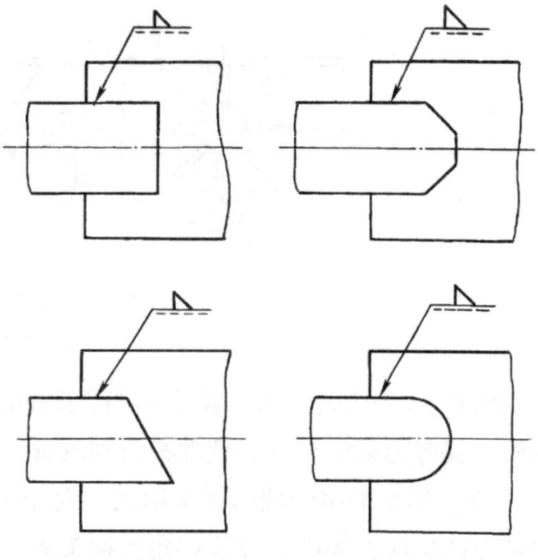

图4-5　搭接接头中搭板的形式
a）不合理　b）合理

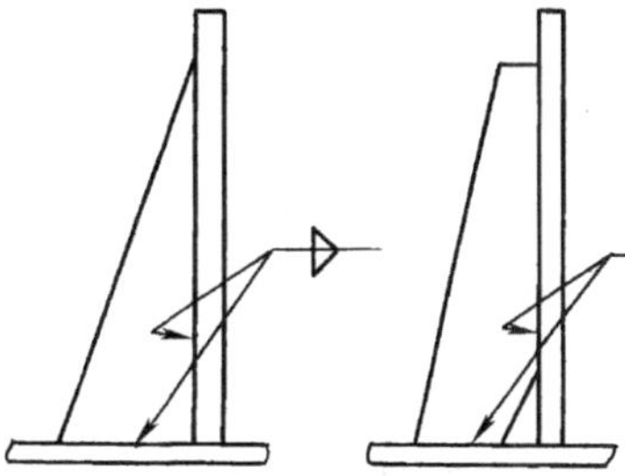

图 4-6　肋板的合理形式

a）不合理　b）合理

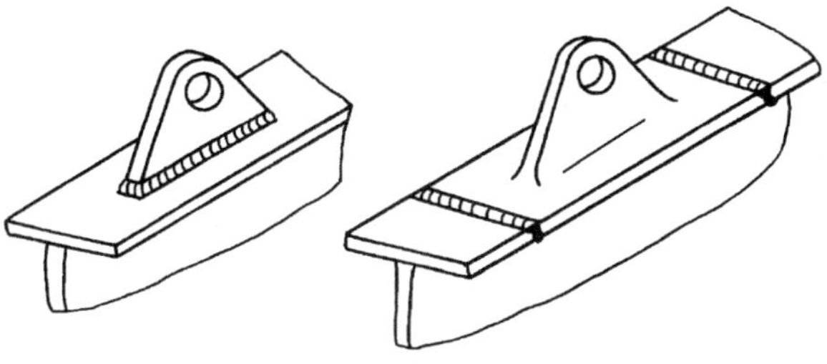

图 4-7　采用复合结构的应用实例

a）原设计的板焊结构　b）改进后的复合结构

2. 是否有利于减小焊接应力与变形

（1）尽可能地减少结构上的焊缝数量和焊缝的填充金属量　这是设计焊接结构时一条最重要的原则。因为它不仅仅对减小焊接应力和焊接变形有利，而且对许多方面都有利。图 4-8 所示的框架转角，就有两个设计方案。图 4-8a 是用许多小肋板构成放射形状来加固转角；图 4-8b 设计是用少数肋板构成屋顶的形状来加固转角。图 4-8b 的方案不仅提高了框架转角处的刚度与强度，而且焊缝数量又少，减小了焊后的变形，改善了应力状态。

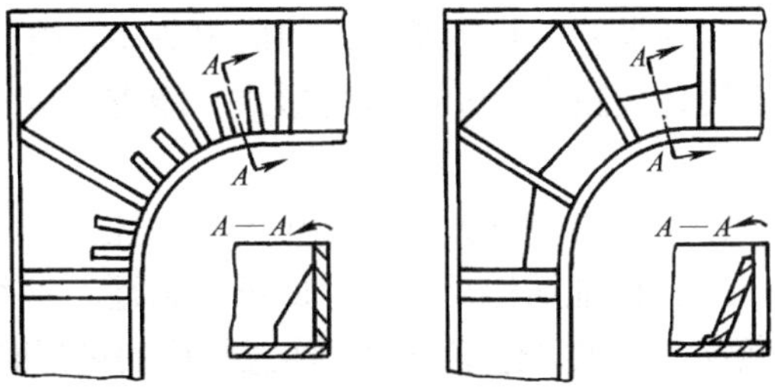

图 4-8　框架转角处加强肋布置的比较

a）不合理　b）合理

（2）尽可能地选用对称的构件截面和焊缝位置　当焊缝位置对称于构件截面的中性轴或接近中性轴时，在焊后能得到较小的弯曲变形。图 4-9 为各种截面的构件，图 4-9a 构件的焊缝都在 $x—x$ 轴一侧，焊后由于焊缝纵向收缩，最容易产生弯曲变形；图 4-9b 构件的焊缝位置对称于 $x—x$ 轴和 $y—y$ 轴，焊后弯曲变形较小，且容易防止；图 4-9c 构件由两根角钢组成，焊缝位置与截面重心并不对称，若把距重心近的焊缝设计成连续的，把距重心远的焊缝设计成断续的，就能减小构件的弯曲变形。

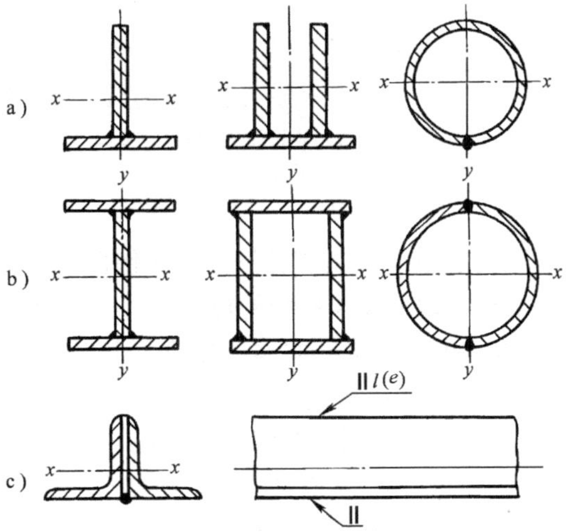

图 4-9　构件截面和焊缝位置与焊接变形的关系

a）不合理　b）、c）合理

（3）尽可能地减小焊缝截面尺寸　在不影响结构的强度和刚度的前提下，尽可能地减小焊缝截面尺寸，或把连续角焊缝设计成断续角焊缝，减少塑性变形区的范围，使焊接应力与变形减小。

小知识

合理确定焊缝尺寸不仅可以减少应力与变形、减少焊接工时，而且可以节约材料、降低产品成本。

（4）采用合理的装配焊接顺序　对复杂的结构应采用分部件装配法，尽量减小总装焊缝数量并使之分布合理，这样能大大减小结构的变形。为此，在设计结构时就要合理地划分部件，使部件的装配焊接易于进行，焊后经矫正能达到要求，这样就便于总装。由于总装时焊缝少，结构刚性大，焊后的变形就很小。

（5）尽量避免焊缝相交　如图4-10所示三条角焊缝在空间相交。图4-10a在交点处会产生三轴应力，使材料塑性降低，同时可焊到性也差，并造成严重的应力集中。若把它设计成图4-10b所示的形式，能克服以上缺点。

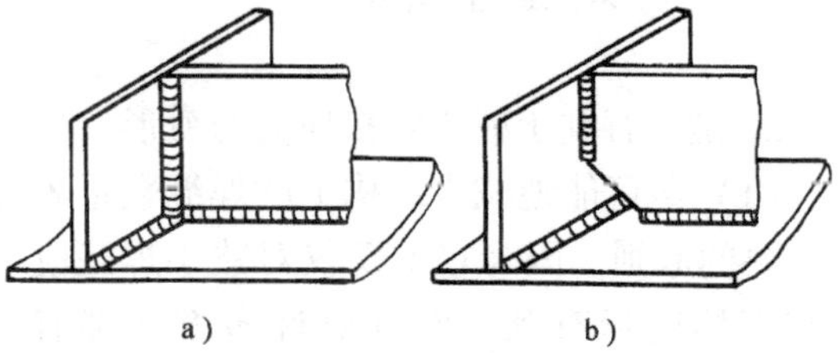

图4-10　空间相交焊缝方案比较
a）不合理　b）合理

3. 是否有利于改善焊接生产工艺性

（1）保证结构具有良好的可焊到性　可焊到性是指结构上每一条焊缝都能得到很方便的施焊，在工艺性审查时要注意结构的可焊到性，避免因不易施焊而造成焊接质量不好。如图4-11a所示三个结构都没有必要的操作空间，很难施焊，如果改成图4-11b的形式，就具有良好的可焊到性。厚板对接时，一般应开成X形或双U形坡口，如果构件不能翻转，就会造成大量的仰焊焊缝，这不但劳动条件差，质量还很难保证，这时就必须采用V形或U形坡口来改善其工艺性。

小知识

在焊接大型封闭容器时，应在容器上设置人孔。这是为操作人员出入方便和满足通风需要，不损害工人健康。

（2）保证接头具有良好的可探伤性　严格检验焊接接头质量是保证结构质量的重要措施，对于结构上需要检验的焊接接头，必须考虑到是否检验方便。对于高压容器，焊缝往往要求100%射线探伤。图4-12a所示接头就无法进行射线探伤或探伤结果无效，应改为图4-12b所示的接头形式。

（3）选用焊接性好的材料来制造焊接结构　在结构选材时首先应满足结构工作条件和使用性能的需要，其次是满足焊接特点的需要。在满足第一个需要的前提下，首先考虑的是材料的焊接性，其次考虑材料的强度。另外，在结构设计的具体选材时，为了使生产管理方便，材料的种类、规格及型号也不宜过多。

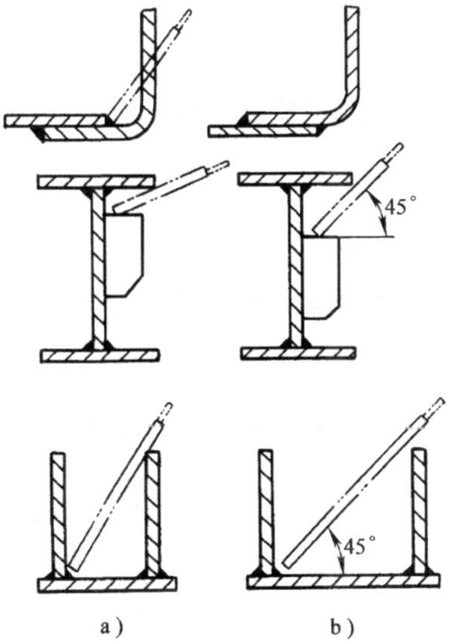

图 4-11　可焊到性比较
a）不合理　b）合理

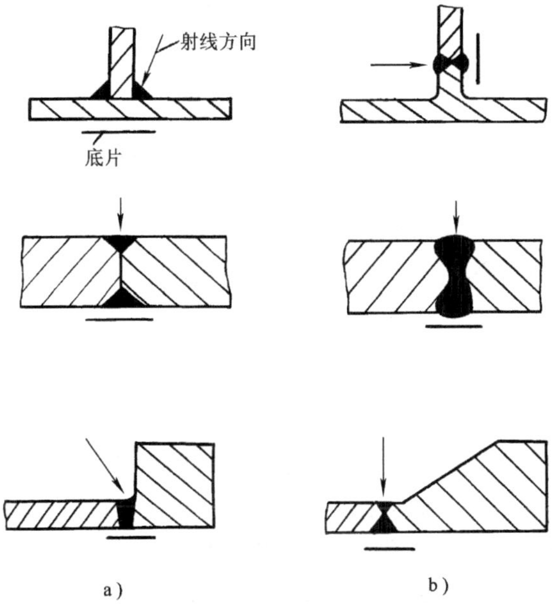

图 4-12　射线探伤可探伤性比较
a）不合理　b）合理

4. 是否有利于提高焊接生产的经济性

（1）尽量减少劳动生产量　焊接结构生产中，如果不努力节约人力和物力，不断提高生产率和降低成本，就会失去竞争能力。除了在工艺上采取一定的措施外，还必须从设计上使结构有良好的工艺性。减少生产劳动量的办法有很多，归纳起来有以下几个方面。

1）合理地确定焊缝尺寸。确定工作焊缝的尺寸，通常用等强度原则来计算求得。但只靠强度计算有时还是不够的，还必须考虑结构特点及焊缝布局等问题。例如，焊脚小而长度大的角焊缝，在强度相同情况下具有比大焊脚短焊缝省料省工的优点，图 4-13 中焊脚为 $2K$ 长度为 L 和焊脚为 K 长度为 $2L$ 的角焊缝强度相等，但焊条消耗量后者仅为前者的一半。

2）尽量取消多余的加工。对单面坡口背面不进行清根焊接的对接焊缝，因为焊缝反面依然存在应力集中，若通过修整表面来提高接头的疲劳强度是多余的。对结构中的联系焊缝，因为焊缝受力不大，若要求开坡口或焊透也是多余的加工。如图 4-14 中工字梁的上下翼板拼接处焊上加强盖板，就是多余的，并且由于焊缝集中反而降低了工字梁承受动载荷的能力。

3）尽量减少辅助工时。焊接结构生产中辅助工时一般占有较大的比例，减少辅助工时对提高生产率有重要意义。结构中焊缝所在位置应使焊接设备调整次数最少，焊件翻转的次数最少。图 4-15a 为设计箱形截面构件对接焊缝，焊接过程中焊件翻转一次，就能焊完四条焊缝；图 4-15b 设计为角焊缝，如果采用“船形”位置焊接，需要翻转焊件三次，若用平焊位置焊接则需多次调整机头。从焊前装配来看，图 4-15a 方案也比图 4-15b 要容易些。

4）尽量利用型钢和标准件。型钢具有各种形状，经过相互组合可以构成刚性更大的各种焊接结构，对同一种结构如果用型钢来制造，则其焊接工作量会比用钢板制造要少得多。图 4-15 中箱形截面构件，若用两个槽钢组成时，其焊接工作量可减少一半。图 4-16 为一根变截面工字梁结构，图 4-16a 是用三块钢板组成，如果用工字钢组成，可将工字钢用气割分开（图 4-16b），再组装焊接起来（图 4-16c），就能大大减少焊接工作量。

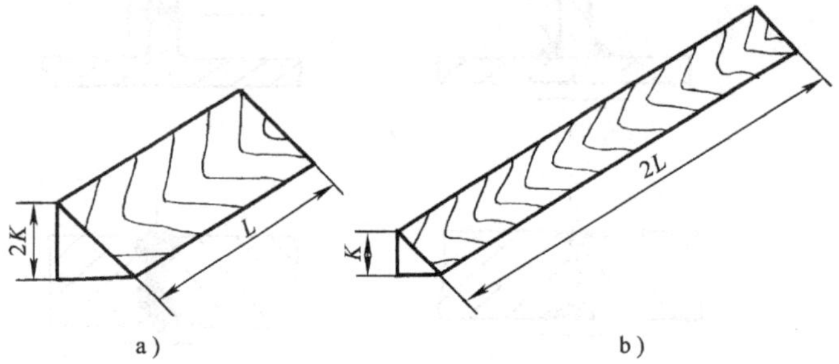

图 4-13　等强度的长短角焊缝
a）不合理　b）合理

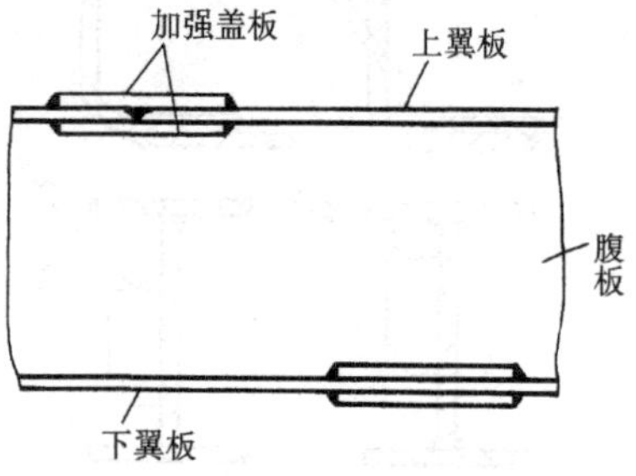

图 4-14　工字梁示意图

5）有利于采用先进的焊接方法。埋弧焊的熔深比焊条电弧焊大，有时不需开坡口，从而节省工时；采用 CO_2 气体保护焊时，不仅成本低、变形小且不需要清渣。在设计结构时应使接头易于使用上述较先进的焊接方法。如图 4-17 所示的箱形结构中，图 4-17a 形式可用焊条电弧焊焊接，若做成图 4-17b 形式，就可使用埋弧焊或 CO_2 气体保护焊。

（2）使用材料一定要合理　合理地节约材料和使用材料，不仅可以降低成本，而且可以减轻产品重量，便于加工和运输等，所以在工艺性审查时应给予重视。

一般来说，零件的形状越简单，材料的利用率就越高。图 4-18 为法兰盘备料的三种方案，图 4-18a 是用冲床落料制作，图 4-18b 是用扇形片拼接，图 4-18c 是用气割板条热弯而成，材料的利用率按 a、b、c 顺序提高，但生产的工时也按此顺序增加，哪种方案好要综合比较才能确定。通常是法兰直径小，生产批量大时，可选用 a 方案；法兰尺寸大、批量大时，采用 b 方案能节约材料，经济效果好；法兰直径大且窄，批量小，宜选用 c 方案。

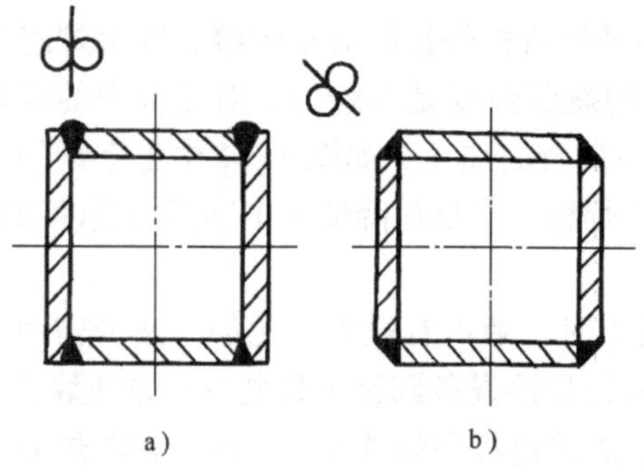

图 4-15　箱形截面构件
a）对接焊缝　b）角焊缝

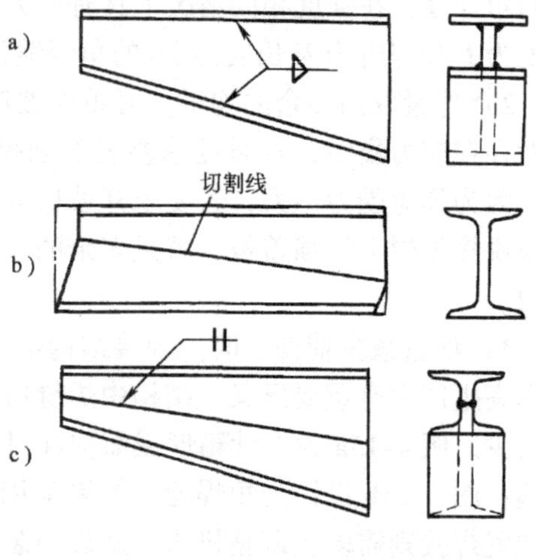

图 4-16　变截面工字梁
a）由三块钢板组成　b）气割工字钢
c）组装焊接工字钢

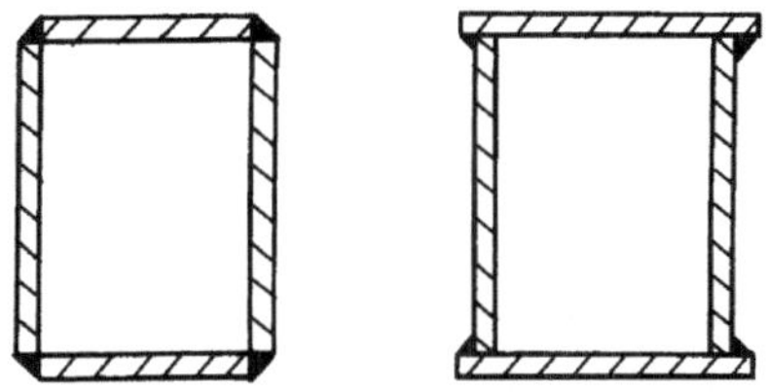

a)　　b)

图 4-17　箱形结构

a）焊条电弧焊焊接　b）埋弧焊或 CO_2 焊焊接

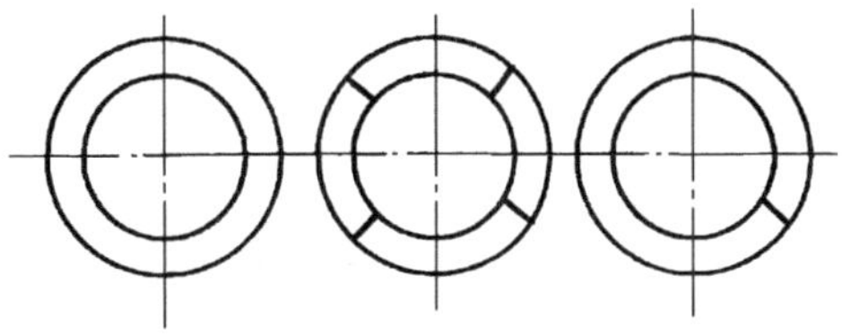

a)　　b)　　c)

图 4-18　法兰盘的备料方案比较

a）冲床落料制作　b）扇形片拼接　c）气割板条热弯而成

图 4-19b 是锯齿合成梁，如果用工字钢通过气割（图 4-19a）再焊接成锯齿合成梁，就能节约大量的钢材和焊接工时。

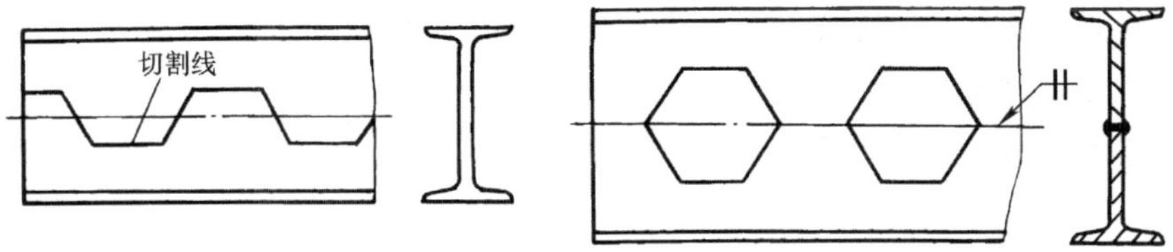

a)　　b)

图 4-19　锯齿合成梁

a）气割工字钢合成梁　b）锯齿合成梁

四、工艺性审查的方式和程序

初步设计和技术设计阶段的工艺性审查一般采用各方（设计、工艺、制造部门的技术人员和主管）参加的会审方式。对产品工作图的工艺性审查由产品主管工艺师和各专业工艺师对有设计、审核人员签字的图样分头进行审查。

全套图样审查完毕，无大修改意见的，审查者应在“工艺”栏内签字；对有较大修改意见的，暂不签字，审查者应填写“产品结构工艺性审查记录”，与图一并交设计部门。

设计者根据工艺性审查记录上的意见和建议进行修改设计，修改后工艺未签字的图样返回工艺部门复查签字。若设计者与工艺员意见不一，由双方协商解决。若协商不成，由厂技术负责人进行协调或裁决。

【活动建议】

对一些简单焊接结构进行工艺性审查，熟悉工艺性审查的内容及步骤。

【综 合 训 练】

一、填空

1. 为了提高设计产品结构的工艺性，工厂应在首次生产前对__________的产品和__________的产品以及__________产品图样进行结构工艺性审查。

2. 焊接结构工艺性审查的目的是保证__________、__________、__________和__________。

3. 制造焊接结构的图样是工程的语言，它主要包括__________图样、__________图样和__________图样等。

4. 确定工作焊缝的尺寸，通常用__________原则来计算求得。

二、简答

1. 如何从减小焊接应力与变形的角度进行工艺性审查？
2. 如何减少生产劳动量？
3. 简述工艺性审查的方式和程序。

模块二 焊接生产工艺过程分析

在焊接生产准备工作中，进行工艺分析，编制工艺方案，是作为指导产品工艺准备工作的依据，除单件小批生产的简单产品外，都应具有工艺方案，它是工艺规程设计的依据。进行工艺分析可以设计出多个工艺方案，进行比较，确定一个最优方案供编制工艺规程和继续进行其他准备工作使用。因此，在制订工艺方案，编制工艺文件之前，仔细地进行焊接生产全过程的工艺分析是十分必要的。

一、焊接工艺过程分析的原则

首先，从焊接结构生产的要求入手，包括技术要求、经济要求、劳动保护、安全卫生，明确焊接结构生产的规模和方式，使确定的工艺方案在保证产品质量的同时，充分考虑生产周期、成本和环境保护等因素。

其次，根据本企业能力，积极采用国内外先进工艺技术和装备，以不断提高企业工艺水平和生产能力。

二、生产纲领对工艺过程分析的影响

工艺分析是在焊接结构生产要求和可能实施的生产工艺过程之间，寻求矛盾和解决矛盾的办法。焊接工艺过程分析的目的，是根据不同的生产纲领选择并确定最佳工艺方案。生产纲领是指某产品或零、部件在一年内的产量（包括废品）。按照生产纲领的大小，焊接生产可分为三种类型：单件生产、成批生产和大量生产。不同的生产类型，其特点是不一样的，因此所选择的加工路线、设备情况、人员素质、工艺文件等也是不同的，生产类型的划分见表4-1。

表4-1 生产类型划分

生产类型		产品类型及同种零件的年产量/件		
		重型	中型	轻型
单件生产		5以下	10以下	100以下
成批生产	小批生产	5～100	10～200	100～500
	中批生产	100～300	200～500	500～5000
	大批生产	300～1000	500～5000	5000～50000
大量生产		1000以上	5000以上	50000以上

（1）单件生产　当产品的种类繁多，数量较小，重复制造较少时，其生产性质可认为是单件生产，编制工艺规程时应选择适应性较广的通用装配焊接设备、起重运输设备和其他工装设备，这样可以在最大程度上避免了设备的闲置。使用机械化生产是得不偿失的，所以可选择技术等级较高的工人进行手工生产。应充分挖掘工厂的潜力，尽可能降低生产成本。

（2）大量生产　当产品的种类单一，数量很多，工件的尺寸和形状变化不大时，其性质接近于大量生产。因为要长时间重复加工，所以宜采用机械化、自动化水平较高的流水线生产，每道工序都由专门的机械和工装完成，加工同步进行，生产设备负荷越大越好。

（3）成批生产　成批生产的产品具有周期性重复加工的特点，机械化程度介于单件生产和大量生产之间。应部分采用流水线作业，但加工节奏不同步。

三、工艺过程分析方法及内容

1. 从保证技术条件的要求进行工艺分析

焊接结构的技术条件，一般可归纳为获得优质的焊接接头和获得准确的外形尺寸两个方面。

（1）保证获得优质的焊接接头　焊接接头的质量应满足产品设计的要求，主要表现在焊接接头的性能应符合设计要求和焊接缺陷应控制在规定范围之内两个方面。一般来说，影响焊接接头质量的主要因素，可归纳为以下三个方面。

1）焊接方法的影响。不同焊接工艺方法的热源具有不同的性质，它们对焊接接头质量有着不同的影响。例如电渣焊时，由于热源移动缓慢而热输入又大，因而使焊接接头具有粗大的金相组织，要对焊件进行一定的热处理以后，才能获得所需的力学性能。又如埋弧焊时，由于热源具有电流大、移动快的特点，这就使得很多因素都能够导致气孔的形成，如焊剂受潮、焊丝和焊件上的铁锈及油污以及生产管理中的一些问题（如装配后没即时施焊引起接缝处生锈）等。在进行工艺分析时，这些都是选择工艺方法和确定相应措施的依据。

2）材料成分和性能的影响。在焊接热过程作用下，母材与焊缝金属中发生了相变与组织变化，在熔化金属中进行着冶金反应，所有这些都将影响焊接接头的各种性能。例如，碳钢结构的焊接接头内，随着母材含碳量的增加，使钢的淬硬倾向增大，热影响区内容易产生冷裂纹，同时也促使焊缝中气孔和热裂纹的产生，这些都增加了产生缺陷的可能性。合金结构钢中各种合金元素对焊接性的影响更为显著。焊后在热影响区容易产生塑性差的组织和冷裂纹；在焊缝内会形成塑性差的焊缝金属或产生热裂纹。

3）结构形式的影响。由于结构因素而引起的焊接缺陷是很常见的，在刚性非常大的接头处，由于应力很大或冷却速度大，都是产生裂纹的主要原因。可焊到性不好的接头，在一般情况下难以得到优良的接头质量（如容易产生成形不好、未焊透等）。

总之，影响焊接接头质量的因素很多，但这些因素不是单一存在的，而是相互作用，错综复杂。在分析接头质量时，既要考虑到如何获得优质的焊缝，又要考虑到不同工作条件下对结构所提出的技术要求。

（2）保证获得准确的外形和尺寸　在焊接结构的技术条件中，另一个主要方面是要求获得准确的外形和尺寸。这不仅关系到它的使用性能，而且还因为焊接过程绝大多数是在不对称的局部加热的情况下完成的，因此，在焊接接头和焊接结构中产生应力与变形也是不可避免，这就给焊接结构生产带来许多麻烦。所以在焊接工艺分析时应结合产品结构、生产性质和生产条件，提出控制变形的措施，确保技术条件的要求。要做到这一点，必须考虑以下两个方面的问题。

1）考虑结构因素的影响。根据结构的刚性大小和焊缝分布，分析焊后每条焊缝可能引起焊接变形的方向及大小程度，找出对技术条件最不利的那些焊缝。

2）采用适当的工艺措施。考虑如何安排装配、焊接顺序，才能防止和减小焊接应力与变形。在此基础上考虑焊接方法、焊接参数、焊接方向的影响，使用反变形法或刚性固定法等措施。

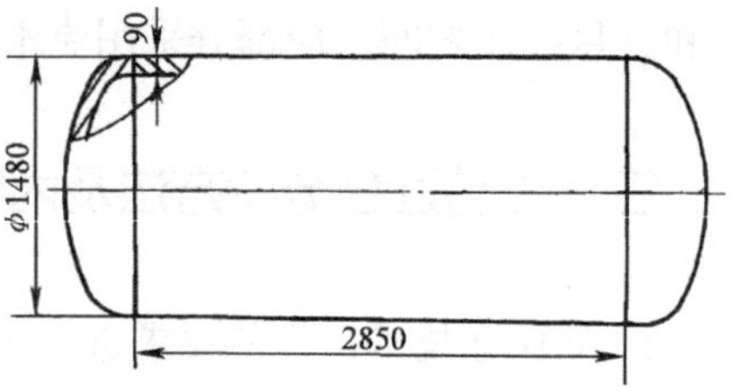

图4-20　高压锅炉的锅筒

2. 从采用先进工艺的可能性进行工艺分析

在进行工艺分析的过程中，首先应分析使用先进技术的可行性。采用先进技术，可大大简化工序，缩短生产周期，提高经济效益。这里从三个方面来讨论。

（1）采用先进的工艺方法　所谓先进的工艺方法，是对某一种具体的焊接结构而言。如果同一结构可以用几种焊接方法焊接，其中有一种焊接方法相对的生产率高而且焊接质量好，同时对其他生产环节也无不利的影响，工人劳动条件也好，就可以说这种方法是先进的焊接工艺方法。

例如某厂高压锅炉的锅筒纵缝焊接，筒体材料为20g钢，壁厚为90mm，如图4-20所示。

在制造高压汽包的生产中，用电渣焊代替多层埋弧焊后，使生产率提高了一倍，成本降低了25%左右，两种工艺方法比较见表4-2。

表 4-2　两种工艺方法比较

方　　法			多层埋弧焊	电　渣　焊
工序	1		划线，下料，拼接板坯	划线，下料，拼接板坯
	2		板坯加热（1050℃）	板料加热
	3		初次滚圆（对口处留出 300 ~ 350mm）	滚圆
	4		机械加工坡口	气割坡口
	5		再次加热	
	6		再次滚圆	
	7		装配圆筒（装上卡板、引出板）	装配（焊上引出板）
	8		预热（200 ~ 300℃）	
	9		手工封底焊缝	
	10		除去外面卡板和清焊根	
	11		预热（200 ~ 300℃）	
	12		埋弧焊（18 ~ 20 层）	电渣焊
	13		回火（焊后立即进行）	正火，随后滚圆
	14		除去内部卡板和封底焊缝	
	15		埋弧焊内部多层焊缝	
	16		焊缝表面加工	
经济技术指标	每 kg 熔化金属	电能消耗	1.95kW · h	1.05kW · h
		焊剂消耗	1.07kg	0.05kg
	熔化系数		1.96g/(A · h)	36.5g/(A · h)

从表 4-2 中可以看出：

1）用电渣焊代替多层埋弧焊以后，大约 50% 的工序得到取消或简化，在生产过程中完全取消了机械加工和预热工序，便生产过程大为简化。

2）从两种工艺方法的生产率来比较，多层埋弧焊的机动时间为 100%，电渣焊焊完同样长度焊缝的机动时间为 44%。

3）从焊缝质量来比较，获得优良焊缝的稳定程度，电渣焊比多层埋弧焊要大。生产经验证明，在汽包制造中电渣焊的返修率仅为 5%，而多层埋弧焊为 15% ~20%。

4）从技术经济指标看，也说明了电渣焊的优越性。

（2）焊接生产过程的机械化与自动化　焊接结构的生产过程，可部分或全盘实现加工机械化与自动化，这要根据具体条件来决定。在产品进行批量生产时，应优先考虑机械化与自动化。对于单件小批生产的产品，一般不必采用。但是如果产品的种类具有相似性，工装设备具有通用性时，可以先进行方案对比再做出选择。

（3）改进产品结构，采用先进的工艺过程　在进行工艺分析时，应当创造性地采用全新的工艺过程，有些产品只要结构形式稍加改变，工艺过程就变化很大，可明显提高产品质量及生产率，机械化与自动化水平也提高了，因此，可以说这就是先进的工艺过程。实践证明，先进工艺过程的创造，往往是从改进产品结构形式或某些接头形式开始的。

【工 程 实 例】

某小型受压容器，工作压力为 1.6MPa，壁厚为 3 ~5mm。试从提高生产过程的机械化和自动化程度方面进行工艺分析。

方案一：结构形式如图4-21所示，它由两个压制的椭圆封头和一个圆筒节组成，它用一条纵焊缝和两条环焊缝焊成。

工艺过程：压制椭圆封头→滚圆筒节→焊接纵焊缝→装配→焊接两条环焊缝。

优点：封头压制容易、节省模具费用。

缺点：工序多、焊缝多、需要滚圆设备，装配也麻烦。

方案二：结构形式如图4-22所示，它由两个压制的杯形封头组成，用一条环焊缝焊成。

工艺过程：压制杯形封头→装配→焊接环焊缝。

优点：工序简化、焊缝减少、装配容易，提高了生产率和产品质量，改善工人的劳动条件。

缺点：模具费用高，但节约了购置滚圆筒节设备的费用和车间生产面积。

分析结论：对于单件、小批量生产来说，方案一的结构形式是合理的；在大批量生产的情况下，方案二的结构形式是合理的。

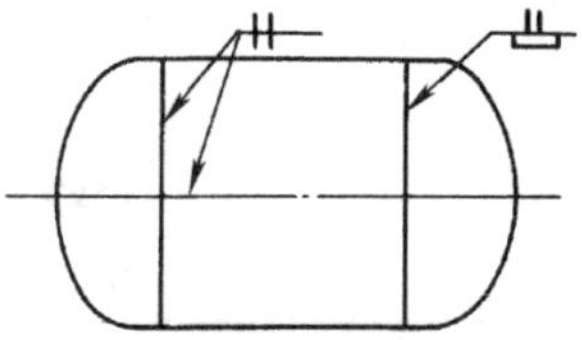

图4-21　带圆筒节的小型容器

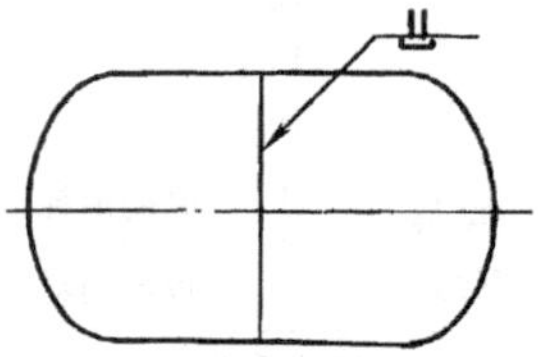

图4-22　无圆筒节的小型容器

最后还要考虑安全生产和改善工人的劳动条件。生产必须要安全，要防触电、防辐射、注意通风等。在焊接带有人孔的容器环缝时，应设计成不对称的双V形坡口，内浅外深，这样可以减少容器内的焊接量，劳动条件比对称双V形坡口改善了很多。

【活动建议】

利用到工厂进行生产实习的机会，了解不同产品的设计工艺，并学习焊接结构工艺过程分析的方法。

【综合训练】

一、填空

1. 按照生产纲领的大小，焊接生产可分为________、________和________三种类型。

2. 一般来说，影响焊接接头质量的主要因素可归纳为________、________和________三个方面。

3. 焊接结构的技术条件，一般可归纳为获得________和获得________两个方面。

二、简答

1. 什么是生产纲领？生产纲领对工艺分析有哪些影响？

2. 焊接工艺过程分析的原则有哪些？如何从保证技术条件的要求进行工艺过程分析？

3. 如何从采用先进工艺的可能性进行工艺过程分析？

模块三　焊接工艺评定

一、焊接工艺评定的目的

重要的焊接结构，如压力容器、锅炉、能源与电力设备的金属结构、桥梁、重要的建筑结构等，在编制焊接工艺规程之前都要进行焊接工艺评定。通常，企业接受新的结构生产任务，进行工艺分析，初步制订工艺之后，就要下达焊接工艺评定任务书，拟订焊接工艺评定指导书，根据规定的焊接试件、试样，进行检验、加工、试验，测定焊接接头是否具有所要求的性能。然后作出焊接工艺评定报告，编制焊接工艺规程，作为焊接生产的依据。

焊接工艺评定的目的在于验证焊接工艺指导书的正确性，焊接工艺正确与否的标志在于焊接接头的使用性能是否符合要求。焊接工艺评定有两个功能：其一是验证施焊单位拟订的焊接工艺的正确性，其二是评定施焊单位焊制焊接接头的使用性能符合设计要求的能力。经过焊接工艺评定合格后，提出"焊接工艺评定报告"，作为编制"焊接工艺规程"时的主要依据之一。焊接工艺评定是为验证所拟订的焊接工艺的正确性而进行的试验过程及结果评价。

二、焊接工艺评定的程序

焊接工艺评定的程序主要根据焊接结构的类型和质量等级而定。以大型焊接结构生产企业为例，焊接工艺评定的基本工作程序如下。

1. 焊接工艺评定的立项

焊接工艺评定的立项可分为以下几种情况。

（1）按产品或部件焊接工艺方案立项　对于新产品和新结构，通常要求编制焊接工艺方案，其中包括新产品投产前需完成的焊接工艺评定项目。焊接工艺方案经审批后，所列的焊接工艺评定项目即可列入工作计划。

（2）按新产品或老产品改型施工图样立项　对于老产品改型，或结构类似而工作参数不同的新产品，因无需编制焊接工艺方案，可直接按新设计的施工图样，根据所采用的新结构材料、新焊接工艺方法和焊接接头壁厚范围，提出焊接工艺评定项目。

（3）按产品焊接工艺的重大更改立项　在产品的制造过程中，可能会出现结构材料和焊接工艺的重大更改，这必然会涉及焊接工艺重要的变更。因此需补作相应的焊接工艺评定。

2. 焊接工艺评定任务书的编制

焊接工艺评定立项后，通过审批程序，即可按施工图样和产品制造技术条件的要求，编制焊接工艺评定任务书。其内容应包括产品订货号、部件名称、接头形式、母材金属牌号及规格、焊接材料牌号及规格、拟采用的焊接工艺方法、对接头力学性能或其他性能的要求、检验项目和合格标准等。

3. 编制预焊接工艺规程

预焊接工艺规程，是焊接工艺规程的初稿，可按焊接工艺评定任务书列出的接头原始条件和技术要求进行编制。预焊接工艺规程需由监检人员签字认可。

4. 焊接工艺评定试验执行计划

预焊接工艺规程审批通过后，由焊接工艺部门计划员按工厂技术准备进度要求，编制焊接工艺评定试验执行计划。其内容应包括焊接工艺评定试验的全部工作，如试板备料、坡口加工、试板组焊、焊后热处理、无损检测和试样的理化检验等工作步骤、规定要求的计划进度、费用预算、负责单位与协作单位及人员分工等。

执行计划按规定程序审批后生效，并作为工作进度的考核依据。

5. 焊接工艺评定试板的焊接

工艺评定试板的焊接，应由考试合格的熟练焊工担任，并严格按预焊接工艺规程规定的各焊接参数进行焊接。试板焊接时，应有监检人员到场，负责焊接工艺评定试验的工程师，应监测试板的焊接过程，并记录实测的重要焊接参数，而次要焊接参数一般可不作记录。如试板要求作焊后热处理，则应记录热处理过程中，试板的实际加热温度和保温时间。如使用的热处理设备装有温度自动记录仪，则应将实测温度记录纸保存好，并加注该焊接工艺评定的试验编号，便于检索。

6. 焊接工艺评定试板的检验

焊接工艺评定试验项目和方法，原则上应完全按照焊接工艺评定标准，不得任意增加或缩减试验项目，也不得任意改变试验方法，否则就失去了焊接工艺评定的合法性和合理性。试验过程中，应有监检人员在场。

焊接结构工艺评定试验项目包括目视检查、无损检验、弯曲试验、拉伸试验（含全焊缝金属拉伸试验）、缺口冲击试验（对接头提出冲击韧度要求时）、宏观金相检验。

焊接工艺评定试件，可分为全焊透开坡口对接焊试件、局部焊透开坡口对接焊试件以及角接焊缝试件，在以上三种试件中，还可分成板材试件和管材试件，对于槽焊和塞焊缝的工艺评定试验，则采用模拟试件。

7. 焊接工艺评定报告的编制

在完成了各项检测后，负责工艺评定的焊接工程师汇集所有试验记录和试验报告，可以编制“焊接工艺评定报告”。它实际上也是评定的记录，故其内容包括了焊接工艺评定指导书的内容。所不同的是，所有项目不是拟定的，而是实际采用的记录。

编写焊接工艺评定报告的内容大体分成两大部分：第一部分是记录焊接工艺评定试验的条件，包括试件材料牌号、类别号、接头形式、焊接位置、焊接材料、保护气体、预热温度、焊后热处理制度和焊接参数等；第二部分是记录各项检验结果，其中包括拉伸、弯曲、冲击、硬度、宏观金相、无损检验和化学成分分析结果等。

表4-3为一种工艺评定报告表的格式，可供参考。

焊接工艺评定结论为“合格”者，即可将全部评定用资料汇总，做为一份完整的评定材料存档保存，以备编制焊接工艺规程时应用。如评定结论为“不合格”者，应分析原因，提出改进措施，修改焊接工艺指导书，重新进行评定直到合格为止。

表 4-3　焊接工艺评定报告表

编　号				日　期		年　月　日	
相应的焊接工艺指导书编号							
焊接方法				接头形式			
工艺评定试件母材	钢板	材　质		管子	材　质		
		分类号			分类号		
		规　格			规　格		
质量证明书				复验报告编号			
焊条型号				焊条规格			
焊接位置				焊条烘干温度			
焊接规范	电弧电压 /V		焊接电流 A/	焊接速度 /(cm/min)		焊工姓名	
						焊工钢印号	
试验结果	外观检验	射线探伤	拉伸试验 σ_s	拉伸试验 σ_b	弯曲试验 $d=$ 面弯	弯曲试验 $d=$ 背弯	宏观金相试验	冲击韧性试验
报告号								
焊接工艺评定结论							
审　批				报告编制			

【活动建议】

利用到工厂实习的机会，向工程技术人员了解有关焊接工艺评定的知识。

【综合训练】

一、填空

1. 焊接工艺评定有两个功能：其一是验证施焊单位拟订的__________的正确性，其二是评定施焊单位焊制焊接接头的__________符合设计要求的能力。

2. 编写焊接工艺评定报告的内容大体分成两大部分：第一部分是记录____________，包括试件材料牌号、类别号、接头形式、焊接位置、焊接材料、保护气体、预热温度、焊后热处理制度和焊接能量参数等；第二部分是记录________________，其中包括拉伸、弯曲、冲击、硬度、宏观金相、无损检验和化学成分分析结果等。

二、简答

1. 焊接工艺评定的目的是什么？
2. 如何进行焊接工艺评定的立项？

3. 焊接工艺评定程序有哪些?

模块四 焊接工艺规程

焊接工艺规程是根据合格的焊接工艺评定报告编制的重要工艺文件，对于保证产品的焊接质量起到十分重要的作用。各类焊接结构制造规程、法规和相关标准都明确规定，焊接时必须严格执行焊接工艺规程。焊接工艺规程应由生产企业自行编制，并通过焊接工艺评定试验，证实其正确性和合理性。

一、焊接工艺规程的格式

焊接工艺规程的格式应简洁、明了、层次分明，便于焊工使用。表4-4列出一种典型的焊接工艺规程格式，以供参考。焊接结构生产企业可根据自己的传统，设计符合本企业文件体系的格式。同时应注意焊接工艺规程应包容的所有项目及通用性和统一性。切忌采用多种格式，造成混乱，不便于管理。

表4-4 焊接工艺规程样表

编号 No：________ 焊接工艺评定报告编号________

焊接方法________ 产品零部件名称________	
接头坡口形式及尺寸	
适用范围	1. 母材 类别号____组号____与类别号____组号____相焊 牌号________与牌号________相焊 2. 厚度范围 对接____角接____堆焊____ 3. 管子直径范围 对接____角接____
焊接材料	1. 钨极牌号及规格________ 2. 焊条牌号及规格________ 3. 焊丝牌号及规格________ 4. 保护气体____流量____L/min 背面成形气体____流量____L/min 5. 焊带牌号及规格____ 6. 其他焊接材料（衬垫材料）____
焊前准备	1. 焊前清理要求 2. 焊接材料预处理要求 3. 焊接设备调整要求

<table>
<tr><td>焊接
温度
参数</td><td colspan="3">最低预热温度________℃
最高层间温度________℃
后热温度/时间________℃/h
消氢处理温度/时间________℃/h</td><td>焊后
热处理</td><td colspan="2">1. 不热处理
2. 消除应力处理
3. 正火＋回火处理
4. 水调质处理
温度________
保温时间________
加热速度________
冷却速度________</td></tr>
<tr><td>焊接
参数</td><td colspan="6">1. 焊接电参数
1）电流种类及极性________
2）焊接电流________（峰值电流、基值电流）
3）电弧电压________
4）焊接速度________
5）送丝速度________（自动氩弧焊、热丝焊）
2. 焊接顺序</td></tr>
<tr><td>操作
技术</td><td colspan="6">1. 焊接位置　平焊________立焊________横焊________仰焊________全位置焊________
2. 锤击要求________________
3. 摆动焊　摆动宽度________两侧停止时间________中间停留时间________摆速________
4. 清根方法________________
5. 其他</td></tr>
<tr><td>焊后
检查</td><td colspan="6">1. 目视检查
2. 密封性检查
3. 无损检测方法及检测范围
4. 焊接试板检查</td></tr>
<tr><td>备注</td><td colspan="6"></td></tr>
<tr><td>编制</td><td></td><td>审核</td><td></td><td>审定</td><td></td><td>日期</td></tr>
<tr><td>会签</td><td></td><td></td><td colspan="4"></td></tr>
</table>

二、焊接工艺规程的内容

焊接工艺规程是指导焊工按法规要求焊制产品焊缝的工艺文件。因此，一份完整的焊接工艺规程，应当列出为完成符合质量要求的焊缝所必需的全部焊接参数，除了规定直接影响焊缝力学性能的重要工艺参数以外，也应规定可能影响焊缝质量和外形的次要工艺参数。

工艺规程的具体项目包括焊接方法，母材金属类别及牌号，适用接头厚度范围，焊接材料的种类、牌号及规格，焊接接头及坡口形式，焊前准备的要求，预热温度、层间温度和后热温度，焊接工艺参数，操作技术，焊后的检查方法，检验程序及要求等。

在焊接工艺规程上还应在醒目部位，列出其统一编号及相对应的焊接工艺评定报告编号，以及所焊接的产品部件名称。由于焊接工艺规程也是向用户或第三方展示质量控制能力的评明文件之一，因此在表头应印上生产企业的名称，在表格的末尾应设责任人员签署栏，以示负责。

三、焊接工艺规程的编制

1. 焊接工艺规程的编制程序

焊接工艺规程的编制程序大体上可分为以下四种情况。

1）对于企业首次投产的新产品，应先编制焊接工艺方案，提出必要的焊接工艺评定项目。评定合格后，根据焊接工艺评定报告，编制正式的焊接工艺规程。

2）对于结构形状同类型，而结构材料和相配的焊接材料类别不同的焊接结构，则在产品施工图样批准生效后，提出必须进行的焊接工艺评定项目，并根据该评定报告编制相应的焊接工艺规程。

3）企业为提高生产率，改进质量和降低制造成本，计划采用新工艺、新材料和新设备时，则应先提出相关的焊接试验研究项目和焊接工艺评定项目，并根据该试验研究报告和工艺评定报告编制相对应的焊接工艺规程。

4）对于不要求做焊接工艺评定的焊件或接头，则可按产品制造技术条件或图样规定的技术要求，直接编制焊接工艺规程。

焊接工艺规程原则上是以焊件的接头形式为单位编制的。如某些焊接接头需采用两种或两种以上焊接工艺方法焊成，则这些焊接接头的焊接工艺规程，应以相对应的两份或两份以上的焊接工艺评定报告为依据。

2. 焊接工艺规程的编写原则

(1) 名词术语的标准化　焊接工艺规程中所用的名词术语，应统一采用 GB/T 3375—1994《焊接术语》标准和其他相关标准中规定的名词术语。英文技术名词和缩写，应符合美国 AWS 有关标准的规定。不应沿用各自企业生产活动中常用的习惯语和口头语。

(2) 规范用词　焊接工艺规程中的用词应简洁、明了、易懂，切忌用词模糊不清，含义不确切。

(3) 书与字迹工整　焊接工艺规程以书写方式编写时，字迹应工整、数字不连写，英文应采用印刷体，文字、数字不许涂改。

(4) 插图标准化　焊接工艺规程中的插图应符合国家制图标准的规定。尺寸和公差应标注清楚、正确。焊接顺序和焊缝层次可用数字标注，焊接方向用箭头表示。

(5) 物理量名称及符号的标准化　焊接工艺规程中所用的物理量名称及符号，应符合相关标准的规定。计量单位应采用法定计量单位制。

3. 焊接工艺规程的编写依据

焊接工艺规程的编制，应按照国家标准、行业标准和有关的技术文件为依据。企业的技术文件主要包括以下内容。

1）现行的国家标准、行业标准。

2）本企业的工艺标准。

3）本企业产品焊接技术条件。

4）相关焊接新材料、新工艺试验研究报告。

5）相对应的焊接工艺评定报告。

6）相对应的焊件施工图样。

四、焊接工艺规程的审批程序

工艺规程编制好后，要经过审核、标准化审查、会签、最后批准的审批程序。工艺工程师设计的工艺规程应首先经主管工艺师或工艺组长审核，关键工艺规程应由工艺处负责人审核，并按照相关标准进行工艺规程标准化审查。经审查和标准化审查后的工艺规程送交相关生产车间后，应根据车间的生产能力，审查工艺规程中所安排的加工和装配焊接内容在本车间能否完成，工艺规程中所选用的设备和工艺装备是否合理，并进行会签。此后，成套工艺规程经工艺处负责人批准，成批生产的产品和单件生产的关键产品的工艺规程应由总工艺师或总工程师批准。只有经审批合格的焊接工艺规程才能用于指导生产。

【活动建议】

利用到工厂实习的机会，向工程技术人员了解有关焊接工艺规程的知识，掌握几种常见的文件形式。

【综合训练】

一、填空

1. 焊接工艺规程是根据________编制的重要工艺文件，对于保证产品的焊接质量起到十分重要的作用。

2. 焊接工艺规程原则上是以________为单位编制的。

3. 工艺规程编制好后，要经过________、________、________、________的审批程序。

二、简答

1. 编制焊接工艺规程的原则是什么？

2. 编制焊接工艺规程的依据有哪些？

第五单元　焊接结构备料加工工艺

学习目标

1. 掌握钢板的矫正及预处理方法。
2. 掌握零件的划线、放样的基本方法。
3. 掌握钢材下料与边缘加工的方法。
4. 掌握零件加工中几种常用的成形工艺。

模块一　钢材的矫正及预处理

一、钢材变形的原因

引起钢材变形的原因很多，从钢材的生产到零件加工的各个环节，都可能由于各种原因而导致钢材的变形。钢材的变形原因主要有以下几个方面。

1. 钢材在轧制过程中的变形

钢材在轧制过程中可能产生残余应力而导致变形。例如，在轧制钢板时，由于轧辊调节机构失灵等使轧辊的间隙不一致，导致板料在宽度方向的压缩不均匀，延伸较多的部分受延伸较少部分的拘束产生压应力，而延伸较少部分产生拉应力。因此，延伸较多的部分在压应力作用下可能产生失稳而导致变形。

2. 钢材因运输和不正确堆放产生的变形

焊接结构使用的钢材，均是较长、较大的钢板和型材，如果吊装、运输和存放不当，钢材就会因自重而产生弯曲、扭曲或局部变形。

3. 钢材在下料过程中的变形

钢材在划线以后，一般要经过气割、剪切、冲裁和等离子弧切割等工序。而气割和等离子弧切割过程是对钢材的局部进行加热使其分离的过程。对钢材的不均匀加热必然会产生残余应力，进而导致钢材产生变形，尤其是在气割窄而长的钢板时，靠边上的一条钢板弯曲得最明显。在剪切、冲裁等工序时，由于工件的边缘受到剪切，必然产生很大的塑性变形。

综上所述，造成钢材变形的原因是多方面的。当钢材的变形大于技术规定的允许偏差时，划线前必须进行矫正。

二、钢材变形的矫正

1. 钢材的矫正方法

矫正钢材变形的方法较多，根据外力的性质分为手工矫正、机械矫正、火焰矫正及高频热点矫正四种。

（1）手工矫正　手工矫正是采用手工工具，对已变形的钢材施加外力，以达到矫正变形的目的。手工矫正由于矫正力小、劳动强度大、效率低，常用于矫正尺寸较小的薄板钢材。

（2）机械矫正　机械矫正使用的设备有专用设备和通用设备。专用设备有钢板矫正机、圆钢与钢管矫正机、型钢矫正机、型钢撑直机等；通用设备指一般的压力机和卷板机。

小知识

手工矫正和机械矫正有时会使金属产生冷作硬化，并且会引起附加应力，一般尺寸较小、变形小的零件可以采用。对于变形大、结构较大的应采用火焰矫正法。

（3）火焰矫正　火焰矫正是利用火焰对钢材的伸长部位进行局部加热，使其在较高温度下发生压缩塑性变形，冷却后收缩而变短，从而使钢材的变形得到矫正。火焰矫正操作方便灵活，应用比较广泛。

（4）高频热点矫正　高频热点矫正是在火焰矫正的基础上发展起来的工艺。高频热点矫正的原理是通入高频交流电的感应圈产生交变磁场，当感应圈靠近钢材时，钢材内部产生感应电流（即涡流），使钢材局部的温度立即升高，从而进行加热矫正。加热的位置与火焰矫正相同，加热区域的大小取决于感应圈的形状和尺寸。感应圈一般不宜过大，否则加热慢；加热区域大，也会影响加热矫正的效果。一般加热时间为 4 ~ 5s，温度 800℃左右。

2. 钢板变形的矫正

想一想

为什么矫正薄板时要采用轴辊数目较多的矫正机？

钢板的矫正主要是在钢板矫正机上进行的。当钢板通过多对呈交错布置的轴辊时，钢板发生多次反复弯曲，使各层纤维长度趋于一致，从而达到矫正的目的。

图 5-1 所示为钢板矫正机的工作原理。下排轴辊是主动轴辊，由电动机带动旋转；上排轴辊是从动轴辊，能作上下调节以适应矫正不同厚度的钢板。一般两端的轴辊是导向辊，能单独上下调节，以引导板料出入矫正机。钢板矫正机有多种形式，轴辊的数量越多，矫正的质量越好。通常 5 ~ 11 辊用于矫正中厚板；11 ~ 29 辊多用于矫正薄板。常用钢板矫正机的结构形式和特点见表 5-1。

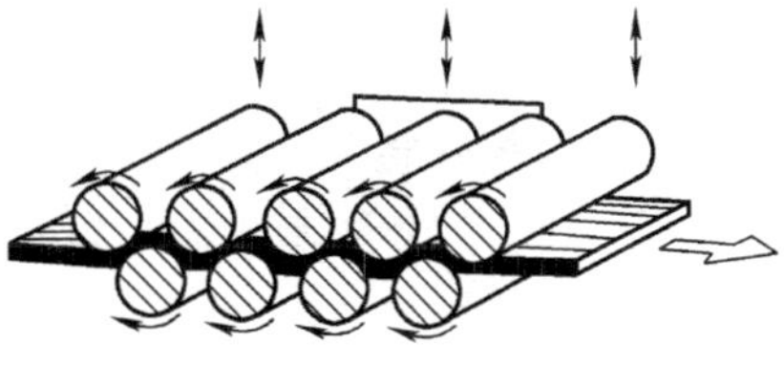

图 5-1　钢板矫正机工作原理

当钢板中间平、两边纵向呈波浪形时，应在中间加铁皮或橡胶以碾压中间。当钢板中间呈波浪形时，应在两边加垫板后碾压两边以提高矫平的效果。

矫平薄板时，一般可加一块较厚的平钢板作衬垫一起矫正，也可将数块薄板叠在一起进行矫正。

矫平扁钢或小块板材时，应将相同厚度的扁钢或小块板材放在一个用作衬垫的钢板上通过矫正机后，将原来朝上的面翻动朝下，再通过矫正机便可矫平。

表 5-1 常用钢板矫正机的结构形式和特点

结构形式	简 图	主要特点	用 途
上排辊轮倾斜的矫正机	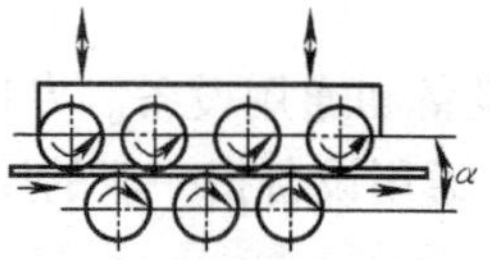	上排辊轮轴整体作上下调整，α 角可调整	薄板及屈服强度高的板料
上置边辊的矫正机	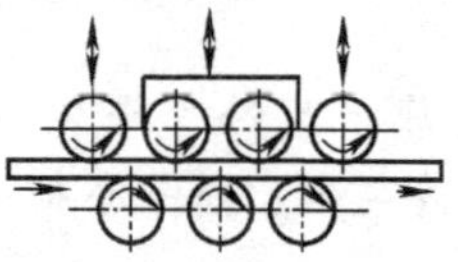	上置边辊轴可按进料方向及出料的需求进行调节	中厚板
成对导向辊的矫正机	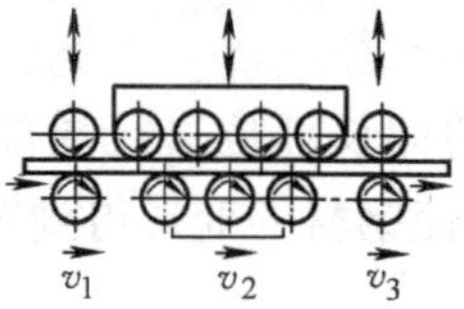	成对导向辊的矫正速度 $v_1<v_2<v_3$，产生附加拉力	薄板及屈服强度高的板料

3. 型钢变形的矫正

型钢的矫正一般是在多辊型钢矫正机、型钢撑直机和压力机上进行。

(1) 多辊型钢矫正机矫正 多辊型钢矫正机与钢板矫正机的工作原理相同，矫正时，型钢通过上下两列辊轮之间反复的弯曲，使型钢中原来各层纤维不相等的变为相等，以达到矫正的目的。

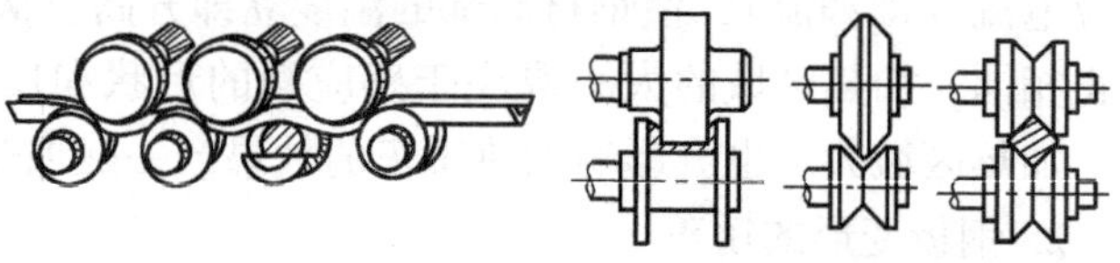

图 5-2 型钢矫正机的工作原理

a）工作原理 b）辊轮形状

图 5-2a 所示为型钢矫正机的工作原理。矫正辊轮分上下两排交错排列，使型钢得以弯曲。下辊轮为主动轮，由电动机变速后带动；上辊轮为从动轮，可通过调节机构作上下调节，产生不同的压力。辊轮的形状可根据被矫正型钢的断面形状作相应的调换，如图 5-2b 所示。

想一想

矫正型钢时最容易出现的问题是什么？

(2) 型钢撑直机矫正 型钢撑直机是利用反变形的原理来矫正型钢的。图 5-3 所示为单头型钢撑直机的工作原理，两个支撑之间的距离可调整，间距的大小随型钢弯曲程度而定。推撑由电动机的变速机构和偏心轮带动，作周期性的往复运动，推撑力的大小可通过调节推撑与支撑间的距离来实现。

型钢撑直机主要用于矫正角钢、槽钢、工字钢等，也可以用来进行弯曲成形。

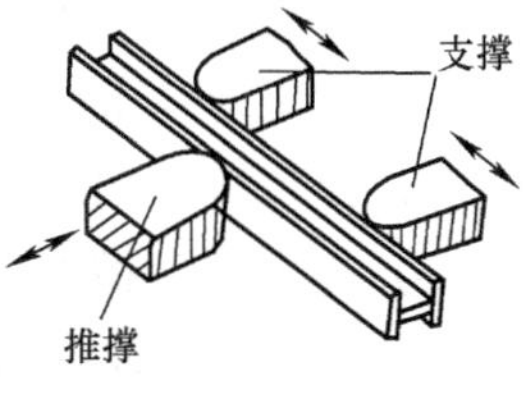

图 5-3　单头型钢撑直机的工作原理

钢板和型钢变形后，可以通过油压机、水压机、摩擦压力机等进行矫正。矫正钢板的尺寸大小，主要由压力机的工作台尺寸而定。型材在矫正时会产生一定的回弹，因此，矫正时应使型材产生适量的反变形。压力机矫正钢板和型钢的方法见表 5-2。

4. 钢材矫正方法的选择

选择钢材的矫正方法时，除需考虑与工件的形状、材料的性能和工件的变形程度有关的因素外，还需要考虑与生产设备有关的因素。选择钢材矫正方法时应注意以下问题。

1）对刚性较大的钢结构产生的弯曲变形不宜采用冷矫正，应在与焊接部位对称的位置，采用火焰矫正法矫正。

2）火焰矫正时，要严格控制加热温度，避免因钢材组织变化而产生较大的热应力。

3）尽量避免在结构危险截面的受拉区进行火焰矫正。

表 5-2　压力机矫正

简　图	适用范围	简　图	适用范围
	中厚板弯曲矫正	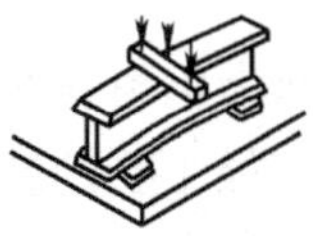	工字钢、箱形梁等的上拱矫正
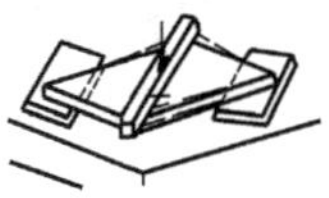	中厚板弯曲矫正	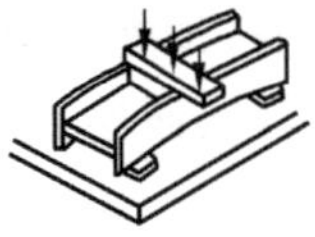	工字钢、箱形梁等的旁弯矫正
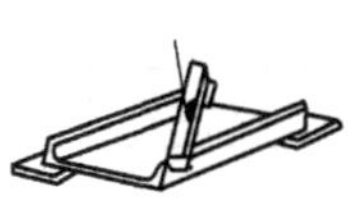	型钢的扭曲矫正	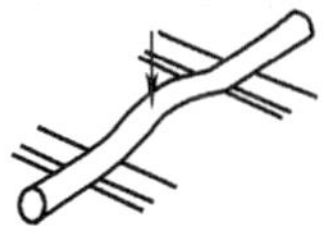	较大直径圆钢、钢管的弯曲矫正

三、钢材的预处理

采用机械方法或化学方法对钢材的表面进行清理的过程称为预处理。预处理的目的是把钢材表面的铁锈、油污和氧化皮等清理干净，为后续加工做准备。为防止零件在加工过程中再一次被污染，一些预处理工艺还要在表面清理后喷涂保护底漆。

1. 机械除锈法

（1）喷砂法　喷砂法是目前广泛用于钢板、钢管、型钢及各种钢制件的预处理方法，它不但可以清除工件表面的铁锈、氧化皮等各种污物，而且能使钢材表面产生一层均匀的粗糙表面。

在喷砂系统中，压缩空气将砂粒以很高的速度从喷嘴喷出，冲刷到工件的表面，将铁锈和氧化皮剥离，从而达到除锈的目的。

（2）弹丸法　弹丸除锈法多用于零件或部件的整体除锈，除锈效率不高。它是利用在导管中高速流动的压缩空气气流，使铁丸冲击金属表面的锈层，达到除锈的目的。弹丸除锈的铁丸直径为0.8～1.5mm（厚板可用2.0mm），压缩空气压力一般为0.4～0.5MPa。

（3）抛丸法　抛丸法是利用专门的抛丸机将铁丸或其他磨料高速地抛射到钢材的表面上，以消除钢材表面的氧化皮、铁锈和污垢。

钢材经喷砂或抛丸除锈后，随即进行防护处理，其步骤如下。

1）用经过净化的压缩空气将原材料表面吹净。

2）涂刷防护底漆或浸入钝化处理槽中，做钝化处理，用10%磷酸锰铁水溶液处理10min，或用2%亚硝酸溶液处理1min。

3）将涂刷防护底漆后的钢材送入烘干炉中，用70℃的热空气进行干燥处理。

2. 化学除锈法

化学除锈法就是用腐蚀性的化学溶液对钢材表面进行清理。此方法效率高，质量均匀而稳定，但成本高，并会对环境造成一定的污染。

化学处理法一般分为酸洗法和碱洗法。酸洗法可除去金属表面的氧化皮、锈蚀物等污物；碱洗法主要用于去除金属表面的油污。该工艺过程一般是将配制好的酸、碱溶液装入槽内，将工件放入浸泡一定时间，然后取出用水冲洗干净，以防止余酸的腐蚀。

3. 钢材抛丸预处理装置

钢材抛丸预处理装置也称为钢材预处理流水线，它是实现钢材一次表面处理（或称抛丸除锈）和车间底漆自动涂装最主要的装备。

钢材预处理流水线有两种类型：一种是钢板预处理流水线，二是型钢预处理流水线。随着技术的进步，现今设计的钢材预处理流水线可以通过PLC控制系统，自动调整抛丸器的数量、抛射角度和喷漆宽度，从而达到在一条流水线上既可处理钢板，也可处理型钢的目的。

钢材预处理流水线的工艺流程如图5-4所示。

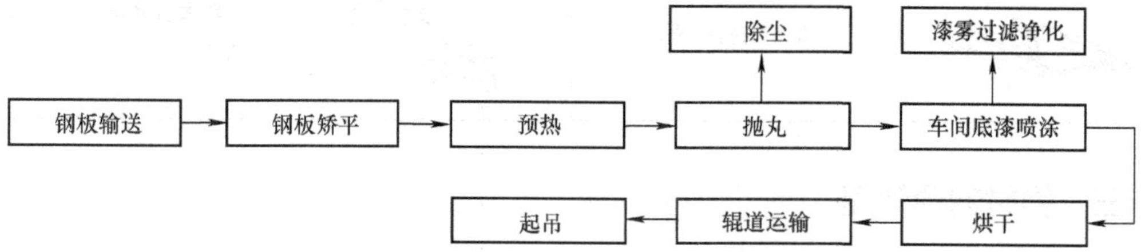

图5-4　钢材预处理流水线的工艺流程

【活动建议】

与同学一起利用生产实习的机会，参观大型企业的钢材预处理工艺过程。

【综 合 训 练】

一、填空

1. 型钢撑直机主要用于矫正________、________、________等钢材变形，也可以用来进行弯曲成形。

2. 钢材变形矫正的方法有________、________、________、________。

3. 钢板矫正机有多种形式，根据轴辊数目分类。通常 5 ~ 11 辊用于矫正________；11 ~ 29辊多用于矫正________。

二、简答

1. 钢材变形的原因有哪些？

2. 简述钢材预处理的一般步骤。

三、实践部分

1. 准备一些弯曲变形或波浪变形的薄钢板，通过手工矫正和火焰矫正的方法对其变形加以矫正，达到掌握矫正钢材变形方法的目的。

2. 准备一些规格为 150mm × 100mm 的 Q235 钢板，用化学除锈法对钢板进行清洗，达到掌握钢材预处理方法的目的。

模块二　划线与放样

一、划线与放样的工艺方法

划线与放样是原材料切割下料前的准备工序。划线是指直接在原材料上或在经初加工的坯料上，按设计（施工）图样以 1∶1 的比例绘制下料线、加工线、中心线、各种基准线和检验线等。对于成批生产的部件和标准件，可采用样板进行划线，俗称号料。

对于结构复杂的部件应先进行放样，即按设计图样在放样平台上，以 1∶1 比例划出结构部件或零件的图形和平面展开尺寸。放样的目的一方面是检查设计图样的正确性，另一方面是为制作样板提供实样图形，包括钣金展开图。上述按样板或 1∶1 比例进行划线的方法，统称为实样法。也可由人工或采用数控绘图仪在涤纶薄膜上按 1∶10 的比例绘图，经光学仪器放大成1∶1 图像投射到待下料的原材料上，再由人工或用电动划线技术描绘下来。这种划线方法称为比例法。与实样法相比，比例法的效率高、劳动强度低，便于排料且不必制作样板。

在现代焊接结构生产中，计算机辅助设计（CAD）和计算机辅助制造（CAM）技术日益普及。采用 AutoCAD、Pro/Engineering 等软件进行结构设计，不仅可显示部件的平面图形（包括断面图、剖视图、局部视图），还可根据需要显示其三维图形，检查设计图形的正确性和相互干涉，而不再需要放样工序。

如果采用现代先进的数控自动切割机下料，则可完全省略划线、放样等工序。最简单的方法是将光电寻踪器与数控切割机配套使用，在图形寻踪过程中可以将任何一种几何形状数字化，并转换成数控数据，使所寻踪的几何形状图形直接转换成切割机的动作程序。

目前大多数数控切割机配备基于 PC 机的高性能数控系统，结合相应的软件，可将计算机辅助设计的图样通过移动存储器或企业局域网直接输入到数控系统，自动转换成数据文件和控制程序，完成自动切割。因此在现代化焊接生产企业中，划线与放样工序基本上由数控切割机所取代。

二、划线、放样用设备与工量具

放样、划线、号料常用的设备、工具和量具主要有放样平台或放样场地、钢卷尺（2～50m）、90°角尺、1m 钢直尺、2m 平尺、量角器、长划规、划规、划针、冲头、锤子、内外卡钳和粉线盒等。如果采用比例划线法，则应配备数控绘图仪和光学投影仪等。

模块三　钢材下料与边缘加工

下料就是采用各种方法把零件从钢材上切割下来的过程。金属结构件的坯料一般可用火焰切割、等离子弧切割、剪切、冲裁或切削等方法下料。

一、剪切

1. 剪切工艺

采用普通剪板机剪切钢板的过程如图 5-5 所示。将待剪切的钢板 2 送入上刀片 4 和下刀片 1 之间。由挡铁 5 定位，压紧器 3 在压紧钢板后，上刀片 4 向下冲压，对切口处金属进行挤压、弯曲，最终将钢板剪断。

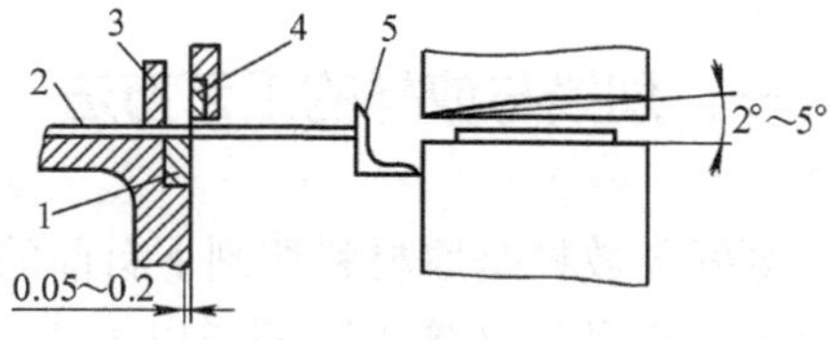

图 5-5　板材剪切过程示意图

1—下刀片　2—钢板　3—压紧器　4—上刀片　5—挡铁

2. 剪床的类型

剪切一般在平口剪床、斜口剪床、龙门剪床和圆盘剪床等专用机床上进行。

（1）平口剪床　如图 5-6 所示的平口剪床，有上下两个切削刃，下切削刃固定在剪床的工作台的前沿，上切削刃固定在剪床的滑块上。由上切削刃的运动而将板料分离。因上下切削刃互相平行，故称为平口剪床。上、下切削刃与被剪切的板料整个宽度方向同时接触，板料的整个宽度同时被剪断，因此所需的剪切力较大。

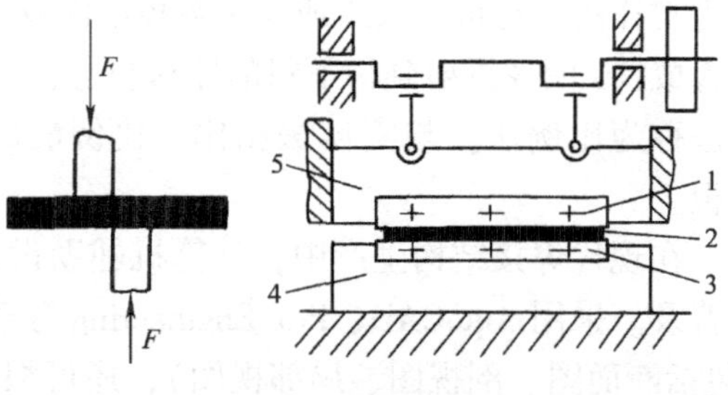

图 5-6　平口剪床剪切示意图

1—上切削刃　2—板料　3—下切削刃　4—工作台　5—滑块

（2）斜口剪床　如图 5-7 所示的斜口剪床，其结构形式和工作原理与平口剪床相同，只是上切削刃呈倾斜状态，与下切

削刃成一个 β 角。与平口剪床相比，斜口剪床在剪切时并非沿板料的整个宽度同时剪切分离。而只是某一部分材料受剪，随着切削刃的下降，板料的两部分连续地沿宽度方向逐渐分离。因此，在剪切过程中，所需要的剪切力比平口剪床小。

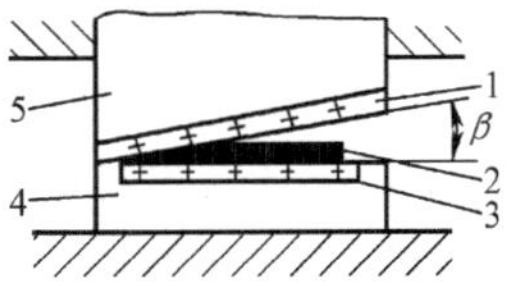

图 5-7　斜口剪床剪切示意图
1—上切削刃　2—板料　3—下切削刃　4—工作台　5—滑块

由于上切削刃的下降将拨开已剪部分板料，使其向下弯、向外扭而产生如图 5-8 所示的弯扭变形，上切削刃倾斜角度越大，弯扭现象就越严重。剪切引起变形量的大小与被剪切钢板的厚度和宽度有关，宽板、薄板变形小，窄板、厚板变形大。

平口剪床和斜口剪床只能进行直线剪切。

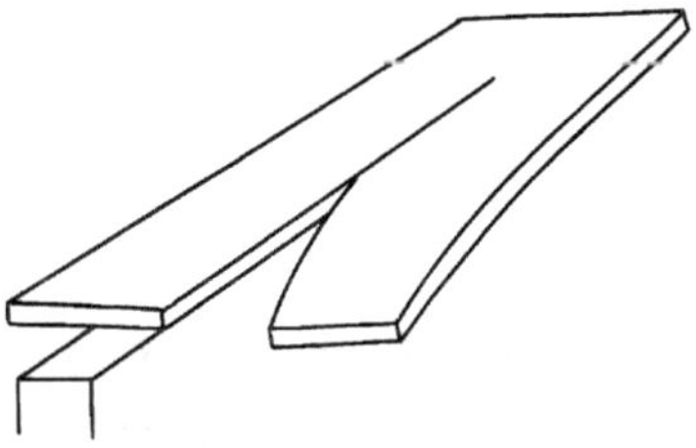

图 5-8　斜口剪床剪切弯扭现象示意图

(3) 龙门剪床　龙门剪床主要用于直线剪切，它的切削刃比其他剪切机的切削刃长，能剪切较宽的板料，因此龙门剪床是金属加工中应用最广的一种剪切设备。常见剪板机型号的含义如下。

```
Q  11 — 13×2500
│   │     │   └── 表示可剪板宽 2500mm
│   │     └────── 表示可剪板厚 13mm
│   └──────────── 表示剪板机形式
└──────────────── 表示剪板机
```

资料卡

剪切板厚小于 10mm 的剪板机多为机械传动，剪切板厚大于 10mm 的多为液压传动。随着技术的进步，剪板机不断改进，并开发出新产品，如 QVN 系列液压剪板机，BAQ11K、BS—QC12K 等自动送托料数控液压剪板机等。

(4) 圆盘剪床　圆盘剪床上的上下剪刀皆为圆盘状，如图 5-9 所示。剪切时上下圆盘刀以相同的速度旋转，被剪切的板料靠摩擦力进入切削刃中完成剪切工作。圆盘剪床剪切是连续的，生产率较高，能剪切各种曲线轮廓，但所剪板料的弯曲现象严重，边缘有毛刺，一般适合于剪切较薄钢板的直线或曲线轮廓。

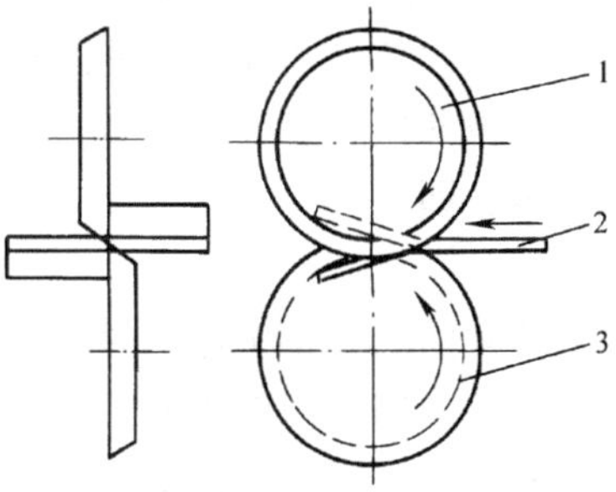

图 5-9　圆盘剪床工作简图
1—上圆盘切削刃　2—板料　3—下圆盘切削刃

3. 剪切力

在一般情况下不需要计算剪切力，只要被剪板厚度不超过剪床规格中给出的最大剪板厚度就可以了。剪床的最大剪板厚度是以 25 ~ 30 号钢板的抗拉强度为依据计算出来的。如果被剪切板料的抗拉强度大于 25 ~ 30号钢板材料的抗拉强度时，就需要计算其剪切力，以防剪床过载受损。

4. 剪切下料工序的安全操作

采用剪床下料时应注意以下几点。

1）严禁两人及两人以上同时操作一部剪床。严禁用一部剪床同时剪切厚度不同的零件。被剪切零件的长度和板厚应不超过剪床的剪切能力。不能剪切淬火钢。

2）大型剪床起动前应先盘车，开动后应先空车运转到正常工作状态，然后才可进行剪切。

3）剪切工件时禁止将手或工具伸入剪床内，以免发生人身和设备事故。

4）工作时，脚踏开关必须由专人操作，不得随意乱放，随意操作。

5）无法压紧的窄条钢板，不准在剪床上剪切。

6）停机后剪床的离合器应放在空档位置。

二、冲裁

冲裁是利用模具使板料分离的冲压工艺方法。根据零件在模具中的位置不同，冲裁分为落料和冲孔，当零件从模具的凹模中得到时称为落料，而在凹模外面得到零件时称为冲孔。

冲裁的基本原理和剪切相同，板料分离的过程分为三个阶段，即弹性变形、塑性变形和断裂。但由于凹模通常是封闭曲线，因此零件对刃口有一个张紧力，使零件和刃口的受力状态都与剪切不同。

1. 冲裁模

冲裁是利用安装在压力机上的冲裁凸凹模来实施的，冲裁模的结构形式很多，常用的有简单冲裁模和导柱冲裁模。

如图5-10所示的简单冲裁模，它在冲床上每一次行程只能完成冲孔或落料一道工序。其结构简单，制造容易，适用于生产批量不大、精度要求不高、外形简单的零件冲裁。

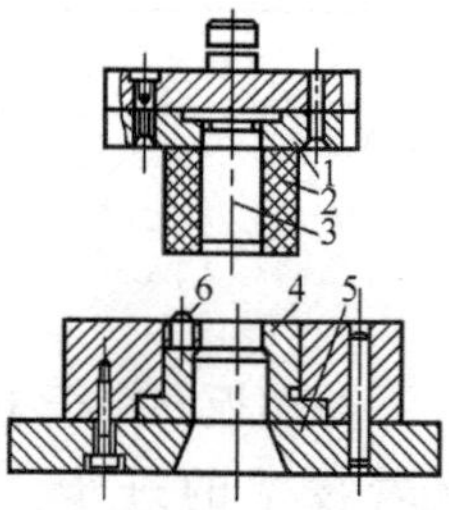

图5-10　简单冲裁模

1—凸模固定板　2—退料橡胶　3—凸模　4—凹模　5—下模板　6—挡料板

图5-11所示是导柱冲裁模，这种冲裁模具有安装方便、使用寿命长的特点，但制作复杂，一般适用于大批量的零件冲裁。

2. 冲裁间隙

冲裁间隙是指冲裁模的凸模与凹模刃口之间的间隙，如图5-12所示。设凹模刃口尺寸为D，凸模刃口尺寸为d，冲裁间隙Z用下式表示，即

$$Z=D-d$$

冲裁间隙Z的大小对冲裁件质量、模具寿命、冲裁力的影响很大，它是冲裁工艺与模具设计中的一个重要的工艺参数。冲裁时，如果间隙合适，那么产生的冲裁断面比较平直、光洁、毛刺较小，工件的断面质量较好。间隙过小，零件的尺寸精度会有所提高，但冲裁力增加，对设备要求提高，模具磨损加剧；间隙过大，零件的弯曲变形加大，尺寸精度降低，断口的塌角和毛刺加大。因此，应根据零件精度、模具寿命和设备能力要求等因素进行综合分析，确定一个合理的冲裁间隙值。

3. 合理排样

在实际生产中，排样方法可分为有废料排样、少废料排样和无废料排样三种，如图

5-13 所示。

排样时，工件与工件之间或孔与孔间的距离称为搭边。工件或孔与坯料侧边之间的余量称为边距。如图 5-14 所示，*b* 为搭边，*a* 为边距。搭边和边距的作用是用来补偿工件在冲压过程中的定位误差的。同时，搭边还可以保持坯料的刚度，便于向前送料。生产中，搭边及边距的大小，对冲压件质量和模具寿命均有影响。搭边及边距若过大，材料的利用率会降低；若搭边和边距太小，在冲压时条料很容易被拉断，并使工件产生毛刺，有时还会使搭边拉入模具间隙中。

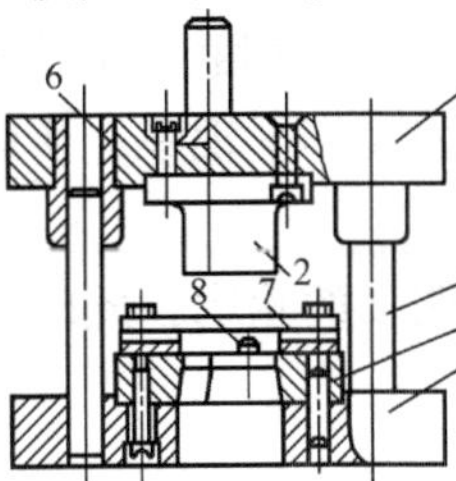

图 5-11 导柱冲裁模

1—上模板 2—凸模 3—导柱 4—凹模

5—下模板 6—导套 7—卸料板 8—定位销

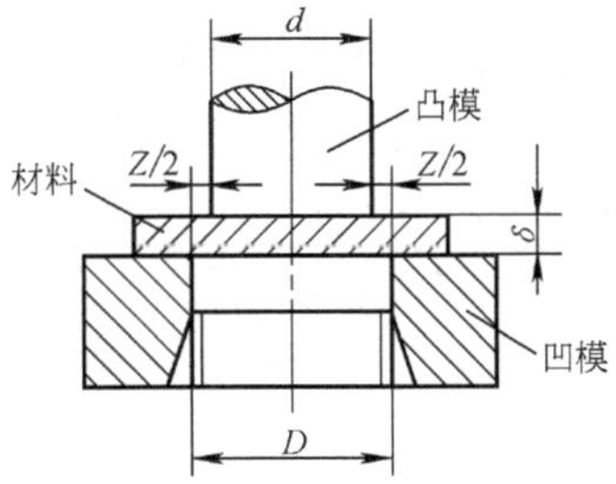

图 5-12 冲裁间隙

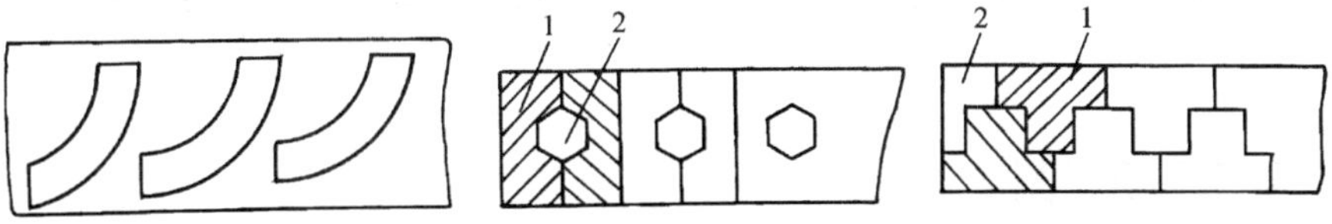

a) b) c)

图 5-13 合理排料

a）有废料排样 b）少废料排样 c）无废料排样

1—零件 2—废料

三、气割

利用氧乙炔焰将被切割金属预热到燃点后，向此处喷射高压氧气流，使达到燃点的金属在切割氧流中燃烧，从而形成熔渣，并借助切割氧的吹力将熔渣吹掉。同时，金属燃烧时产生的热量和预热火焰一起，又把邻近的金属预热到燃点，将割炬沿切割线以一定的速度移动，即可形成割缝，使金属分离。预热火焰通常采用中性焰或轻微氧化焰。

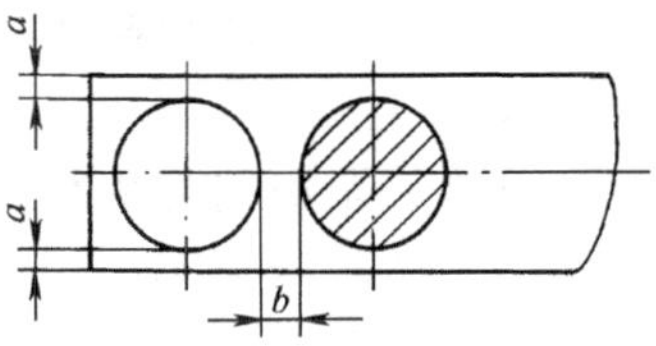

图 5-14 搭边及边距

1. 金属气割应具备的条件

1）金属的燃点必须低于其熔点，这是保证切割在燃烧过程中进行的基本条件。否则，切割时便成了金属先熔化后燃烧的熔割过程，使割缝过宽，而且极不整齐。

2）金属氧化物的熔点低于金属本身的熔点，同时流动性要好。否则，将在割缝表面形成固态熔渣，阻碍氧气流与下层金属接触，使气割不能进行。

3）金属燃烧时应放出较多的热量。满足这一条件时，上层金属燃烧产生的热量才能对下层金属起预热作用，使切割过程连续进行。

4）金属的导热性不应过高。散热太快会使割缝金属温度急剧下降，达不到燃点，使气割中断。如果加大火焰能率，又会使割缝过宽。

综合上述可知，纯铁、低碳钢、中碳钢和普通低合金钢能满足上述条件，所以能顺利地进行氧气切割。

2. 影响气割质量的因素

1）如果切割氧气的纯度低于98%，其中的氮气等在切割时就会吸收热量，并在切口表面形成其他化合物薄膜，阻碍金属燃烧，使气割速度降低，氧气消耗量增加。

2）切割氧气的压力过低会引起金属燃烧不完全，降低切割速度，且割缝间有粘渣现象。过高的压力反而使过剩的氧气起冷却作用，造成切口表面不平现象，所以切割氧气压力一般为0.45～0.5MPa。

3）切割氧气最佳的射流长度可达500mm左右，且有明晰的轮廓，此时吹渣流畅，切口光洁，棱角分明，否则粘渣严重，切口上下宽窄不一。

3. 气割应用

金属的氧气切割，由于设备简单，操作方便，生产率较高，切割质量较好，成本较低，可以切割厚度大、形状复杂的零件，已经成为金属加工中一种较为有效的工艺，得到了广泛应用。氧气切割可分为手工气割、半自动气割、仿形气割、光电跟踪气割和数控气割等。

四、等离子弧切割

等离子弧切割是目前在工业生产中应用最广的电弧切割方法。它是利用等离子弧的高温熔化被切割金属材料，并由高速的等离子气流吹除熔化金属，实现切割的工艺方法。

1. 等离子弧切割原理

等离子弧切割是利用特殊结构的割枪产生的高温等离子弧及高速气流共同作用的结果。割枪的基本结构如图5-15所示，首先在钨极与喷嘴之间建立辅助电弧，将部分离子气电离，再在钨极与工件之间引燃主电弧，这种电弧也称转移型等离子弧。高温高速等离子气流可瞬间熔化被割金属，并同时将其吹除而形成切口。

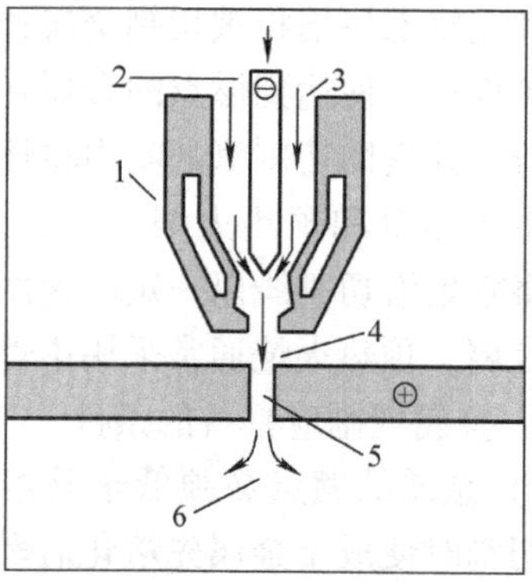

图5-15 等离子弧割枪的基本结构
1—喷嘴 2—钨极 3—离子气流 4—等离子射流 5—金属熔化 6—吹除的熔化金属

等离子弧切割与传统的气割相比，具有能量集中、切割变形小、切割起始端不需要预热等优点。尤其是空气等离子弧切割问世以来，使这种切割工艺更具机动、灵活、生产成本低、安全、环保等突出的优越性。在焊接结构生产中，等离子弧切割是一种值得推广的热切割方法。

2. 等离子弧切割工艺方法

（1）普通等离子弧切割 普通等离子弧切割是一种传统的等离子弧切割方法，通常采用单一的氮气作为离子气和切割气，喷嘴外围不用保护气。其特点是离子气流和切割气流从同一个喷嘴喷出，结构比较简单。

(2) 双层气流等离子弧切割　其割枪喷嘴外围再加一个环形保护气罩，通以与切割气流同轴的保护气流。这种保护气流对离子气流和切割区起保护作用，改善了切口的质量，尤其是在切割不锈钢和铝合金时，作用比较明显，其次还能略为提高切割速度。目前，市场上销售的标准等离子弧割枪大多数采用双层气流保护的结构形式。常用的保护气体有氮气、空气、水、氩-氢混合气体等。

(3) 水再压缩空气等离子弧切割　水再压缩空气等离子弧切割也称注水等离子弧切割，这种切割方法是将空气等离子弧在靠近喷嘴出口处再用旋转水流加以压缩，使能量密度得到进一步提高的等离子弧切割法。即向等离子弧喷水，可使其进一步压缩，弧柱热量更为集中，提高了切口的平行度和垂直度。同时还加快了切割速度，减少了切口底边的结瘤。

(4) 空气等离子弧切割　空气等离子切割是采用压缩空气作为离子气的一种切割方法。空气等离子弧切割的特点是，压缩空气在电弧高温的作用下，被迅速分解和电离，生成的氧与被割金属产生放热化学反应，加快了切割速度。被充分电离的空气热焓值高，也有助于提高切割速度。另外，空气是自然资源，成本低。因此，空气等离子弧切割是一种经济的热切割方法，现已被普遍推广使用。

(5) 精细等离子弧切割　精细等离子弧切割是采用纯氧作为离子气和特殊结构的割枪，实现精密高速切割的一种热切割方法。具有切割速度快、切割表面平直、光洁、底边无粘渣等特点。

(6) 数控等离子弧切割（新技术应用）　数控等离子弧切割是一项发展迅速的新技术，它所产生的温度为一般电弧的5~6倍，其切割速度是氧气切割的3~6倍。切割质量好，可切割的材料种类多，尤其擅长于切割薄板。随着等离子技术的发展，等离子切割机也能切割较厚的钢板，如瑞典ESAB公司制造的数控等离子切割机可切割4~30mm厚的金属板材，配以水池既能取得稳定的割弧和防止污染的良好效果。上海船舶工艺研究所采用美国HYPERTHERM公司的HPR400型电源的数控等离子切割机具有优质、高速、高效率、低成本、长寿命等优良品质，可切割32mm厚的碳钢，切割不锈钢和铝板可达50mm，若附加辅助电源，切割厚度可达75mm。

五、激光切割

激光切割是20世纪60年代末期发展起来的新技术，它是以聚焦的激光束作为能源，轰击工件所产生的热量进行焊接和切割的方法。

1. 激光切割的原理

激光切割是利用能量高度集中的激光束熔化或气化被割材料，并借助辅助气体将熔化金属吹除形成切口的切割方法。激光切割方法的原理如图5-16所示。

2. 激光切割的特点

与其他热切割方法相比，激光切割具有以下优点。

(1) 切割质量优异　切口细，切口平直，热影响区小，底边不粘附熔渣。大多数激光切割件，无需再作进一步的机械加工。

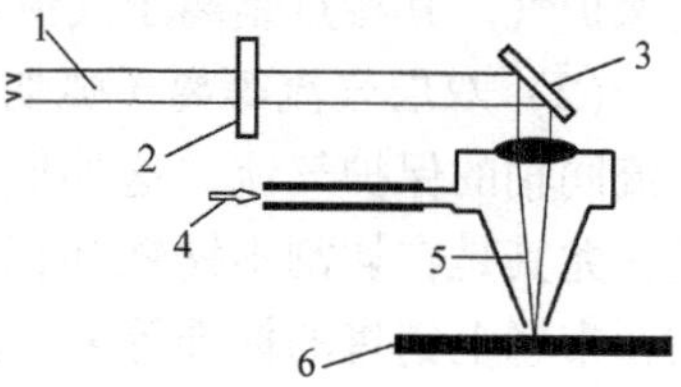

图 5-16 激光切割原理示意图
1—激光束 2—开关 3—45°反射镜
4—气体 5—聚集光束 6—工件

（2）切割效率高 激光束的功率密度大，切割速度快，特别是薄板的切割，最高割速可达 5m/min。同时由于切口细，便于套裁而节省材料。

（3）切割材料种类不受限制 激光切割可以用于几乎是所有金属材料和非金属材料的切割，如皮革、木材、塑料和橡胶等。

（4）切割变形小 因激光束能量高度集中，切割变形小，精度高。可以省略切割后的矫正、整形和精加工等后续工序。

激光切割的缺点是设备的一次性投资较大，当采用惰性气体作辅助气体时，生产成本较高。

六、水射流切割工艺（绿色切割工艺）

近年来，水射流切割技术逐渐发展起来。水射流主要用于热切割无法进行或者需要采用昂贵的机械切割工具及割缝需要磨光的场合。

水射流切割的原理是将水加压到数百兆帕的高压，然后将高压水通过一个特殊设计的、孔径极小的喷嘴，以大约 3 倍音速喷射出来所形成的，具有极高动能的水射流来切割各种材料。水射流切割分为纯水射流切割和添加磨料的水射流切割。

随着水射流切割能力的提高，水射流几乎能切割一切材料，如特种钢、钛、铜、铝、铅、玻璃、橡胶、塑料、陶瓷和天然岩石等。水射流切割与其他切割方法相比，具有以下特点。

1）切割时不产生热量，因此不会影响金属特性。

2）可得到高质量的割缝，不会产生任何毛刺、挂渣等，割缝边缘平直，表面光滑。

3）水射流切割所形成的割缝较窄，可大幅度提高零件尺寸精度和材料利用率。

4）水射流切割不会产生环境和冶金污染。

5）水射流切割生产效率高，可切割特殊规格大厚度钢板而不需要多道工序加工。

水射流切割技术已经在造船业得到实际应用。1984 年，美国某海军船厂从美国流体系统公司购置了一台型号为 PASER 的数控水射流切割装置。该厂应用该装置对水面舰艇和潜艇的零件切割，最大可切割 178mm 厚的钢板，和手工切割相比，减少了 90% 的作业时间。

七、坯料的边缘加工

1. 金属毛坯的边缘加工

切割下料的金属毛坯在下列情况下还需进行边缘加工：①为保证装配的精度；②为了去除不良的边缘（如气割的热影响区和剪切的冷作硬化区）；③毛坯倒角和加工焊接坡口等。边缘加工的方法有车、刨、气割，以及碳弧气刨、铲等。

2. 钢板的边缘加工

钢板的边缘加工，主要是指焊接结构件的坡口加工，常用的方法有机械切割和气割两类。

(1) 机械切割方法　可加工各种形式的坡口，如I、V、U、X及双U形等。

刨边机和铣边机都是加工构件边缘坡口的专用设备。一般经剪切和半自动气割的平直构件都可在刨边机上刨出坡口，尤其是U形坡口，几乎全部是由刨边机加工的。由于刨边机设备大，加工效率低，而且只能加工坡口，所以随着切割技术的发展，多数工厂采用热切割法来进行坡口的加工。

(2) 热切割方法　热切割方法一般分为两类，一类是采用半自动气割机专门加工坡口，另一类是采用门式气割机或数控氧乙炔切割机。一般都是在进行构件边缘切割时，同时切割出焊接坡口。为此，必须将两个或三个割炬组合成一个割炬组直接安装在气割设备上，利用该割炬组来加工所要求的坡口形状。图5-17所示为利用热切割法加工各种焊接坡口的情况。

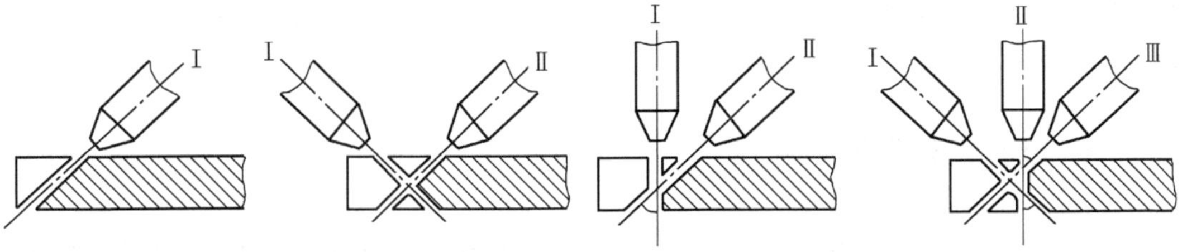

图5-17　热切割法加工各种焊接坡口

a) V形坡口　b) X形坡口　c) Y形坡口　d) 带钝边的X形坡口

采用割炬组进行切割加工，可使焊接构件的下料和加工坡口工作一次完成，既简化了焊接构件的加工过程，又提高了工效。

【活动建议】

与同学一起利用生产实习的机会，学习生产中应用的钢材下料及边缘加工的工艺方法，并向企业工程师了解生产中新技术及新工艺的应用情况。

【综合训练】

一、填空

1. 冲裁是利用模具使板料分离的冲压工艺方法，零件从模具凹模中得到时称为________，零件在凹模外面得到时称为________。

2. 冲裁间隙Z的大小对________、________、________的影响很大，它是冲裁工艺与模具设计中的一个重要的工艺参数。

3. 常见的剪床形式有________、________、________和________。

二、简答

1. 剪床分为哪几种？各有何特点？
2. 冲裁的原理是什么？板料分离的过程分为哪几个阶段？
3. 金属气割应具备的条件有哪些？
4. 什么是等离子弧切割？与传统气割相比，具有哪些特点？
5. 激光切割的原理是什么？激光切割具有哪些特点？

三、实践部分

用准备好的厚度为10mm的Q235钢板进行划线、气割的练习，按要求切割出规格为100mm×150mm的焊接试板，并加工V形坡口。

模块四 弯曲与成形加工

在焊接结构制造中，弯曲与成形加工占有相当大的分量。制造某些焊接结构时，金属材料的80%～90%需要进行弯曲与成形加工，如压力容器，各种石油塔、罐、球形封头及锅炉的锅筒等。

一、滚弯成形工艺

滚弯成形是将板材或型材通过成形机械的辊轴转动，并施加一定的压力使其弯曲成形的工艺方法。对于板材的滚弯成形，在工程上习惯称为卷板。在焊接结构的制造中，它是最主要的成形工艺之一。

1. 板材滚弯

(1) 板材滚弯的原理　通过旋转辊轴使坯料（钢板）弯曲成形的方法称滚弯，又称卷板。滚弯时，钢板置于卷板机的上、下辊轴之间，当上辊轴下降时，钢板便受到弯矩的作用而发生弯曲变形，如图5-18a所示。由于上、下辊轴的转动，通过辊轴与钢板间的摩擦力带动钢板移动，使钢板受压位置连续不断地发生变化，从而形成平滑的曲面，完成滚弯成形过程。

卷制成形后，在成形件的下表面与两个辊轴的最高点 B、C 相接触，其上表面与上辊轴的最低点 A 相接触，这样，上下辊轴之间的垂直距离等于成形件的板厚，如图5-18b所示。

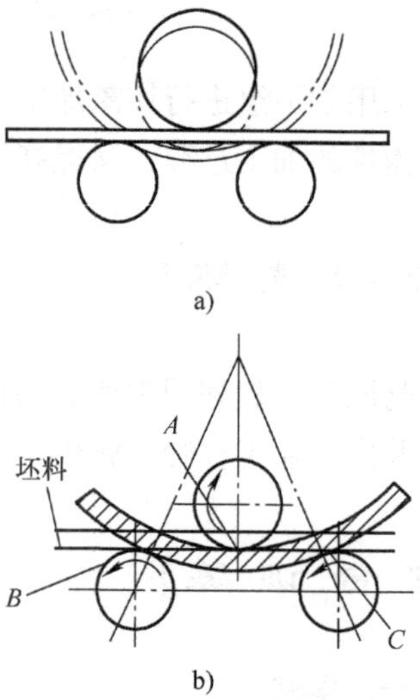

图5-18　三辊轴卷弯过程
a）卷弯过程　b）卷制成形

(2) 板材滚弯的过程　板材滚弯由预弯、对中、卷弯和矫圆四个步骤组成。

1）预弯。卷弯时只有钢板与上辊轴接触的部分才能得到弯曲，所以钢板的两端各有一段长度不能发生弯曲，这段长度称为剩余直边。为了消除剩余直边应先对板料进行预弯，使剩余直边弯曲到所需曲率半径后再卷弯。预弯的方法有两种：一是在三辊或四辊卷板机上预弯，适用于较薄的板材，如图5-19所示；另一种方法是在压力机上预弯，适用于各种厚度板材，如图 5-20 所示。

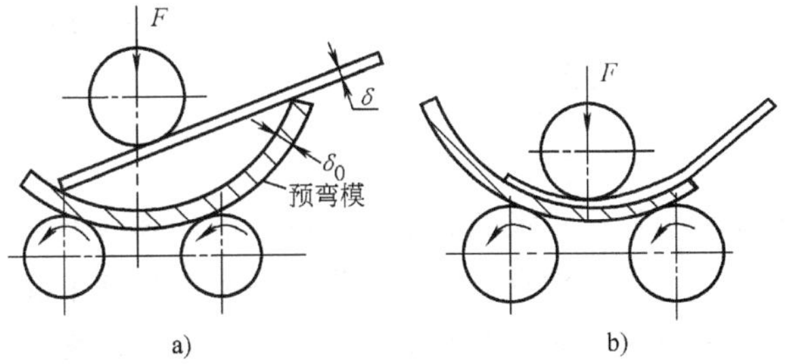

图 5-19　用三辊卷板机预弯

a）预弯模　b）预弯过程

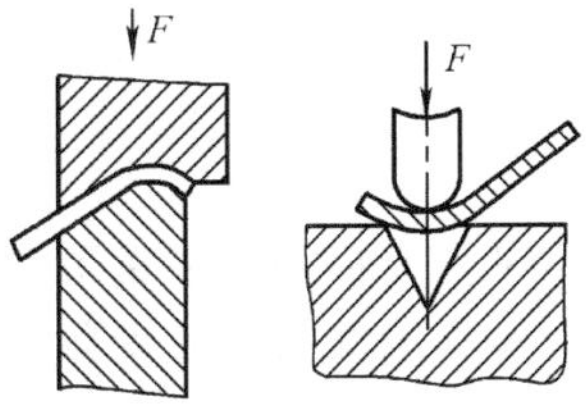

图 5-20　用模具预弯

2）对中。在卷弯时如果板料放不正，卷弯后会发生歪扭，在卷弯前使辊的中心线与钢板的中心线平行，即对中。常用的对中方法如图 5-21 所示。图 5-21a 是利用四辊卷板机的侧辊对正钢板；图 5-21b 是安装一个可以转到上面的挡铁来对正钢板；图 5-21c 是先抬起钢板使其顶到下辊上，然后放平（放平时可能有移动，不太准确）；图 5-21d 是利用下辊上的直槽对正；图 5-21e 是用直角尺和钢板上的轴线，调整轴线与辊平行；图 5-21f 是利用卷板机两边平台上的挡铁来定位，使钢板边缘垂直于轴辊。

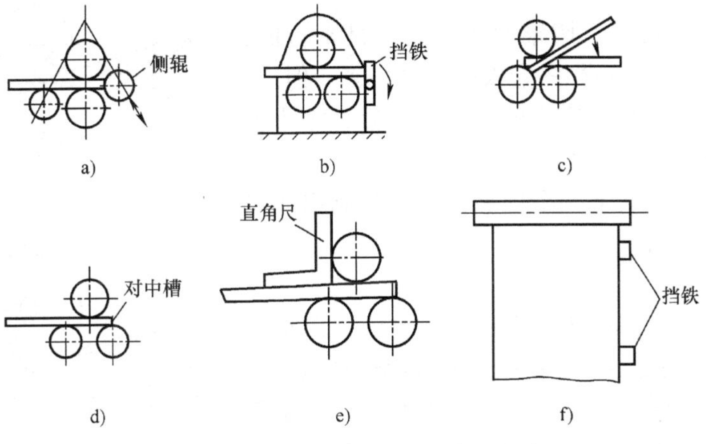

图 5-21　对中的方法

3）卷弯。一般情况下，卷弯时并不加热钢板。但是，在钢板厚度较大而卷弯直径较小时，冷卷容易产生较严重的冷作硬化及较大的内应力，甚至产生裂纹。所以这种情况需要对钢板加热后卷制。常用低碳钢、普低钢的热卷加热温度为 900～1050℃，终止温度不低于 700℃。热卷能防止板料的加工硬化现象，但热卷时操作困难，氧化皮危害较大，板料变薄现象较为严重。因此，也可以试用温卷，即把钢板加热到 500～600℃进行卷弯。

小知识

筒节在弯曲成形时，通常当 $D/\delta>40$ 时，采用冷卷，当 $D/\delta<40$ 时，必须热卷。（D——筒体直径，δ——钢板的厚度）

冷卷时，上辊的压下量取决于来回滚动的次数、要求的曲率以及材料的回弹。因此，实际工作中常采用逐渐分几次压下上辊并随时用卡样板检查的办法卷弯。对于薄板件来说，可以卷得比要求大一些，用锤子在外面轻敲就可矫正，而曲率不足时则不易矫正。在卷弯较厚钢板时，一定要常检查，仔细调节压下量，一旦曲率过大就很难矫正。

4）矫圆。由于压头曲率不正确或卷弯时曲率不均匀，可能在接口处产生外凸或内凹的缺陷，这时可以在定位焊或焊接后进行局部压制卷弯，如图 5-22 所示。对于壁厚较大的圆筒，焊后经适当加热再放入卷板机内经长时间加压滚动，可以把圆筒矫得很圆。

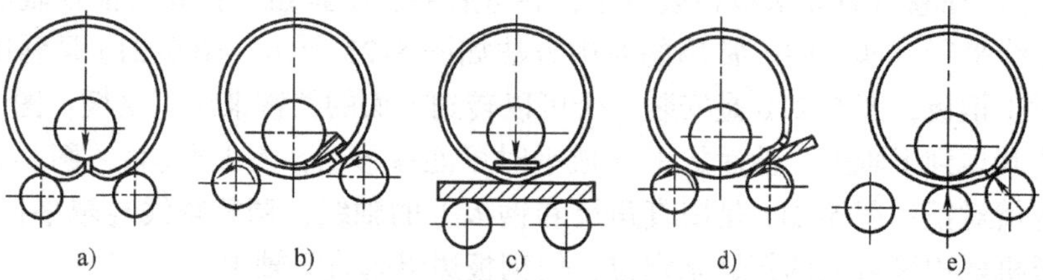

图 5-22 矫正棱角的几种方法

（3）圆锥面的卷弯　圆锥面的素线不是平行的，所以不能用三个辊互相平行的卷板机卷制出来。但是，可采取调整上辊使其倾斜适当的角度，然后在很小的区域内压制并稍作滚动，这样每次压卷一个小区域后，必须转动钢板后再压卷下一个区域，也可卷制出质量较好的圆锥面。

2. 型材滚弯

型材包括角钢、槽钢和工字钢等，也可采用滚弯的方法进行成形加工。图 5-23 所示为角钢和槽钢的滚弯过程示意图。其滚弯原理与板材卷弯相同，只是辊轴的外形较复杂，必须与型材的断面形状相配，如图 5-23a 所示。对于断面形状较复杂的型材，为简化辊轮的配置，可采用图 5-23b 所示的组合式辊轮。

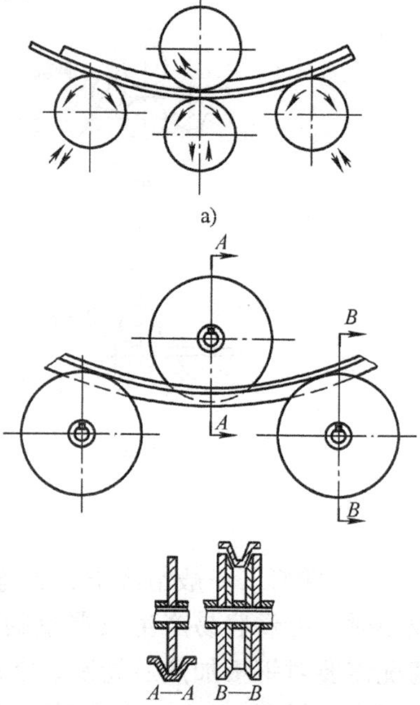

图 5-23 型材滚弯过程
a）角钢的滚弯 b）槽钢的滚弯

在实际生产中，如使用通用滚轮滚弯型材时，外加作用力不可能完全符合滚弯成形的要求，型材的两侧也缺少可靠的制约。在型材滚弯时可能会产生扭曲、翘曲和畸变等缺陷，如图 5-24 所示。

通常在弯曲 T 形断面的型材时，其腹条易失稳起皱（图 5-24a）；在弯曲 U 形断面的型材时，其断面容易畸变（图 5-24b）；在弯曲非对称 L 形断面的型材时，易产生扭曲（图 5-24c）。为消除这些畸变，应根据型材断面形状，采取相应的工艺措施和工模具，对型材边缘加以刚性支撑，限制型材侧面的自由度。图 5-24d 所示是一种最简单的解决办法，即采用绕弯法。

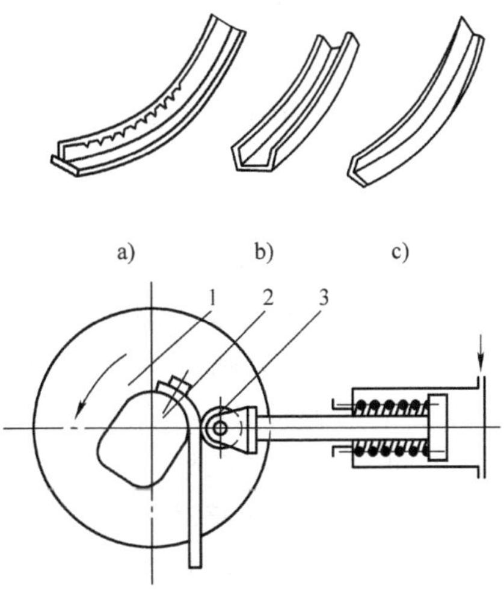

图 5-24　型材滚弯时的断面畸变及防止方法

a）起皱　b）断面畸变　c）扭曲　d）绕弯法

1—工作台　2—模具　3—加压轮

二、压弯成形工艺

压弯成形是指利用弯曲模在压力机或折弯机上，将板材、型材或管材等弯曲成一定角度和曲率的一种成形方法。压弯成形按材料弯曲时的温度，可分为冷弯和热弯。按材料弯曲成形特点又可分为两大类：一类是板材和型材，在压力机或折弯机上使用专用或通用模具压弯成形；另一类是管材，在压力机或弯管机上使用与管径相配的工具、模具压弯成形，如图 5-25 所示。

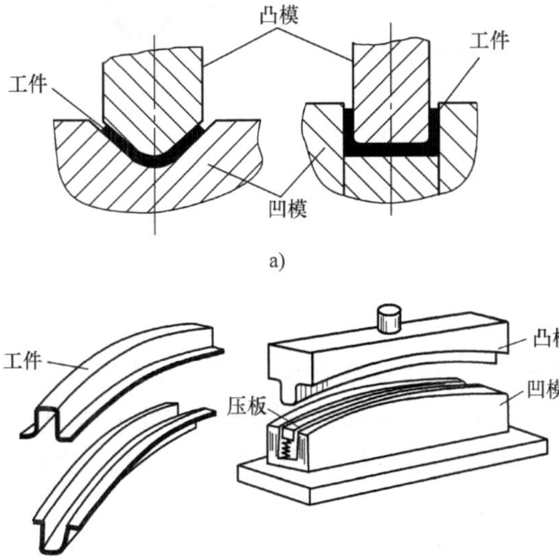

图 5-25　板材和型材压弯示意图

a）板材压弯　b）型材压弯

1. 板材压弯

（1）板材压弯过程及特点　板材在压力机上使用 V 形或 U 形模进行压弯是最基本的弯曲形式，可将板材一次弯曲成 V 形或 U 形，其变形过程如图 5-26 所示。

弯曲开始时，凸模和凹模与板料在 A、B 处相接触，凸模在 A 处所施加的外力为 $2F$，

凹模面上 B 处产生反作用力与外力构成弯曲力矩 FL。

在弯曲力矩作用下，初始阶段，板料产生变形，当变形量达到一定值后，板料内外表面开始屈服，产生塑性变形。随着凸模逐渐压入凹模，板料内外表面全部出现塑性变形。在凹模上的支撑点 B 逐渐向模具中心移动，同时弯曲力臂 L 和圆角半径 r 逐渐减小，板料与凹模V形表面接触，直到板料与凸模三点接触。再继续下压凸模，板料与凸模接触点数目逐渐增多。凸模两侧与板料直边接触点挤压板料直边部分向相反方向变形，使两直边紧贴模具，且其夹角与凸凹模圆角半径完全吻合，弯曲过程结束。

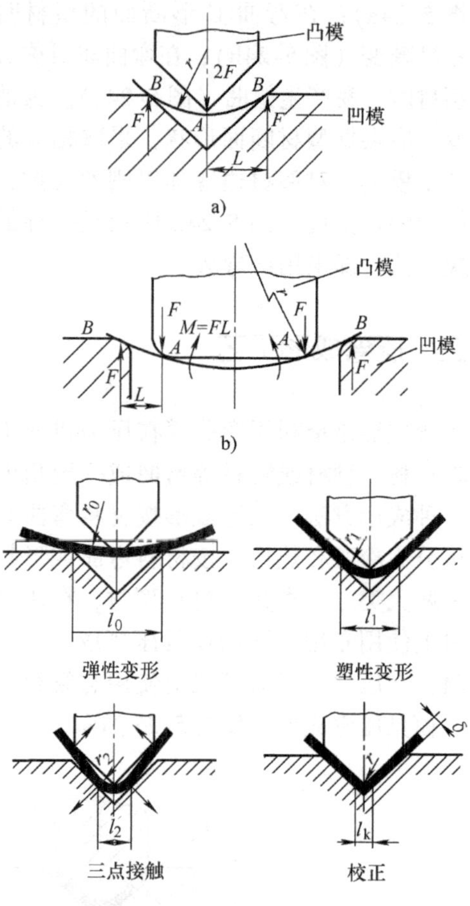

图5-26　板材弯曲成形过程

a）V形弯曲　b）U形弯曲　c）V形弯曲过程

（2）最小弯曲半径　一般是指材料在不发生破坏的情况下所能弯曲的最小曲率半径。弯曲时，最小弯曲半径受到板料外层最大许可拉伸变形程度的限制，超过这个变形程度，板料将产生裂纹。因此，板料的最小弯曲半径是设计弯曲件、制订工艺规程所必须考虑的一个重要问题。

在一般情况下，弯曲半径应大于最小弯曲半径。若由于结构要求等原因，弯曲半径必须小于或等于最小弯曲半径时，应该分两次或多次弯曲，也可采用热弯或预先退火的方法，以提高材料的塑性。

（3）金属材料的回弹现象　在压弯成形过程中，金属发生塑性变形的同时，仍还有部分弹性变形存在。而弹性变形部分在卸载时（除去外弯矩）要恢复原来状态，使弯曲件的曲率和角度发生变化，这种现象称为回弹。回弹现象的存在，直接影响弯曲件的几何精度，必须加以控制。减小回弹的主要措施如下。

1）将凸模角度减去一个回弹角，使板料弯曲程度加大，板料回弹后恰好等于所需要的角度。

想一想

拉弯与压弯最本质的区别在于什么？

2）采取校正弯曲，在弯曲终了时进行校正，即减小凸模的接触面积或加大弯曲部件的压力。

3）减小凸模与凹模的间隙。

4）采用拉弯工艺。

5）在必要时，如果条件允许可采用加热弯曲。

2. 型材压弯

各种标准型材的压弯可分为弯圆和弯角两种。弯圆可分为向内弯圆和向外弯圆两种，如图 5-27a 所示。型材按弯曲角的大小不同，可分为大于 90°的钝角件、90°直角件和小于 90°的锐角件三种，如图 5-27b 所示。准备弯角的型材，应在弯制前根据所要求的弯曲角大小，计算出锯切角 α 值，并对称锯切 V 形槽的两侧边，如图 5-27c 所示。型材弯角可以采用手工锤打，亦可在型材压弯机上进行，如图 5-27d 所示。

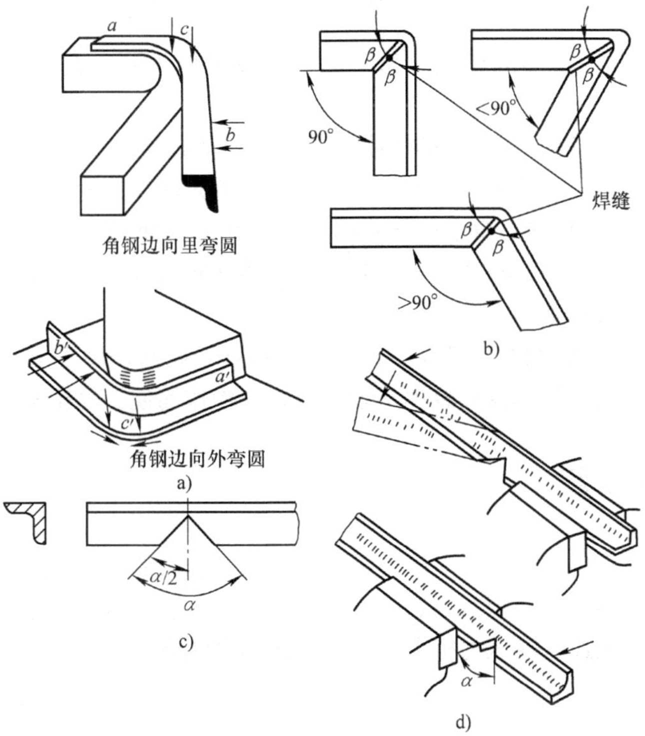

图 5-27　角钢弯圆和弯角成形方法

a）角钢弯圆　b）角钢弯角　c）锯切角　d）角钢压弯

3. 管材压弯

管材压弯工艺是弯管成形常用的方法。在工程上已普遍采用的弯管工艺方法有滚弯法、绕弯法、推弯法和挤弯法。

（1）管子弯曲时的变形　管子弯曲时，在外力矩的作用下，其外侧管壁受拉应力的作用而减薄，内侧管壁受压应力的作用而增厚，管子截面形状会发生如图 5-28 所示的畸变。截面变形的大小取决于弯管工艺方法，同时与相对弯曲半径 R_x 及相对壁厚 δ_x 有关。R_x 和 δ_x 值越小，变形越严重。在极限情况下，管子外壁破裂或内壁失稳起皱。

相对弯曲半径　$$R_x = R/D_e \tag{5-1}$$

式中　R——管子中心线弯曲半径（mm）；

D_e——管子名义外径（mm）。

相对壁厚
$$\delta_x = \delta / D_e \qquad (5\text{-}2)$$
式中　δ——管子名义壁厚（mm）。

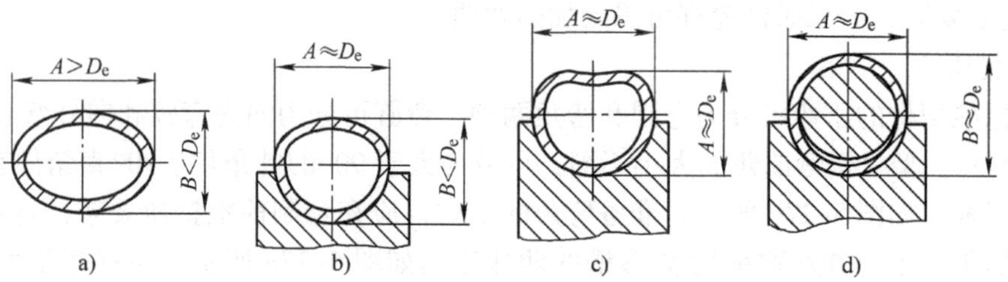

图 5-28　管子弯曲时的截面变形

（2）减少弯管截面变形的措施　弯管时，可以采取下列工艺措施，减少管子截面的变形。

1）加顶墩力。弯管时，在管子的轴线方向加一定的顶镦力，使管子截面产生附加的压应力，以抵消或部分抵消外壁的拉应力，可减少外壁的减薄。这种方法适用于拉拔式冷弯。

2）管内加芯棒或装填料。管子拉拔式冷弯时，在管内加芯棒可以消除内壁起皱，但在某些情况下，可能加剧外壁的减薄。若同时采用芯棒和防皱板，则可取得较好的效果。管子热弯时，在管内加填料可基本上消除内壁起皱。

3）反变形法。采用特制的弯管模，在弯管前对管子截面作反变形，可消除弯管时管子截面的失圆。这种方法比加芯棒和装填料效果更好，操作简便，易于实现机械化和自动化。

三、冲压成形工艺

焊接结构制造过程中，还有许多零件因为形状复杂，需要用弯曲成形以外的方法进行加工。如锅炉用压力容器封头、带有翻边的孔的筒体、封头、锥体、翻边的管接头等，这些复杂曲面形状的成形加工通常在压力机上进行，常用的方法有拉延成形、旋压成形和爆炸成形等工艺。

1. 拉延成形

拉延也称拉深或压延，它是将平板毛坯或空心半成品，利用拉延模拉延成一个开口的空心零件。拉延具有生产率高，成本低，成形美观等特点。

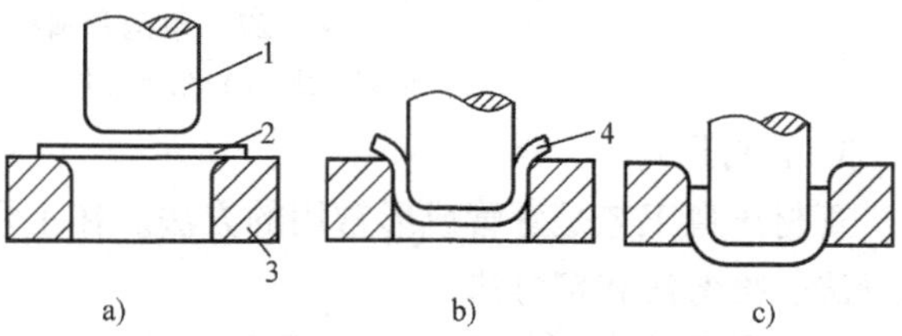

图 5-29　拉延成形过程

a）拉延前　b）拉延中　c）拉延结束

1—凸模　2—坯料　3—凹模　4—凸缘

（1）拉延基本原理　如图 5-29 所示为拉延成形过程。凸模往下压时先与坯料接触，然后强行把坯料压入凹模，迫使坯料分别转变为筒底、筒壁和凸缘，随着上模的下压，凸缘的径向逐渐缩小，筒壁部分逐渐增长，最后凸缘部分全部转变为筒壁。

（2）拉延过程中的问题

1）起皱。在圆筒形件拉延过程中，凸缘部分的材料受切向应力的作用。当切向应力达到一定值时，凸缘部分材料失去稳定而在整个周边方向出现连续的波浪形弯曲，这种现象称为起皱，如图 5-30 所示。

防止起皱的有效方法是采用压边圈，压边圈安装在凹模上面，与凹模表面之间留有 1.15 ~1.2 倍板厚的间隙，如图 5-31 所示。

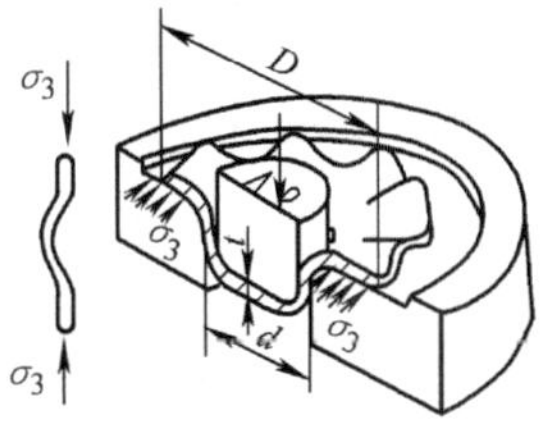

图 5-30　拉延时毛坯的起皱现象

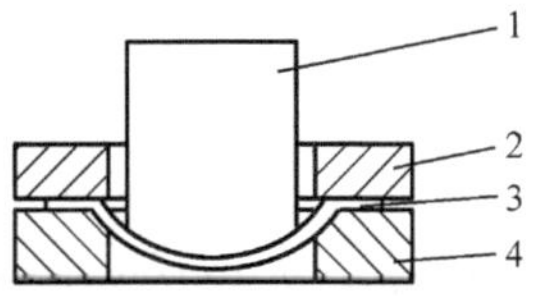

图 5-31　采用压边圈防止起皱

1—凸模　2—压边圈　3—坯料　4—凹模

2）拉穿。拉延时，筒壁总拉应力增大，超过了筒壁最薄弱处（筒壁的底部转角处）的材料强度时，拉延件就会产生拉穿现象，如图 5-32 所示。所以此处的承载能力大小是决定拉延能否顺利成形的关键。

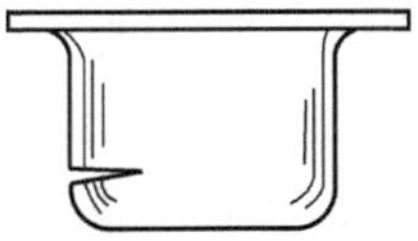

图 5-32　拉穿现象

3）壁厚变化。拉延过程中拉延件各部位的壁厚都会发生变化，图 5-33 所示是碳钢封头拉延后测得的壁厚变化情况。图 5-33a 中椭圆形封头在曲率半径最小处变薄量最大，可达 8% ~10%；图 5-33b 所示的球形封头在底部变薄最严重，可达 12% ~14%。

为了弥补封头壁厚的变薄，可以适当加大封头毛坯料的板厚，以

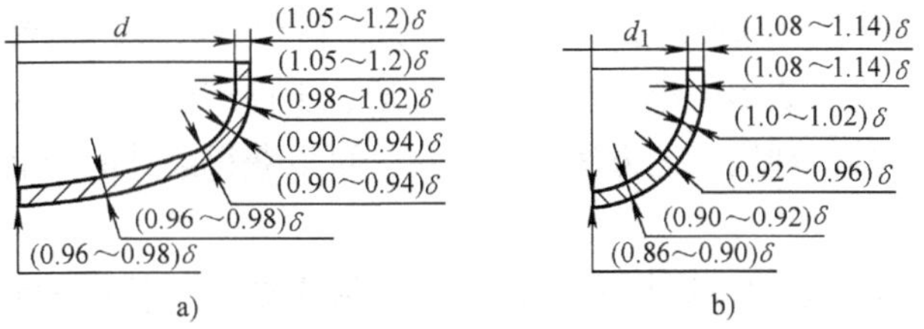

图 5-33　碳钢封头壁厚变化情况

a）椭圆形封头　b）球形封头

使封头变薄处的厚度接近容器的壁厚。

（3）对拉延件的基本要求

1）拉延件外形应简单、对称，且不要太高，以便使拉延次数尽量少。

2）拉延件的圆角半径在不增加工艺程序的情况下，最小许可半径如图 5-34 所示。否则将增加拉延次数及整形工作。

2. 旋压成形

（1）旋压成形的基本原理　旋压是在专用的旋压机上进行，图 5-35 所示为旋压工作简图。毛坯 3 用尾顶针 4 上的压块 5 紧紧的压在模胎 2 上，当主轴 1 旋转时，毛坯和模胎一起

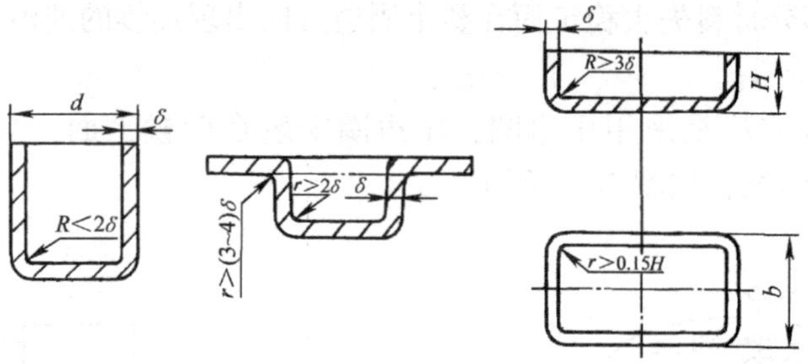

图 5-34　拉延件的最小许可半径

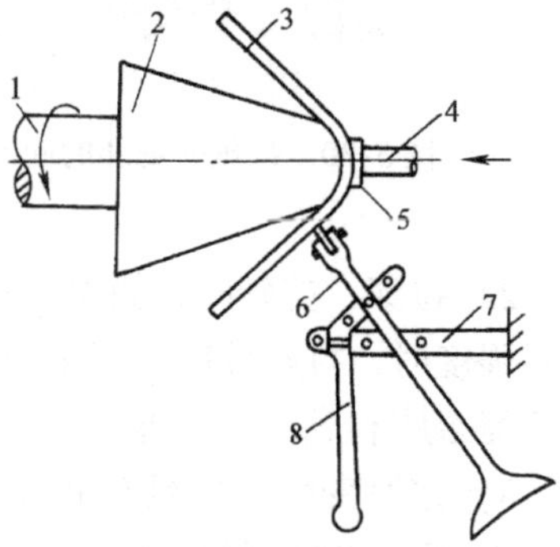

图 5-35　旋压工作简图
1—主轴　2—模胎　3—毛坯　4—尾顶针
5—压块　6—旋棒　7—支架　8—助力臂

旋转，操作旋棒 6 对毛坯施加压力，同时旋棒又作纵向运动。开始旋棒与毛坯是一点接触，由于主轴旋转和旋棒向前运动，毛坯在旋棒的压力作用下产生由点到线及由线到面的变形，逐渐地被赶向模胎，直到最后与模胎贴合为止，完成旋压成形。

（2）旋压成形的特点

1）旋压是一种连续局部塑性加工过程。瞬间的变形区很小，所需的总变形力相应减小。

2）旋压成形是不需要大型压力机和模具的，与拉延相比，所需设备简单、机动性好，用简单模具可制造出规格多、数量少、形状复杂的零件，大大缩短了生产准备周期。

3）加工封头的表面粗糙度值小，形状准确，不起皱，精度高。

（3）旋压成形的应用　可旋压的工件形状局限于各种旋转体，主要有筒形、锥形、半球形、曲母线和组合形。旋压成形的经济性与生产批量、工件结构、所需设备、模具等有关。在许多情况下，旋压要与其他冲压工艺方法配合应用，可以获得最佳的产品质量和经济效益。

3. 爆炸成形

（1）爆炸成形的基本原理　爆炸成形是将爆炸物质放在一特制的装置中，点燃爆炸后，利用所产生的化学能在极短的时间内转化为周围介质（空气或水）中的高压冲击波，使坯料在很高的速度下变形和贴模，从而达到成形的目的。图 5-36 所示为爆炸成形装置。爆炸成形可以对板料进行多种工序的冲压加工，例如拉延、冲孔、剪切、翻边、胀形、校形、弯曲和压花纹等。

（2）爆炸成形的主要特点

1）爆炸成形不需要成对的刚性凸凹模同时对坯料施加外力，而是通过传压介质（水或空气）来代替刚性凸模的作用。因此，可简化模具结构。

2）爆炸成形可加工形状复杂、刚性模难以加工的空心零件。

3）回弹小、精度高、质量好。由于高速成形零件回弹特别小，贴模性能好，只要模具尺寸准确，表面光洁，则零件的精度高。

小知识

实践证明，壁厚为 8～20mm，$\phi100\sim\phi1600$mm 的封头用爆炸成形通常都是成功的。而大壁厚封头，由于爆炸用药量多，不易控制。

4）爆炸成形属于高速成形的一种。加工成形速度快（只需 1s），操作方便，成本低，产品制造周期短。

5）爆炸成形不需要冲压设备。可成形零件的尺寸不受设备能力限制，在试制或小批生产大型制件时，经济效果显著。

（3）爆炸成形应注意的事项

1）爆炸成形时，模具里的空气必须适当排除，因为空气的存在不但会阻止坯料的顺利贴模，而且会因模腔内空气的高度压缩而造成零件表面的烧伤，因而影响零件的表面质量。因此，爆炸成形前，型腔内应保持一定的真空度。

2）爆炸成形必须采用合理的密封装置，如果密封装置不好，会使型腔的真空度下降，影响零件的表面质量。单件及小批生产时，可用黏土与油脂的混合物作为密封材料，批量较多时宜用密封圈结构。

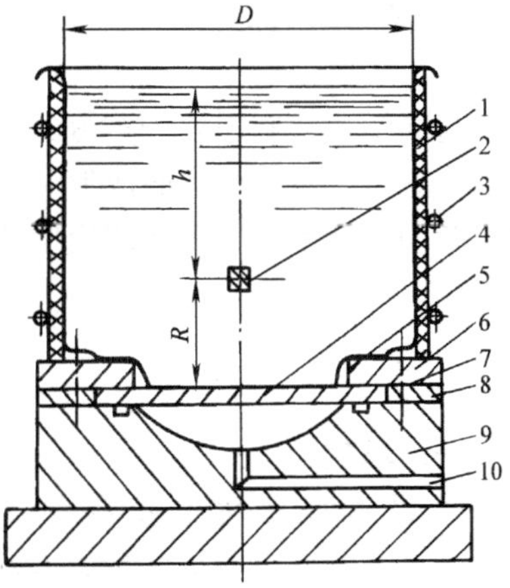

图 5-36 爆炸成形装置

1—纤维板 2—炸药 3—绳 4—坯料 5—密封袋 6—压边圈 7—密封圈 8—定位圈 9—凹板 10—抽气孔

3）爆炸成形在操作中有一定危险性，因此，必须熟悉炸药的特性，并严格遵守安全操作规程。

四、成形加工中的安全操作

焊接生产车间的成形加工设备主要有卷板机和压力机。使用时应注意以下几点。

1）板料进入辊筒时要避免人体压伤、割伤事故的发生，卷板时要防止手或衣物被绞入辊筒内，严禁人站在板料上。热卷时应防止烫伤。

2）板料落位后和卷板机开动过程中，在进出料方向严禁站人。

3）调整辊筒和板料时，必须停车。

4）使用行车配合卷板工作时，应有专人指挥。吊具选择要适当，行车应不影响卷板机的工作。

5）取出已卷好的圆筒时，必须停机并采取防止圆筒坠落的措施。

6）放置卷好的圆筒时，应摆放整齐、平稳，以防止圆筒滚动伤人。

7）不许在压力机能力范围之外工作。

8）设备启动时，人身不准靠在压力机上，操作者的任何部位都不准置于压力机横梁或滑块的正下方。

9）在压制或矫正工作时，不准用手把持工件，不准清扫氧化皮，也不要用不规则的垫块、圆棒等来压垫矫正。

10）热压使用可燃气体加热，在点火前必须打开炉门排除炉内积余的可燃气体，防止爆炸。

11）液压缸、液压泵房周围、可燃气体管路附近，不可明火作业和吸烟。

12）使用行车配合作业时，应有专人指挥，应遵守挂钩安全操作规程。

13）工作结束时应切断电源，将压力机置于非工作状态。

【活动建议】

与同学一起利用生产实习的机会，学习生产中应用的钢材弯曲与成形加工的工艺方法，特别注意型材及管子弯曲成形时，采用哪些措施来防止钢材的截面变形，并向企业工程师了解生产中新技术及新工艺的应用情况。

【综合训练】

一、填空

1. 根据弯曲所用设备和工模具的不同，弯曲加工可分为________、________、________、________等成形加工方法。

2. 板材卷弯包括________、________、________、________四个步骤。

3. 在工程上已普遍采用的弯管工艺方法有________、________、________、________四种。

二、简答

1. 型材滚弯时容易发生的问题是什么？如何解决？

2. 什么是金属的回弹现象？减小回弹的主要措施有哪些？

3. 管子弯曲时为什么会发生截面变形现象？减小弯管截面变形的措施有哪些？

4. 爆炸成形的特点有哪些？

第六单元　焊接结构的装焊工艺

学习目标

1. 掌握零件定位的原理及基本方法。
2. 掌握装配过程中测量的基本方法。
3. 掌握生产中常用的装配基本方法及装配工艺过程。
4. 掌握焊接结构的焊接工艺的制定方法。

模块一　焊接结构装配的基础知识

焊接结构的装配，通常是按施工图样将零件组装成部件，再将焊完的部件组装成整体结构的过程。在焊接结构制造中，焊件的装配是决定焊接质量的最主要的工序之一。而焊件的装配质量又取决于前道工序——下料和成形件的尺寸精度。在大批量流水线生产中，对焊接结构的装配质量及一致性提出了更为严格的要求，必须采用特种工装来保证，同时促使焊接结构生产企业尽可能采用先进的装配工艺及相应的装备，提高装配工艺过程的机械化和自动化程度。

一、装配的基本条件

在进行金属结构的装配时，将零件装配成部件称为部件装配，将零件或部件总装起来称为总装配。在装配过程中，任何零件的装配都必须先将其放到正确的位置，再采取一定措施将位置固定下来，最后测量装配位置的准确性。这就是零件装配的三个基本条件，即定位、夹紧和测量。

（1）定位　就是确定零件在空间的位置或零件间的相对位置。

（2）夹紧　就是借助通用或专用夹具的外力将已定位的零件加以固定，保持其正确的位置，直到装配完成或焊接结束。

（3）测量　是指在装配过程中，对零件间的相对位置和各部件尺寸进行的一系列技术测量，从而鉴定零件定位的正确性和夹紧力的效果，以便调整。

上述三个基本条件是相辅相成的，缺一不可。定位是最基本的要求，没有定位，零件就不能到达正确的位置，加工出来的构件尺寸也就不可能正确；没有夹紧，正确定位的零件不能保持其正确性，在随后的装配和焊接过程中位置会发生改变；而没有测量，则无法判断定位和夹紧的正确性，难以保证构件的装配质量。

二、装配基准的选择

1. 基准的概念

基准又称基面或基准面，它是一些点、线、面的组合，用它们来决定同一零件的另外一些点、线、面的位置（对加工而言）或其他零件的位置。

根据用途不同，基准分为设计基准和工艺基准两大类。

（1）设计基准　设计基准是按照产品的不同特点和产品在使用中的具体要求所选定的点、线、面，其他的点、线、面都是根据设计基准来确定的。

（2）工艺基准　工艺基准也称为生产基准，它是指工件在加工制造过程中应用的基准。工艺基准仅在制造零件和装配等过程中才起作用，它与设计基准可以重合，也可以不重合。装配常用的工艺基准有原始基准、测量基准、定位基准、检查基准和辅助基准等。

1）原始基准。原始基准是加工或划线等最初度量尺寸的依据。例如，零件的毛边不太平直时，仅用毛边作为划线的原始基准，当划线使基准被确定后，原始基准就不作为主要基准了。

2）测量基准。在加工装配过程中检查零件位置或工艺尺寸所依据的点、线、面称为测量基准。

3）定位基准。工件在夹具或平台上定位时，用来确定工件位置的点、线、面称为定位基准。

4）检查基准。检查工件几何形状或尺寸时所用到的点、线、面称为检查基准。

5）辅助基准。当工件上的点、线、面不能直接用于测量、检查时，而需要另设起过渡作用的点、线、面为基准，这些基准称为辅助基准。

2. 装配基准面的选择原则

工件和装配平台（或夹具）相接触的面称为装配基准面，装配基准面应按下列几点进行选择。

1）工件的外形有平面也有曲面时，应以平面作为装配基准面。

2）在工件上有若干个平面的情况下，应选择较大的平面作为装配基准面。

3）根据工件的用途，选择最重要的面（如经过机械加工的面）作为装配基准面。

4）选择的装配基准面要使装配过程中便于工件的定位和夹紧。

三、零件的定位原理及方法

1. 零件的定位原理

零件在空间的定位是利用“六点定位准则”进行的，即限制每个零件在空间的六个自由度，使零件在空间有确定的位置，这些限制自由度的点就是定位点。在实际装配中，可由定位销、定位块和挡铁等定位元件作为定位点；也可以利用装配平台或工件表面上的平面、边棱等作为定位点；还可以设计成胎架模板形成的平面或曲面代替定位点；有时在装配平台或工件表面划出定位线起定位的作用。

2. 定位基准的选择

合理地选择定位基准，对于保证装配质量、安排零部件装配顺序和提高装配效率均有重要影响。选择定位基准时，应着重考虑以下几点。

1）定位基准尽量与设计基准重合，这样可以减少基准不重合所带来的误差。比如，各种支承面往往是设计基准，可将它作为定位基准；各种有公差要求的尺寸，如孔心距等也可作为定位基准。

2）同一构件上与其他构件有连接或配合关系的各个零件应尽量采用同一定位基准，这样能保证构件安装时与其他构件的正确连接和配合。

3）应选择精度较高且不易变形的零件表面或边棱作定位基准，这样能够避免由于基准面、线的变形造成的定位误差。

4）所选择的定位基准应便于装配中零件的定位与测量。

3. 零件的定位方法

在焊接生产中，应根据零件的具体情况选取零件的定位和装配方法。常用的定位方法有划线定位、销轴定位、挡铁定位和样板定位等。

小知识

在自动流水生产线上，常用可动式或可拆式定位器及夹紧器联动的组合夹具并辅以样板进行定位。

（1）划线定位　划线定位就是在平台上或零件上划线，按线装配零件。通常用于简单的单件小批量装配或总装时的部分较小零件的装配。

（2）销轴定位　销轴定位是利用零件上的孔进行定位。由于孔和销轴的精度较高，定位比较准确，所以如果条件允许，可以钻出专门用于销轴定位的工艺孔。

（3）挡铁定位　挡铁定位应用广泛，可以利用小块钢板或小块型钢作为挡铁，取材方便。也可以使用经机械加工后的挡铁，以提高精度。挡铁的安置要保证构件重点部位（点、线、面）的尺寸精度，也要便于零件的装拆。

（4）样板定位　样板定位是利用样板来确定零件的位置、角度等的定位方法，常用于钢板之间的角度测量定位和容器上各种管口的安装定位。

4. 装配中的定位焊

定位焊也称点固焊，用来固定各焊接零件之间的相互位置，以保证整体结构件得到正确的几何形状和尺寸。进行定位焊时应注意以下内容。

小知识

装配中的定位焊，其长度为 20 ~ 30mm，间距为 300 ~ 500mm，焊脚高应为设计高度的一半，且大于 4mm。

1）定位焊缝的引弧和熄弧处应圆滑过渡，否则，在焊正式焊缝时在该处易造成未焊透、夹渣等缺陷；定位焊缝有未焊透、夹渣、裂纹、气孔等焊接缺陷时，应该铲掉并重新焊接，不允许留在焊缝内。

2）需预热的焊件在定位焊时也应进行预热，预热温度与焊接时相同。

3）由于定位焊为断续焊，工件温度较低，热量不足而容易产生未焊透，故定位焊缝的焊接电流应比焊接正式焊缝时大10%～15%。

4）定位焊的尺寸可按表6-1选用，对保证焊件尺寸起重要作用的部位，可适当地增加定位焊缝的尺寸和数量。

5）在焊缝交叉处和焊缝方向急剧变化处不要进行定位焊，而应离开50mm左右。

6）对于强行装配的结构，因定位焊缝承受较大的外力，应根据具体情况适当加大定位焊缝长度，间距适当缩小，必要时采用碱性低氢焊条，而且特别注意定位焊后应尽快进行焊接，避免中途停顿和间隔时间过长。

7）定位焊缝所使用的焊条牌号与正式焊缝所使用的焊条相同，直径可略细一些，常用ϕ3.2mm和ϕ4mm的焊条。

表6-1　定位焊缝的尺寸/mm

焊件厚度	定位焊缝高度	定位焊缝长度	间　距
≤4	<4	10～15	50～80
5～12	3～6	20～35	100～200
>12	6	30～50	100～300

四、装配中的测量

测量是检验定位质量的工序。装配中的测量要求包括正确、合理地选择测量基准，准确地完成零件定位所需要的测量操作。在焊接结构生产中，常见的测量项目有线性尺寸、平行度、垂直度、同轴度及角度等的测量。

1. 测量基准

为保证测量的准确性，减小因测量带来的误差，首先应正确选择测量基准。一般情况下，多以定位基准作为测量基准。当以定位基准作为测量基准不利于保证测量的精度或不便于测量操作时，就应本着能使测量准确、操作方便的原则，重新选择合适的点、线、面作为测量基准。

如图6-1所示的容器，其三个管接口Ⅰ、Ⅱ、Ⅲ是以M面为设计、定位基准的，因此，测量尺寸h_1、h_2和H_2时就应该选择M面作为测量基准，这样可以使三个基准合一，从而有效地减小装配误差。

如图6-2所示的工字梁，要测量腹板与翼板的垂直度，直接测量既不方便，精度也低。这时以装配平台作为测量基准，测量两翼板与平台的垂直度和腹板与平台的平行度，就会使精度提高，测量也方便。

2. 各种项目的测量方法

（1）线性尺寸的测量　线性尺寸是指工件上被测点、线、面与测量基准间的距离。主要是利用标尺（卷尺、盘尺、直尺等）来完成，特殊场合利用激光测距仪来进行。

（2）平行度的测量　主要有下列两个测量项目。

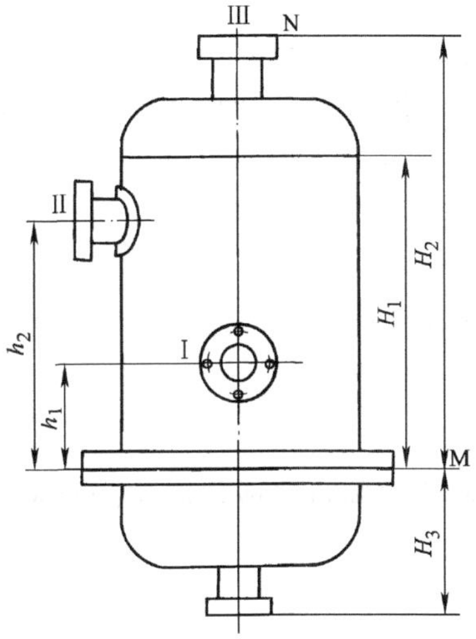

图 6-1 容器上各接口的相对位置

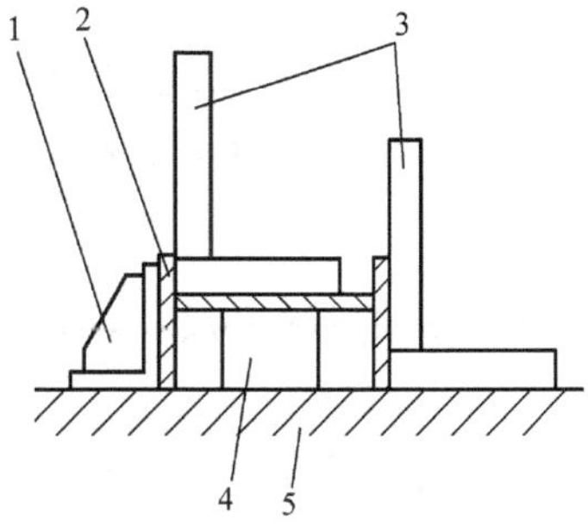

图 6-2 间接测量的方法

1—定位支架 2—工字梁 3—90°直角尺

4—定位垫块 5—装配平台

1）相对平行度的测量。相对平行度是指工件上被测的线（或面）相对于测量基准线（或面）的平行度。相对平行度的测量是通过线性尺寸测量来进行的。其原理是测量工件上被测线（面）的两点（面上的三点）到基准线（面）的距离，若相等就平行，否则就不平行。但在实际测量中，为减小测量误差应注意测量的点多一些，以避免工件不直带来的误差；测量工具应垂直于基准；直接测量不方便时，进行间接测量。

图 6-3 是相对平行度测量的例子。图 6-3a 为线的平行度，测量三个点以上；图 6-3b 为面的平行度，测量两个以上位置。

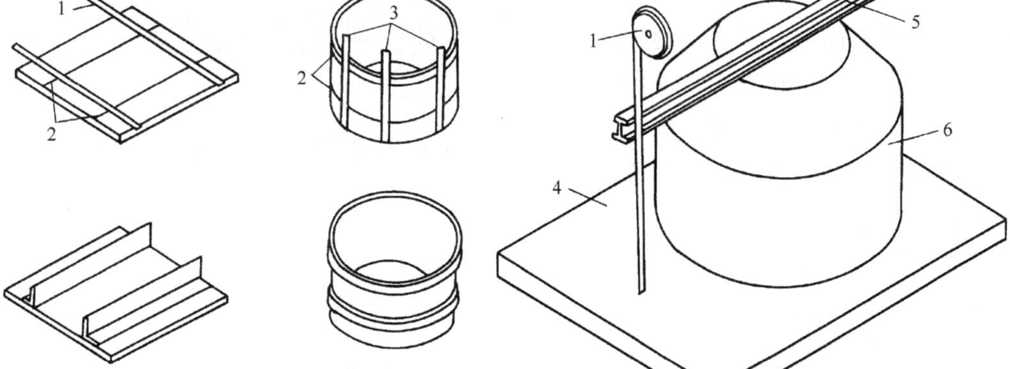

图 6-3 相对平行度的测量

a）角钢间相对平行度 b）用大平尺测量面的相对平行度

1—钢卷尺 2—基准线 3—卷尺 4—平台 5—大平尺 6—工件

2）水平度的测量。容器里的液体（如水），在静止状态下其表面总是处于与重力作用方向相垂直的位置，这种位置称为水平。水平度就是衡量零件上被测的线（或面）是否处于水平位置。许多金属结构件制品在使用中要求有良好的水平度。例如，桥式起重机的运行轨道就需要良好的水平度，否则将不利于起重机在运行中的控制，甚至引起事故。

小知识

将水平尺放在焊件的被测平面上，查看水平尺下玻璃管内气泡的位置，如在中间即达到水平。

施工装配中常用水平尺、软管水平仪、水准仪、经纬仪等量具或仪器来测量零件的水平度。

（3）垂直度的测量　主要有下列两个测量项目。

1）相对垂直度的测量。相对垂直度是指工件上被测的直线（或面）相对于测量基准线（或面）的垂直程度。相对垂直度是装配中极常见的测量项目，并且很多产品都对其有严格的要求。例如，高压电线塔等呈棱锥形的结构往往由多节组成。装配时，技术要求的重点是每节两端面与中心线垂直。只有每节的垂直度符合要求之后，才有可能保证总体安装的垂直度。

尺寸较小的工件可以利用90°角尺直接测量；当工件尺寸很大时，可以采用辅助线测量法，即用标尺作为辅助线测量直角三角形的斜边长。例如，两直角边各为1000mm，斜边长应为1414.2mm。另外，也可用直角三角形直角边与斜边之比值为3:4:5的关系来测定。

对于一些桁架类结构上某些部位的垂直度难以测量时，可采用间接测量法测量。图6-4是对塔类桁架进行端面与中心线垂直度间接测量的例子。首先通过桁架两端面的中心拉一钢丝，再将其平置于测量基准面上，并使钢丝与基准面平行。然后用90°角尺测量桁架两端面与基准面的垂直度，若桁架两端面垂直于基准面，必同时垂直于桁架中心线。

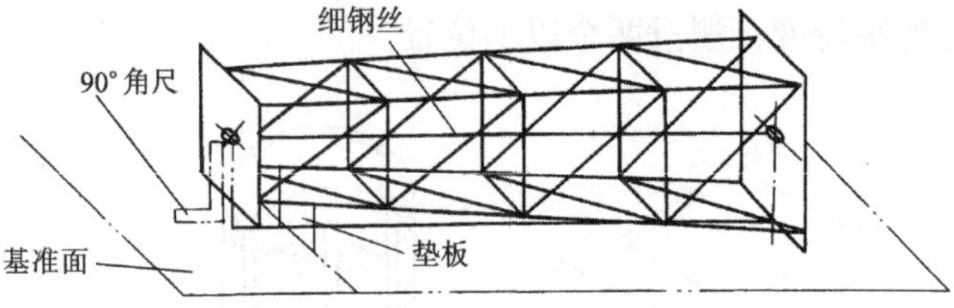

图6-4　用间接测量法测量相对垂直度

小知识

经纬仪可用于测角、测距、测高、测定直线、测铅垂度等。

2）铅垂度的测量。铅垂度的测量是测定工件上的线或面是否与水平面垂直。常用吊线锤或经纬仪测量。采用吊线锤时，将线锤吊线栓在支杆上（临时点焊上的小钢板或利用其他零件），测量工件与吊线之间的距离来测铅垂度。当结构尺寸较大而且铅垂度要求较高时，常采用经纬仪来测量铅垂度。

(4) 同轴度的测量　同轴度是指工件上具有同一轴线的几个零件，装配时其轴线的重合程度。测量同轴度的方法很多，这里介绍一种常用的测量方法。

图6-5是三节圆筒组成的筒体，测量它的同轴度时，可在各节圆筒的端面安上临时支撑，在支撑中间找出圆心位置并钻出直径为20～30mm的小孔，然后由两外端面中心拉一细钢丝，使其从各支撑孔中通过，观测钢丝是否处于孔中间，以测量其同轴度。

(5) 角度的测量　装配中，通常利用各种角度样板来测量零件间的角度。图6-6是利用角度样板测量角度的实例。

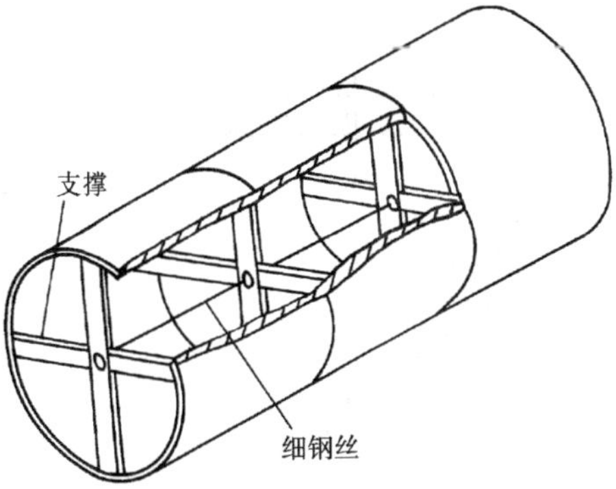

图6-5　圆筒内拉钢丝测同轴度

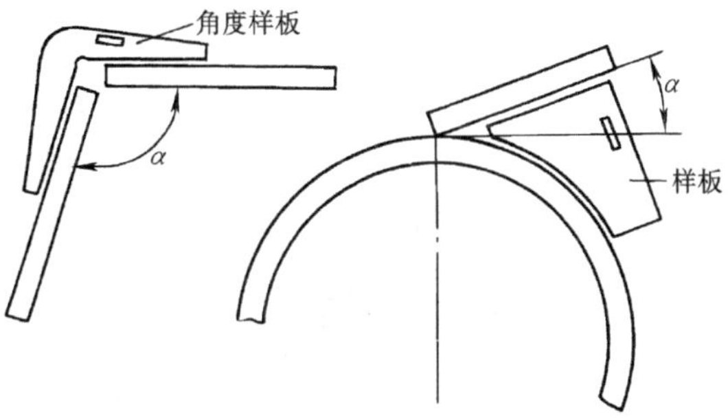

图6-6　角度的测量

装配测量除上述常用项目外，还有斜度、挠度和平面度等一些测量项目。需要强调的是，量具的精度及可靠性是保证测量结果准确的决定因素之一，因此在使用和保管中，应注意保护量具不受损坏，并经常定期检验其精度。

五、装配用工具及设备

1. 装配中常用的工具

(1) 装配用工具及量具　常用的装配工具有锤子、錾子、手砂轮、撬杠、扳手及各种划线用的工具等。常用的量具有钢卷尺、钢直尺、水平尺、90°角尺、线锤及各种检验零件定位情况的样板等。图6-7所示为几种常用的工具，图6-8所示为几种常用的量具。

(2) 装配用夹具　装配夹具是指在装配中用来对零件施加外力，使其获得可靠定位的工艺装备，主要包括通用夹具和装配胎架上的专用夹具。装配夹具按夹紧力来源，分为手动夹具和非手动夹具两大类。手动夹具包括螺旋夹具、楔条夹具、杠杆夹具和偏心轮夹具等；非手动夹具包括气动夹具、液压夹具和磁力夹具等。关于这部分知识，将在后面的学习中加以详述。

2. 装配用设备

(1) 对装配用设备的一般要求　装配用设备有平台、转胎和专用胎架等，对装配用设备的一般要求如下。

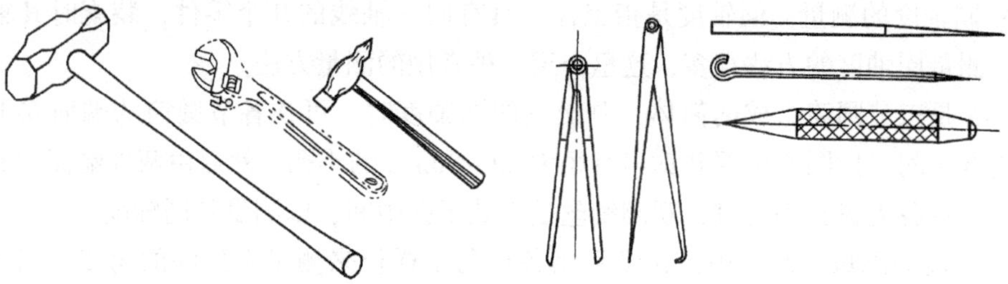

图 6-7　常用的装配工具

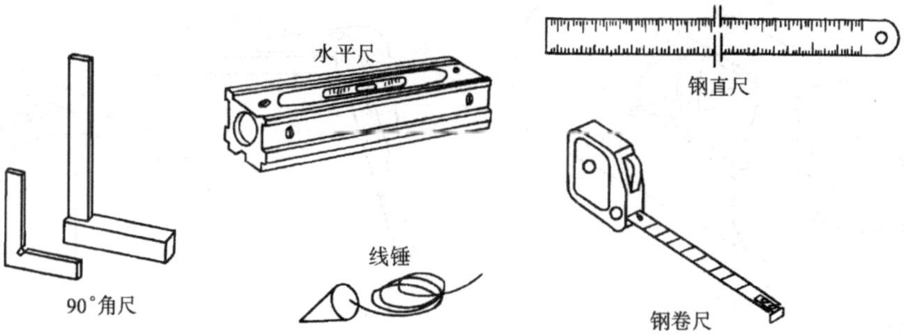

图 6-8　常用的装配量具

1）为了保证装配后产品的尺寸精度，装配用平台或胎架应具备足够的强度和刚度。

2）平台或胎架表面应光滑平整，要求水平放置。

3）尺寸较大的装配胎架应安置在相当坚固的基础上，以免基础下沉导致胎具变形。

4）胎架应便于对工件进行装、卸、定位焊、焊接等操作。

5）设备构造简单，使用方便，成本要低。

（2）装配用平台

1）铸铁平台。它是由许多块铸铁组成的，结构坚固，工作表面进行机械加工，平面度比较高，面上具有许多孔洞，便于安装夹具。常用于工件装配及对钢板和型钢的热加工弯曲。

2）钢结构平台。这种平台是由型钢和厚钢板焊制而成的。它的上表面一般不经过切削加工，所以平面度较差。常用于制作大型焊接结构或制作桁架结构。

3）导轨平台。这种平台是由安装在水泥基础上的许多导轨组成的。每条导轨的上表面都经过切削加工，并有紧固工件用的螺栓沟槽。这种平台用于制作大型结构件。

4）水泥平台。它是由水泥浇注而成的一种简易而又适用于大面积工作的平台。浇注前在一定的部位预埋拉桩、拉环，以便装配时用来固定工件。在水泥中还放置交叉形扁钢，扁钢面与水泥面平齐，作为导电板或用于固定工件。这种水泥平台可以拼接钢板、框架和构件，又可以在上面安装胎架进行较大部件的装配。

小知识

在胎架上进行装配，能够对焊件施行装、卸、定位、夹紧和焊接等操作，速度快，精度高。

5）电磁平台。它是由平台（型钢或钢板焊成）和电磁铁组成的。电磁铁能将型钢吸紧固定在平台上，焊接时可以减少变形。充气软管和焊剂的作用是组成焊剂垫，用于埋弧焊时，可防止漏渣和铁液下淌。

（3）胎架　胎架又称为模架，在工件结构不适于以装配平台作支承（如船舶、机车车辆底架、飞机和各种容器结构等）或者在批量生产时，就需要制造胎架来支承工件进行装配。胎架常用于某些形状比较复杂，要求精度较高的结构件。它的主要优点是利用夹具对各个零件进行方便而精确的定位。有些胎架还可以设计成能够翻转的，可把工件翻转到适合于焊接的位置。利用胎架进行装配，既可以提高装配精度，又可以提高装配速度。但由于投资较大，故多为某种批量较大的专用产品设计制造，适用于流水线或批量生产。

【活动建议】

利用生产实习的机会，掌握各种焊接结构制造过程中的定位、测量及装配用的方法，并了解常用设备的使用方法。

【综合训练】

一、填空

1. 无论何种装配方案都需要对零件进行__________、__________和__________，这就是装配的三个基本条件。

2. 装配过程中常用的测量项目有__________、__________、__________、__________以及__________的测量。

3. 焊接结构生产中应用的装配方法很多，根据零件定位方法的不同，装配可分为__________、__________、__________、__________等。

二、简答

1. 如何正确选择定位基准？

2. 常用的零件定位方法有哪些？各选用于哪些结构？

三、实践部分

准备一些薄板制作的圆筒体，练习同轴度的测量方法。

模块二 装配工艺的制订

一、装配工艺方法的分类

1. 按照装配过程的机械化程度分类

按装配过程的机械化程度，装配工艺方法可分为手工装配法、机械装配法和自动装配法三种。

（1）手工装配法　手工装配法是采用简单的工夹具、量具、样板、定位器、划线工具、拉撑和顶升工具，以及起吊机械等，以手工方法将零件就位、对准和固定。装配圆筒形焊件时，通常采用装配滚轮架作为辅助装配机械。

对于形状复杂且装配精度要求较高的焊件，通常在专用的装配平台上先按图样划线放样，然后将形状不同的零件组对定位。

在批量生产中，为提高效率，可利用样板和定位器，将零件或组件在专用的装配夹具或装焊夹具中组装，对于焊件的就位、对准、压紧、固定则仍以手工操作为主。

（2）机械装配法　机械装配法是将待装配的坯料或零件，由机械传送装置或起吊设备送至专用自动装配夹具或装焊机械进行自动组对。夹紧、定位以及用定位焊缝固定。然后转入下道工序，组装过程按规定的程序，由机械操作完成。

机械装配法具有组装精度高、生产率高和劳动强度低等优点。目前在工业生产中已逐步推广应用。其主要缺点是设备占地面积较大，设备一次投资费用较高。此方法适用于批量生产和自动流水线生产。

（3）自动装配法　自动装配法是将待组装的零件通过传送带运至组装夹具部位，由机械手或搬运机器人按预编程序，依次将各零件在装配夹具上就位，随即气动夹钳按接触传感器发出的指令将零件夹紧定位。若零件尺寸较大或焊缝较长，由焊接机器人以定位焊缝定位。所有零件组装完成后转入焊接工位。装配的全过程都由各种机械自动快速完成，无需人工干预，效率相当高，适用于形状相对简单部件的自动焊接生产线大批量的生产。

2. 按照焊接结构的装配、焊接次序分类

按照焊接结构的装配、焊接次序，装配工艺方法可分为整装整焊装配法、随装随焊装配法和分部件装配法三种。

（1）整装整焊装配法　将全部零件按图样要求装配起来，然后转入焊接工序，焊完全部焊缝。这种装配焊接顺序要求装配工人与焊接工人分别在自己的工位上完成，可实行流水作业，停工损失很小。装配可采用装配胎具进行，焊接可采用滚轮架、变位机等工艺装备和先进的焊接方法，有利于提高装配—焊接质量。这种方法适用于结构简单、零件数量少、大批量生产条件。

（2）随装随焊装配法　先将若干个零件组装起来，随之焊接相应的焊缝，然后装配若干个零件，再进行焊接，直至全部零件装完并焊完，成为符合要求的构件。这种方法是装配工人与焊接工人在一个工位上交替作业，影响生产效率，也不利于采用先进的工艺装备和工艺方法。因此，这种方法仅适用于单件小批量和复杂结构的生产。

（3）分部件装配法　将整体结构分解成若干个部件，先由零件装配成部件，再由部件装配成结构件，最后把装配好的结构件总装焊成整个产品结构。这种方法适合批量生产，可实行流水作业，几个部件可同步进行，有利于应用各种先进工艺装备、控制焊接变形和采用先进的焊接工艺方法。因此，这种装配—焊接顺序适用于可分解成若干个部件的复杂结构，如机车车辆底架、船体结构等。

分部件装配法是一种先进的装配工艺，但必须周密筹划，按具体的结构特点合理地划分部件，制订正确的装配工艺流程，并考虑工厂现有的工艺装备和起吊能力。

3. 按照不同产品和生产类型分类

按照不同产品和生产类型，装配工艺方法可分为互换法、选配法和修配法。

（1）互换法　互换法的实质是用控制零件的加工误差来保证装配精度。这种装配法零件是完全可以互换的，装配过程简单，生产率高，对装配工人的技术水平要求不高，便于组织流水作业，但要求零件的加工精度较高。此方法适用于批量及大量生产。

（2）选配法　在零件加工时为降低成本而放宽零件加工的公差带，故零件精度不是很高。装配时需挑选合适的零件进行装配，以保证规定的装配精度要求。这种方法对零件的加工工艺要求放宽，便于零件加工，但装配时工人要对零件进行挑选，增加了装配工时和难度。

（3）修配法　修配法是指零件预留修配余量，在装配过程中修去部分多余的材料，使装配精度满足技术要求。此法零件的制作精度可放得较宽，但增加了手工装配的工作量，而且装配质量取决于工人的技术水平。

想一想

我们身边常见的焊接结构分别采用了哪种装配工艺？

在选择装配工艺方法时，应根据生产类型和产品种类等方面来考虑。一般单件、小批量生产或重型焊接结构生产常以修配法为主，互换件的比例少，工艺灵活性大，工序较为集中，大多使用通用工艺装备；成批生产或一般焊接结构，主要采用互换法，也可灵活采用选配法和修配法，工艺划分应以生产类型为依据，使用通用或专用工艺装备，可组织流水作业生产。

二、装配前的准备

装配前的准备工作是装配工艺的重要组成部分。充分、细致的准备工作，是高质量高效率地完成装配工作的有力保证。

（1）熟悉产品图样和工艺规程　要清楚各部件之间的关系和连接方法，并根据工艺规程选择好装配基准和装配方法。

（2）装配现场和装配设备的选择　依据产品的大小和结构的复杂程度选择和安置装配

平台和装配胎架。装配工作场地应尽量设置在起重设备工作区间内，对场地周围进行必要清理，使之达到场地平整、清洁，人行道畅通。

(3) 工量具的准备　装配中常用的工、量、夹具和各种专用吊具，都必须配齐并组织到场。

此外，根据装配需要配置的其他设备，如焊机、气割设备、钳工工作台和风砂轮等，也必须安置在规定的场所。

(4) 零、部件的预检和除锈　产品装配前，对于从上道工序转来或从零件库中领取的零、部件都要进行核对和检查，以便于装配工作的顺利进行。同时，对零、部件连接处的表面进行去毛刺、除锈垢等清理工作。

(5) 适当划分部件　对于比较复杂的结构，往往是部件装焊之后再进行总装，这样既可以提高装配—焊接质量，又可以提高生产效率，还可以减小焊接变形。为此，应将产品划分为若干部件。

三、零件的装配方法

焊接结构生产中应用的装配方法很多，根据零件定位方法的不同，装配方法可分为以下几种。

(1) 划线定位装配法　利用在零件表面或装配平台表面划出的工件中心线、接合线、轮廓线等作为定位线，来确定零件间的相互位置，用定位焊固定后进行装配。

如图 6-9 所示，图 6-9a 所示是以划在工件底板上的中心线和接合线作为定位基准，来确定槽钢、立板和三角形加强肋的位置；图 6-9b 所示是利用大圆筒盖板上的中心线和小圆筒上的等分线（也常称其为中心线）来确定两者的相对位置。

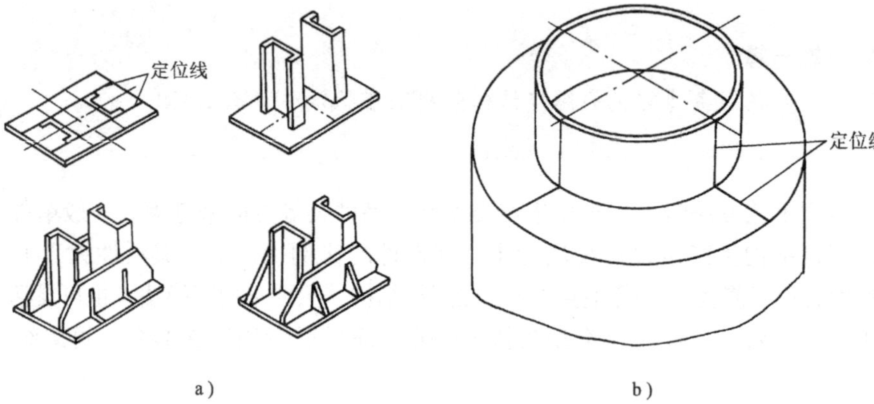

图 6-9　划线定位装配法

图 6-10 所示为钢屋架的划线定位装配。先在装配平台上按 1:1 的实际尺寸划出屋架零件的位置线和结合线（称地样）（图 6-10a），然后依照地样将零件组合起来（图 6-10b），此装配方法也称“地样装配法”。

(2) 样板定位装配法　利用样板来确定零件间的相对位置，夹紧并定位焊点固完成装配的方法。常用于钢板与钢板之间的角度装配和容器上各种管口的安装。

图 6-11 所示为斜 T 形结构的样板定位装配，根据斜 T 形结构立板的斜度，预先制作样

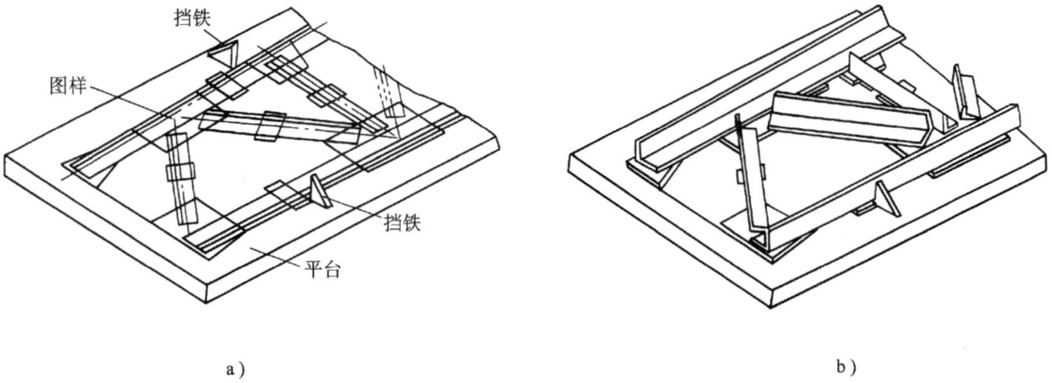

图 6-10　钢屋架地样装配法

a）装配前　b）装配后

板，装配时在立板与平板接合线位置确定后，再用样板去确定立板的倾斜度，使其得到准确定位后实施定位焊。

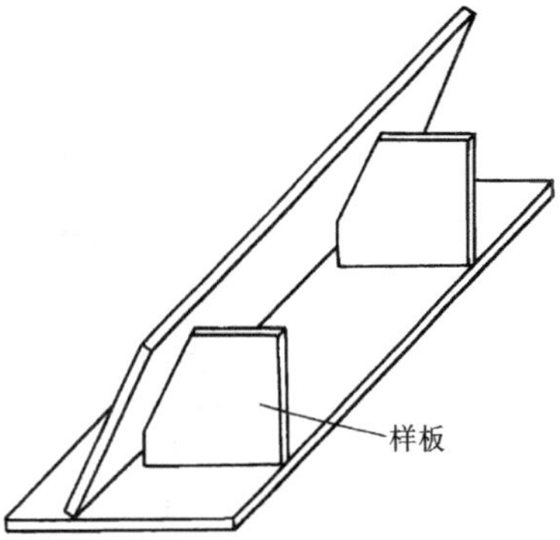

图 6-11　样板定位装配

断面形状对称的结构，如钢屋架、梁和柱等结构，可采用样板定位的特殊形式——仿形复制法进行装配。如图 6-12 所示为钢屋架仿形复制装配过程，将用“地样装配法”装配好的半片屋架吊起，翻转后放置在平台上作为样板（称仿模），在其相应位置放置对应的节点板和各种杆件，用夹具卡紧后实施定位焊，便复制出与仿模对称的另一半片屋架。这样连续地复制装配出一批屋架后，即可组成完整的钢屋架。

（3）定位元件定位装配法　用一些特定的定位元件（如板块、角钢、销轴等）构成空间定位点，来确定零件位置，并利用夹具夹紧后进行装配。它不需要划线，装配效率高，质量好，适用于批量生产。

图 6-13 所示为挡铁定位装配法示意图。在大圆筒外部加装钢带圈时，先在大圆筒外表面焊上若干挡铁作为定位元件，确定钢带圈在圆筒上的高度位置，并用弓形螺旋夹紧器把钢带圈与筒体壁夹紧密贴后，用定位焊缝焊牢，即完成钢带圈的装配。

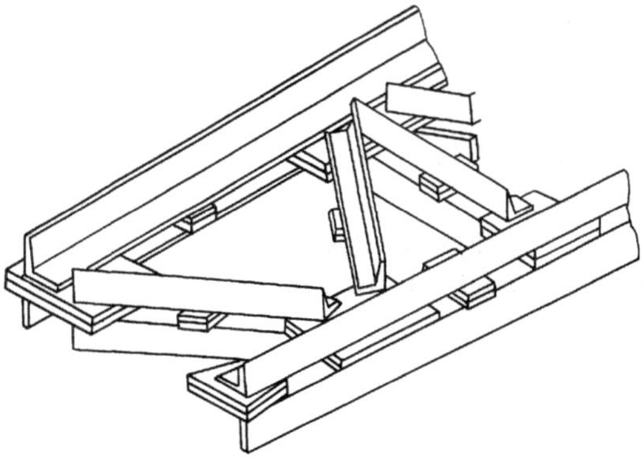

图 6-12　钢屋架仿形复制装配

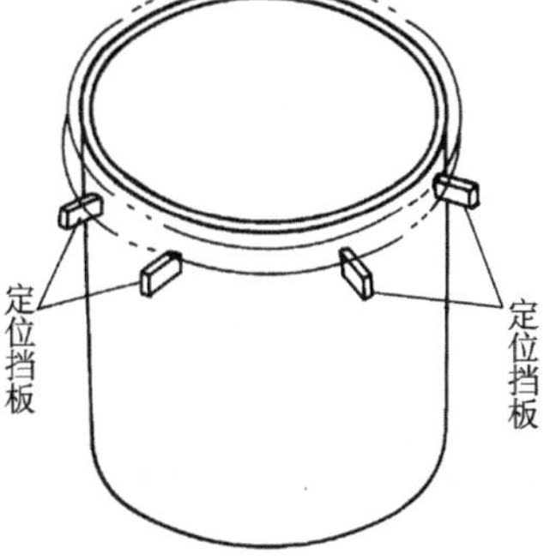

图 6-13　挡铁定位

（4）胎夹具（又称胎架）装配法　对于批量生产的焊接结构，当装配的零件数量较多，内部结构又不是很复杂时，可将装配用的定位元件、夹紧元件和装配胎架三者组合为一个整体，构成装配胎架。

小知识

使用胎夹具时应特别注意：装配后的构件要能够方便地从胎架上取出。

图 6-14 所示为汽车横梁结构及其装配胎架。装配时，首先将角形铁 6 置于胎架上，用活动定位销 11 定位，并用螺旋压紧器 9 固定，然后装配槽形板 3 和主肋板 5，它们分别用挡铁 8 和螺旋压紧器 9 压紧，再将各板连接，并实施定位焊。该胎架还可以通过回转轴 10 回转，把工件翻转到最适合施焊的位置。

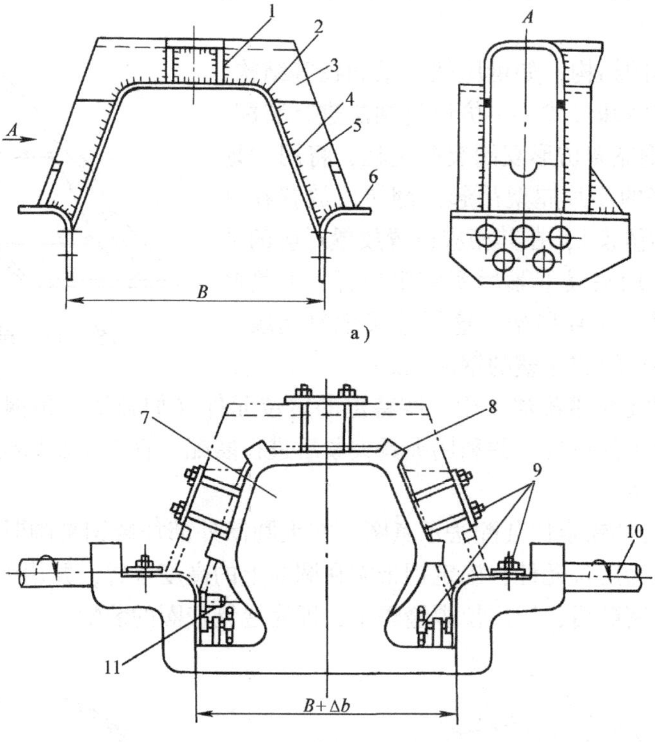

图 6-14　汽车横梁及其装配胎架

a）汽车横梁　b）焊接夹具

1、2—焊缝　3—槽形板　4—拱形板　5—主肋板　6—角形铁

7—胎架　8—挡铁　9—螺旋压紧器　10—回转轴　11—定位销

四、装配工艺卡的编制

对于承受动载、重载和受压等重要焊接结构，为保证各部件和整体结构和装配质量，应

当编制相应的部件装配工艺卡和总装工艺卡，并应包括如下主要内容。

（1）装配前的检查　装配前必须按施工图样，检查所装配的各零件尺寸是否符合图样的规定。

（2）装配工艺过程　在装配工艺卡中，应注明拟采用的装配工夹具和装配机械的名称、规格和编号。

（3）装配工艺卡的规范　装配工艺卡应规定所装配部件的基准面、基准线、测量方法和测量工具，应规定各零件的装配顺序和定位的方法。

（4）编制工艺卡时应考虑可能发生的焊接变形　应考虑定位焊和连接焊缝焊接过程中可能发生的变形，并规定防止变形的措施。要检查接缝的装配间隙是否符合相应的焊接工艺规程的规定，并给出局部超差的修正办法。

（5）考虑采用临时定位板　对于必须采用临时定位板以定位焊缝定位的装配部件，装配工艺卡应按焊件的材料规定拆除定位板的方法和检查程序。

（6）编制大型设备安装现场的装配工艺卡　第一类大型设备是在制造厂内分部件装配焊接合格后，运至安装现场总装，应着重保证各部件图样要求的连接尺寸，并提出相应的工艺措施和检查程序；另一种大型设备是以组件出厂，运至安装现场逐件装配成整体结构，为保证现场安装质量，应将各零件编号，并在制造厂内试装，检查合格后再运至安装现场，编制试装工艺卡，并规定检查要求和程序。

五、装配中的安全技术

目前，我国只有少数专业化程度较高的工厂采用或部分采用了机械化装配作业，而大多数工厂仍还是用手工工具和简单的装配夹具进行装配，在装配过程中还需要与行车、焊工协同作业。因此，在装配时不仅存在机械性损伤、高空坠落、大件倾倒压伤等不安全因素，同时还存在噪声污染、弧光辐射和焊接烟尘等不卫生因素。所以，在装配作业时应注意以下几点。

1）工作前检查各种锤有无卷边、伤痕，锤柄应坚韧、无裂纹，锤柄与锤头连接处应加铁楔。

2）打大锤不准戴手套，严禁两人同时击打。

3）不得用手指示意锤击处，应用小锤或棒尖指点。

4）使用千斤顶时应垫平放稳，不准超负荷使用。

5）使用起重机进行机械吊装时，要有专人指挥，必须轻举慢落，工件到位后必须用定位焊焊牢，然后才能松钩。

6）登高装配作业时，要有坚固的脚手架或梯子，操作者必须扎好安全带，工具只准放在工具袋内。

7）在多人装配作业时，应注意相互配合，确保安全。

8）装配时，应与焊工配合默契，注意弧光打眼和热工件烫伤。

9）要防止工件压坏电缆线造成触电事故。

10）禁止在吊起的工件及翻转的工件上进行锤击矫正，防止工件脱落。

11）在使用手提式砂轮机时，必须有防护罩，操作者应站在砂轮回转方向的侧面。

12）在大型工件或容器内部作业时，要有安全行灯。操作人员必须穿戴好规定的防护用品，以防触电及机械损伤事故的发生。

六、典型焊接结构的装配

1. 钢板的拼接

由于轧制钢板的宽度多数为1.25m，一般不超过1.7m，当零件宽度超过轧制宽度时，就需要进行钢板的拼接。图6-15所示为厚板拼接的一般方法。先将各板按拼接位置排列在平台上，然后对齐、压紧。如果某些板因变形在对接处出现高低不平，可用压马调平后立即进行定位焊。为保证拼接质量，焊缝两端应设引弧板，定位焊点应离开焊缝交叉处和焊缝边缘。

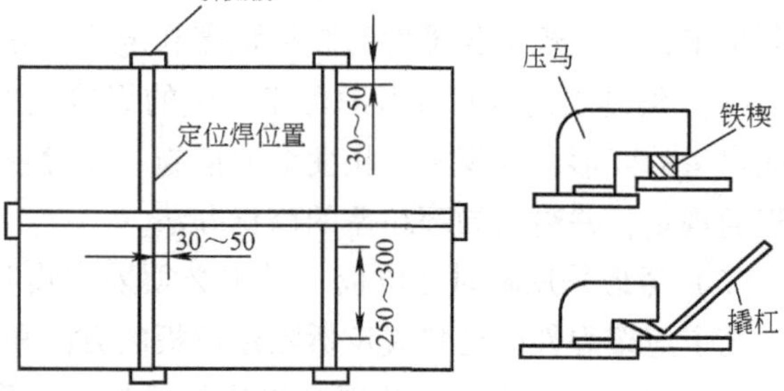

图6-15 厚板的拼接方法

2. T形梁的装配

T形梁由翼板和腹板两个零件构成，结构简单。根据批量不同，可以采用下列两种装配方法。

（1）划线定位装配法 这种方法常在小批量或单件生产时采用。如图6-16所示，先将腹板和翼板矫平、调直，然后在翼板上画出腹板定位线，并打上样冲眼。将腹板按位置线立在翼板上，用90°角尺校对两板相对垂直度，然后进行定位焊，再检查、调正。最后点上几根拉肋，以防止焊接变形。

（2）胎夹具装配法 成批量装配T形梁时，采用图6-17所示的简单胎夹具。装配时，不用划线，将腹板立在翼板上，端面对齐，以压紧螺栓的支座为定位元件来确定其在翼板上的位置，并用水平压紧螺栓和垂直压紧螺栓分别从两个方向将腹板与翼板夹紧，然后在接缝处进行定位焊。若焊接也在该胎具上进行，则可以不点拉肋，否则也应点拉肋。

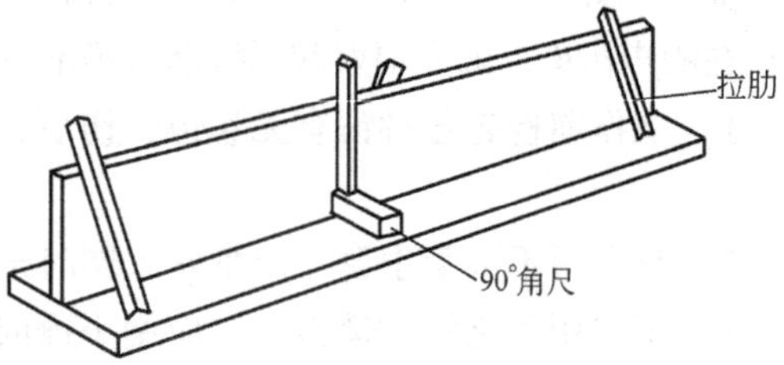

图6-16 T形梁的划线装配

3. 圆筒节的对接装配

圆筒节对接装配的要点，在于保证对接环缝和两节圆筒的同轴度误差符合技术要求。为使两节圆筒易于获得同轴度和便于在装配过程中翻转，装配前应分别对两个圆筒节进行矫正，使其圆度符合技术要求。对于大直径薄壁圆筒体的装配，为防止筒体变形可以在筒体内使用径向推撑器撑圆，如图6-18所示。

（1）筒体的卧装 筒体卧装主要用于直径较小、长度较长的筒体装配。装配时需要借助装配胎架，图6-19a和图6-19b所示为筒体在滚轮架和辊筒架上的装配。筒体直径很小时，也可以在槽钢或型钢架上进行，如图6-19c所示。

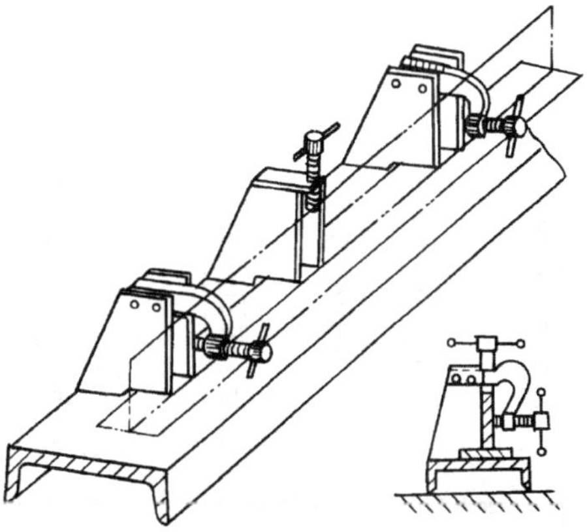

图 6-17　T 形梁的胎具装配

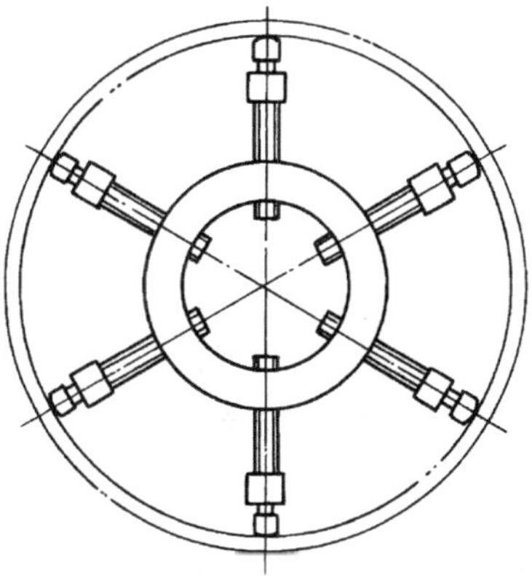

图 6-18　用径向推撑器装配筒体

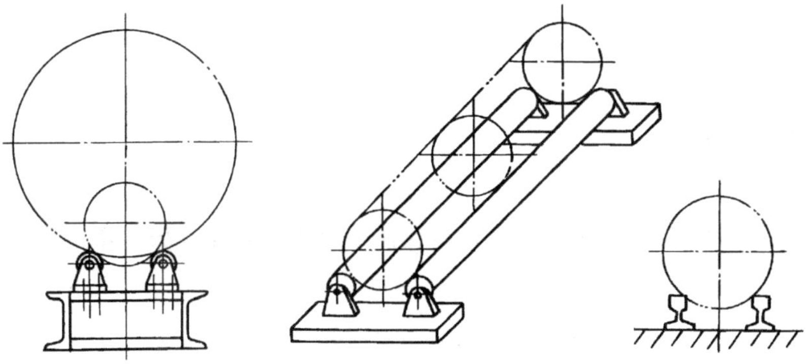

a)　　　　b)　　　　c)

图 6-19　筒体卧装示意图

a) 用滚轮架　b) 用辊筒　c) 用槽钢

（2）筒体的立装　为防止筒体因自重而产生椭圆变形，直径较大、长度较短的筒节拼装多采用立装。立装时可采用图 6-20 所示的方法：先将一节圆筒放在平台（或水平基础）上，找好水平，在靠近上口处焊上若干个螺旋压马；然后将另一节圆筒吊上，用螺旋压马和焊在两节圆筒上的若干个螺旋拉紧器拉紧，进行初步定位；然后检验两节圆筒的同轴度并找正，检查环缝接口情况，并对其调正合格后进行定位焊。

想一想

立装和卧装各有何优缺点？分别适合什么结构的装配？

当有多节筒体时，可采用倒装法，如图 6-21 所示。其方法是先装顶部两筒节，使其成为一个整体，再将其提升或顶升到比第三节高一点的位置，并从下面放好第三节筒体进行装配，以此类推装完各节。倒装法的优点在于可以省去高大的起升设备，同时焊缝位置总处于较低的位置，不但便于施焊还可省去高大的脚手架。

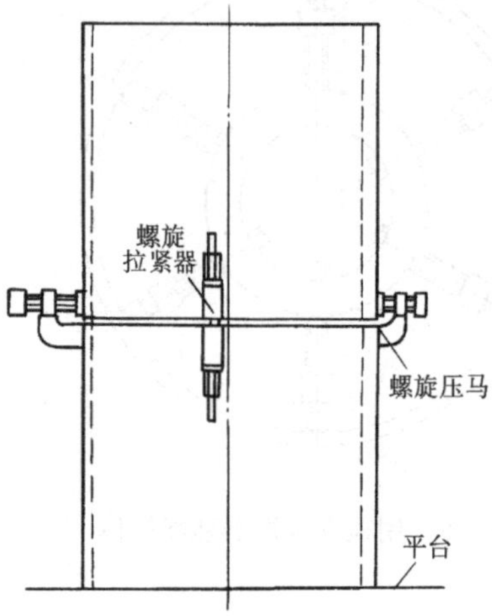

图 6-20 筒体立装示意图

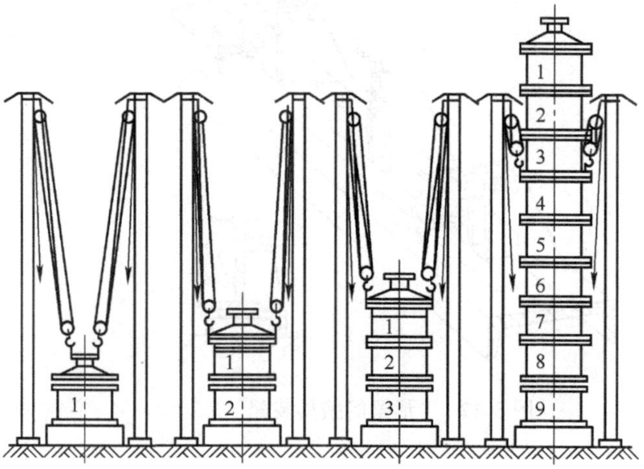

图 6-21 倒装法装配筒体

【活动建议】

利用生产实习的机会，掌握各种焊接结构制造过程中装配方法，并了解常用装配设备的使用方法。

【综合训练】

一、填空

1. 按装配过程的机械化程度，装配方法可分为________、________和________三种。
2. 根据不同产品和不同生产类型的条件，常用的装配工艺方法，主要有________、________和________三种。
3. 筒体卧装主要用于________筒体的装配。筒体卧装主要用于________筒体的装配。

二、简答

1. 装配前需要做哪些准备工作？
2. 如何编制装配工艺卡？
3. 常用的零件装配方法有哪些？各选用于哪些结构？

三、实践部分

用前面我们已经预处理过的，规格为 150mm × 100mm 的 Q235 钢板，练习 T 形梁的制作。通常练习，掌握划线、测量及划线定位的手工装配法。

模块三　焊接结构的焊接工艺

焊接是将已装配好的结构，用规定的焊接方法、焊接参数进行焊接加工，使各零、部件连接成一个牢固整体的工艺过程。制订合理的焊接工艺对保证产品质量，提高生产率，减轻劳动强度，降低生产成本非常重要。

一、焊接工艺制订的原则和内容

1. 制订焊接工艺的原则

1）获得满意的焊接接头，保证焊缝的外形尺寸和内部质量都达到技术条件的要求。

2）焊接应力与变形应尽可能小，焊接后构件的变形量应在技术条件许可的范围内。

3）焊缝可焊到性好，有良好的施焊位置，翻转次数少。

4）当钢材淬硬倾向大时，应考虑采用预热、后热措施，防止焊接缺陷产生。

5）有利于实现机械化、自动化生产，有利于采用先进的焊接工艺方法。

6）有利于提高劳动生产率和降低成本。尽量使用高效率、低能耗的焊接方法。

2. 焊接工艺制订的内容

1）根据产品中各接头焊缝的特点，合理选择焊接方法及相应的焊接设备与焊接材料。

2）合理选择焊接参数，如焊条电弧焊的焊条直径、焊接电流、电弧电压、焊接速度、施焊顺序和方向、焊道层数等。

3）合理选择焊接材料中焊丝及焊剂牌号、气体保护焊的气体种类、气体流量、焊丝伸出长度等。

4）合理选择焊接热参数，如预热、中间加热、后热及焊后热处理的参数（如加热温度、加热部位和范围、保温时间及冷却速度的要求等）。

5）选择或设计合理的焊接工艺装备。如焊接胎具、焊接变位机、自动焊机的引导移动装置等。

二、焊接方法、材料及设备的选择

1. 焊接方法的选择

为了正确地选择焊接方法，必须了解各种焊接方法的生产特点及适用范围，同时考虑各种焊接方法对装配工作的要求、焊接质量及其稳定程度、经济性以及工人劳动条件等。

想一想

我们学过哪些焊接方法？各有何特点？

在成批或大量生产时，为降低生产成本，提高产品质量及经济效益，对于能够用多种焊接方法来生产的产品，应进行试验和经济比较，如材料、动力和工时消耗等，最后核算成本，选择最佳的焊接方法。

2. 焊接材料的选择

选择了最佳焊接方法后，就可根据所选焊接方法的工艺特点来确定焊接材料。确定焊接材料时，还必须考虑到焊缝的力学性能、化学成分以及在高温、低温或腐蚀介质工作条件下的性能要求等。

3. 焊接设备的选择

焊接设备的选择应根据已选定的焊接方法和焊接材料，同时还要考虑焊接电流的种类、焊接设备的功率、工作条件等方面，使选用的设备能满足焊接工艺的要求。

三、焊接参数的选择

合理的焊接参数应有利于保证产品质量，提高生产率。焊接参数的选择主要考虑以下几方面。

1）深入地分析产品的材料及其结构形式，着重分析材料的化学成分和结构因素共同作用下的焊接性。

2）考虑焊接热循环对母材和焊缝的热作用，这是获得合格产品使焊接接头焊接应力和变形最小的保证。

3）根据产品的材料、焊件厚度、焊接接头形式、焊缝的空间位置、接缝装配间隙等，查找各种焊接方法有关标准、资料。

4）通过试验确定焊缝的焊接顺序、焊接方向以及多层焊的熔敷顺序等。

5）参考现成的技术资料和成熟的焊接工艺。

6）确定焊接参数不应忽视焊接操作者的实践经验。

焊接参数有一套成熟的数据，一般是依据母材材质、焊件厚度、接头形式、焊缝空间位置、接缝间隙等，通过焊接手册来选取或由实践经验来确定。对于新材料则根据试验报告、工艺评定报告或有关资料来确定。

四、焊接热参数的确定

为保证焊接结构的性能与质量，防止裂纹产生，改善焊接接头的韧性，消除焊接应力，有些结构需进行加热处理。加热处理工艺可处于焊接工序之前或之后，主要包括预热、后热及焊后热处理。

小知识

焊前预热范围为焊缝两侧各不小于焊件厚度的3倍，且不小于100mm。

（1）预热　预热是焊前对焊件进行全部或局部加热，目的是减缓焊接接头加热时的温度梯度及冷却速度，适当延长在 800 ~ 500℃ 区间的冷却时间，从而减少或避免产生淬硬组织，有利于氢的逸出，可防止冷裂纹的产生。预热温度的高低，应根据钢材淬硬倾向的大小、冷却条件和结构刚性等因素，通过焊接性试验而定。钢材的淬硬倾向大、冷却速度快、结构刚性大，其预热温度要相应提高。

许多大型结构采用整体预热是困难的，甚至不可能，如大型球罐、管道等，因此常采用局部预热的办法，防止产生裂纹。

（2）后热　后热是在焊后立即对焊件全部（或局部）加热到 300 ~ 500℃ 并保温 1 ~ 2h 后空冷的工艺措施，其目的是防止焊接区扩散氢的聚集，避免延迟裂纹的产生。

试验表明，选用合适的后热温度，可以使预热温度降低 50℃ 左右，在一定程度上改善了焊工劳动条件，也可代替一些重大产品所需要的焊接中间热处理，简化生产过程，提高生产率，降低成本。

对于焊后要立即进行热处理的焊件，因为在热处理过程中可以达到除氢的目的，故不需要另作后热处理。但是，焊后若不能立即热处理而焊件又必须除氢时，则需焊后立即作后热处理，否则有可能使焊件在热处理前的放置期间内产生延迟裂纹。

（3）焊后热处理　焊接结构的焊后热处理是采用正火、回火等处理手段对焊件进行的热处理，其目的是为了改善焊接接头的组织和性能，消除残余应力，提高结构的几何稳定性。

实践证明，许多承受动载荷的结构焊后必须进行热处理，消除结构内的残余应力后才能保证其正常工作，如大型球磨机、挖掘机框架和压力机等。对于焊接的机器零件，用热处理方法来消除内应力尤为必要，否则，在机械加工之后发生变形，影响加工精度和几何尺寸，严重时会造成焊件报废。对于合金钢来说，只有经过焊后热处理改善其焊接接头的组织和性能，才能显现出材料性能的优越性。

一般来说，对于板厚不大，不承受动载荷，且用塑性较好的材料制造的结构，不需要进行焊后热处理。而对于板厚较大，承受动载荷的结构，其外形尺寸越大，焊缝又多又长，残余应力也越大，就需要焊后热处理。

焊后热处理最好是将焊件整体放入炉中加热至规定温度，如果焊件太大可采取局部或分部件加热处理，或在工艺上采取措施解决。消除残余应力的热处理，一般都是将焊件加热到 500 ~ 650℃ 进行退火，在消除残余应力的同时，焊接接头的性能有一定的改善，但对焊接接头的组织无明显的影响。若要求焊接接头的组织细化、化学成分均匀，提高焊接接头的各种性能，对一些重要结构，常采用先正火随后立即回火的热处理方法，它既能起到改善接头组织和消除残余应力的作用，又能提高接头的韧性和疲劳强度，是生产中常用的一种热处理方法。

预热、后热、焊后热处理方法的工艺参数主要由结构的材料、焊缝的化学成分、焊接方法、结构的刚度及应力情况、承受载荷的类型、焊接环境的温度等来确定。

五、焊接生产中的劳动保护

焊接过程中产生的有害因素严重危害着焊工及其他人员的健康与生命安全，同时也会给国家财产带来损失。在实际施工操作时，必须进行有效的防护。下面简单介绍几种常见焊接有害因素的危害与防护措施。

小知识

一般情况下安全电压规定为36V，但对于潮湿而触电危险性又较大的环境，安全电压规定为12V。

1. 触电

（1）焊接用电特点　用于焊接的电源需要满足一定的技术要求。不同的焊接方法，对其电源的电压、电流等工艺性能的要求各有不同。例如，电弧焊在引弧时需要供给较高的引弧电压；而当电弧稳定燃烧时，电压急剧下降到电弧电压。目前我国生产的电弧焊机，一般直流电焊机的空载电压为55～90V，交流电焊机的空载电压为60～80V。过高的空载电压，虽然有利于电弧稳定燃烧，但对焊工操作的安全不利，所以焊条电弧焊所用电焊机的空载电压应控制在90V以下。一般电焊机的电弧电压为25～40V，其焊接电流为30～450A。等离子弧焊要求电源的空载电压一般在150～400V之间，工作电压在80V以上。氩弧焊机采用高频振荡器，用以电离气体介质，帮助引弧，从而使电源的空载电压只有65V。二氧化碳气体保护焊电源的空载电压为17～75V，工作电压为15～42V，焊接电流为200～500A。

小知识

一般当人体通过0.05A电流时，就有生命危险。0.1A电流通过人体在1s内就足以致命。

（2）安全用电技术　焊接工作前，应先检查焊机设备和工具是否安全，如焊机外壳的接地、焊机各接线点接触是否良好，焊接电缆的绝缘有无损坏等。

改变焊机机头、更换焊件需要改接二次回线、转移工作地点、更换保险丝、焊机发生故障需要检修时，应切断电源开关才能进行。

推拉闸门开关时，必须戴皮手套。同时，焊工的头部需偏斜些，以防电弧火花灼伤脸部。

更换焊条时，焊工应戴绝缘手套。对于空载电压和工作电压较高的焊接操作（如等离子弧焊）以及在潮湿工作场地操作时，还应在工作台附近地面铺上橡胶垫子。特别是在夏天，由于身体出汗后衣服潮湿，勿靠在焊件、工作台上，避免触电。

在容积小的舱室如油槽、气柜等化工设备、管道和锅炉等金属结构，以及其他狭小工作场所焊接时，触电的危险性最大，必须采取专门的防护措施。可采用橡皮垫或其他绝缘衬垫，并戴皮手套、穿胶底鞋等，以保障焊工身体与焊件绝缘。不允许采用简易无绝缘壳的电焊钳。

电焊设备的安装、修理和检查需由电工进行，焊工不得自己拆修设备。

（3）触电急救　触电后都会发生神经麻痹、呼吸中断、心脏停止跳动等症状，外表上则呈现昏迷不醒的状态，但不应认为是死亡，可能是假死，要立即抢救。触电者的生命是否能得救，在绝大多数情况下，取决于能否迅速脱离电源和救护是否得法。拖延时间，动作迟缓和救护方法不当，都可能造成死亡。

1）解脱电源。触电事故发生后，电流不断通过人体。为了使触电后能得到及时和正确的处理，以减少电流长时间对人体的刺激并能立即得到医务抢救，迅速解脱电源是救活触电者的首要因素。

2）救治方法。触电者脱离电源后，要用人工呼吸和心脏挤压的方法对其进行急救。人工呼吸是在触电者呼吸停止后采用的急救方法，心脏挤压法是触电者心脏停止跳动后的急救方法。一旦呼吸和心脏跳动都停止了，应同时进行人工呼吸和心脏挤压法，如果现场仅一个人抢救，两种方法应交替进行，每吹气 2～3 次，再挤压 10～15 次。

2. 电弧辐射

（1）电弧辐射的危害　电弧辐射主要产生可见光、红外线和紫外线三种射线，而不会产生对人体危害较大的 X 射线。其中，波长在 180～320nm 的紫外线，具有强烈的生物学作用，可以被皮肤深部真皮组织吸收，造成严重灼伤。

电弧辐射所发出的可见光线的光度，比人眼能正常承受的光线光度要强上万倍。这样强烈的可见光，将对视网膜产生烧灼，造成眩辉性视网膜炎。此时将感觉眼睛疼痛，视觉模糊，有中心暗点，一段时间后才能恢复。如长期反复作用，将逐渐使视力减退。

电弧辐射所发出的红外线对眼睛的损伤是一个慢性过程。眼睛晶状体长期吸收过量的红外线后，将使其弹性变差，调节困难，使视力减退。严重者还将使晶状体混浊，损害视力。焊工一天工作后，如自觉双眼发热，大多是因吸收了过量红外线所致。

小知识

皮肤受强烈紫外线作用时可引起皮炎，弥漫性红斑，有时出现小水泡，渗出液和浮肿。

电弧辐射所发出的紫外线照射人眼后，导致角膜和结膜发炎，产生“电光性眼炎”，属急性病症，使两眼刺痛、眼睑红肿痉挛、流泪、怕见亮光，症状可持续 1～2 天，休息和治疗后，将逐渐好转。

（2）电弧辐射的防护措施

1）在焊接作业区严禁直视电弧，焊工在焊接时必须使用镶有品质合格的焊接滤光片的面罩。

2）施焊时焊工应穿着标准规定的防护服，施焊场地应用围屏或挡板与周围隔离，必须有较强的照明。

3）增强个人防护意识，注意眼睛的适当休息，在使用焊接滤光片时要检查其产品合格证及对紫外线和红外线滤光性能的检验证书，拒绝使用无证的焊接滤光片。

3. 高频电磁场

（1）高频电磁场的危害　非熔化极氩弧焊和等离子弧焊为了迅速引燃电弧，需由高频振荡器来激发引弧，故存在高频电磁场。人体长期在高频电磁场的作用下，会引起神经衰弱及植物神经功能紊乱，严重时会使血压不正常等。

（2）高频电磁场的防护措施

1）减少高频电的作用时间。

2）在不影响使用的情况下，降低振荡器频率。

3）保持工件良好的接地，能大大降低高频电流，接地点距工件越近，情况越能得到改善。

4）屏蔽把线及软线。

4. 粉尘及有害气体

（1）粉尘及有害气体的危害　焊接电弧的高温将使金属剧烈蒸发，焊条和母材在焊接时也会产生各种金属气体和烟雾，它们在空气中冷凝并氧化成粉尘；电弧产生的辐射作用会使空气中的氧和氮产生臭氧和氮的氧化物等有害气体。

小知识

电焊工尘肺患者的自觉症状，以胸闷、气短、咳嗽、咳痰等为多，且电焊工尘肺线胸片出现不规则小阴影或类圆形小阴影。

粉尘与有害气体的多少与焊接工艺、参数及保护气体成分有关。例如，用碱性焊条焊接时产生有害气体比酸性焊条高；气体保护焊，保护气体在电弧高温作用下能离解出对人体有影响的气体。焊接粉尘和有害气体如果超过一定浓度，工人在这些条件下长期工作，对健康的短期影响表现为呼吸道的刺激、咳嗽、胸闷、金属蒸气所致的低热以及急性流感症状等；长期的影响是肺部的铁质沉着病症及良性瘤，形成尘肺病、焊工金属热等职业病。

（2）粉尘及有害气体的保护措施

1）工艺方面。采用无烟或少烟尘的焊接工艺；开发和使用低尘低毒的焊接材料；提高焊接机械化和自动化程度。

2）采取有效的通风排烟措施。

3）应用电焊烟尘离子电荷抑制技术。

4）加强个人防护，佩戴防尘防毒面具、口罩等。

5. 噪声

（1）噪声的危害　在焊接生产现场会出现不同的噪声源，如对坡口的打磨、装配时锤击焊缝修整、等离子弧切割等，在生产现场，操作人员在噪声90dB时工作8h就会对听觉和神经系统有害。

噪声对人体的影响是多方面的。首先是对听觉器官，强烈的噪声可以引起视觉障碍、噪声性外伤、耳聋等症状。此外，噪声对中枢神经系统和血管系统也有不良作用，引起血压升高，心跳过速，还会使人厌倦、烦躁等。

（2）噪声的防护措施

1）采用低噪声工艺及设备。如采用热切割代替机械剪切；采用碳弧气刨、热切割坡口代替铲坡口；采用整流、逆变电源代替旋转直流电焊机等。

小知识

耳塞的隔音效能低频为 10～15dB，中频为 20～30dB，高频为 30～40dB。对防噪声危害有较好的效果。

2）采取隔声措施。对分散布置的噪声设备，宜采用隔声罩；对集中布置的高噪声设备，宜采用隔声间；对难以采用隔声罩或隔声间的某些高噪声设置，宜在声源附近或受声处设置隔声屏障。

3）采取吸声、降噪措施，降低室内混响声。

4）操作者应佩戴隔音耳罩或隔音耳塞等个人防护器具。

6. 电离辐射

（1）电离辐射的危害　焊接车间内的电离辐射，主要来源于无损检验中所用的放射性同位素、放射源、X 光机、γ 射线加速器、氩弧焊与等离子弧焊钍钨棒电极中的钍、真空电子束焊时的 X 射线。当人体受到的射线辐射剂量不超过允许值时，不会对人体产生危害。但是，人体长期受到超过允许剂量的照射，会引起眼睛晶状体和皮肤损伤。如长期接受较高能量的 X 射线照射，则可出现神经衰弱和白细胞下降等症状。

（2）射线的防护措施

1）时间防护。在可能的情况下，尽量减少接触射线的时间。

2）距离防护。射线剂量率与距离的平方成正比，增大距离可显著降低剂量率。

3）屏蔽防护。利用各种屏蔽物吸收射线。

4）个人防护。佩戴防护用具，如防护头盔、工作服、手套等，并经常进行清洗。

【综合训练】

一、填空

1. 加热处理工艺可处于焊接工序之前或之后，主要包括______、______、______的处理工艺。

2. 预热温度的高低，应根据______、______和______等因素，通过焊接性试验而定。

3. 焊接结构的焊后热处理是采用______、______等处理手段对焊件进行的热处理，其目的是为了改善焊接接头的______，______，提高结构的几何稳定性。

4. 一般电焊机的电弧电压为______，其焊接电流为______。

5. 在触电者呼吸停止后采用______的急救方法，______是触电者心脏停止跳动后应该采用的急救方法。呼吸和心脏跳动都停止了，应同时进行______和______。

二、简答

1. 如何选择焊接参数？

2. 预热、后热、焊后热处理的目的分别是什么？

3. 焊接生产中常见的有害因素有哪些？如何防护？

第七单元　装配焊接工艺装备

学习目标

1. 掌握焊接工装的地位、作用、分类及组成。
2. 掌握零件在夹具中的定位原理及定位方法。
3. 掌握常用定位器、夹紧器的使用方法。
4. 掌握焊接变位机械的常见形式及其应用。

模块一　概　　述

装配—焊接工艺装备是焊接结构装配与焊接生产过程中起配合及辅助作用的工装夹具、机械装置或设备的总称。焊接工装的应用对提高产品质量、减轻焊接工人的劳动强度、加速焊接生产实现机械化、自动化进程等方面起着非常重要的作用。

一、焊接工装的地位与作用

焊接结构生产过程中，纯焊接工作所需要的作业工时仅占构件装配与焊接工时的25%～30%，其余作业工时则用于备料、装配及其他辅助工作。随着高效率焊接方法的应用，这种工时比的差异更为突出。因此，积极推广使用机械化和自动化程度较高的焊接工装，是解决工时比差异的最佳途径。

资　料　卡

对于梁、柱结构，装配与翻转工序的时间将占其总生产工时的30%～50%；对于16mm壁厚的圆筒，1.5m长的纵缝埋弧焊焊接时间约为8min，而其辅助时间为40min，即基本操作只占装焊总工时的17%。

焊接工装的作用主要表现在如下几方面。

1）定位准确、夹紧可靠，可部分或全部取代下料和装配时的划线工作。减小制品的尺寸偏差，提高零件的精度和互换性。

2）防止和减小焊接变形，降低焊接后的矫正工作量，达到提高劳动生产率的目的。

3）能够保证最佳的施焊位置，焊缝的成形性优良，工艺缺陷明显降低，可获得满意的焊接接头。

4）采用机械装置进行零部件装配的定位、夹紧及焊件翻转等繁重的工作，可改善工人的劳动条件。

5）可以扩大先进工艺方法和设备的使用范围，促进焊接结构生产机械化和自动化的综合发展。

二、焊接工装的分类及应用

焊接工装可按其功能、适用范围或动力源等进行分类。分类方法见表 7-1。

表 7-1　焊接工装的分类及应用

<table>
<tr><th>分类方法</th><th>工装名称</th><th colspan="2">主要形式</th><th>基本应用</th></tr>
<tr><td rowspan="14">按功能分类</td><td rowspan="4">装配焊接夹具</td><td colspan="2">定位器</td><td rowspan="4">主要是对焊件进行准确的定位和可靠的夹紧</td></tr>
<tr><td colspan="2">夹紧器</td></tr>
<tr><td colspan="2">拉紧及顶撑器</td></tr>
<tr><td colspan="2">装配胎架</td></tr>
<tr><td rowspan="9">焊接变位机械</td><td rowspan="4">焊件变位机</td><td>焊接回转台</td><td rowspan="4">将焊件回转或倾斜，使接头处于水平或船形位置</td></tr>
<tr><td>焊接翻转机</td></tr>
<tr><td>焊接滚轮架</td></tr>
<tr><td>焊接变位机</td></tr>
<tr><td rowspan="4">焊机变位机</td><td>平台式操作机</td><td rowspan="4">将焊接机头或焊枪送到并保持在待焊位置，或以选定的焊接速度沿规定的轨迹移动焊机</td></tr>
<tr><td>悬臂式操作机</td></tr>
<tr><td>伸缩臂操作机</td></tr>
<tr><td>门架式操作机</td></tr>
<tr><td colspan="2">焊工变位机</td><td>焊接高大焊件时带动焊工升降</td></tr>
<tr><td colspan="3">焊接辅助装置</td><td>为焊接工作提供辅助性服务</td></tr>
<tr><td rowspan="3">按适用范围分</td><td colspan="3">专用工装</td><td>适用于某一种焊件的装配和焊接</td></tr>
<tr><td colspan="3">通用工装</td><td>不需调整即能适用于多种焊件的装配或焊接</td></tr>
<tr><td colspan="3">组合式工装</td><td>使用前需将各夹具元件重新组合才能适用于另一种产品的装配和焊接</td></tr>
<tr><td rowspan="5">按动力源分</td><td colspan="3">手动工装</td><td>靠人工完成焊件的定位、夹紧或运动</td></tr>
<tr><td colspan="3">气动工装</td><td>利用压缩空气作为动力源</td></tr>
<tr><td colspan="3">液压式工装</td><td>利用液体压力作为动力源</td></tr>
<tr><td rowspan="2">电动工装</td><td colspan="2">电磁工装</td><td>利用电磁铁产生的磁力作为动力源</td></tr>
<tr><td colspan="2">电动工装</td><td>利用电动机的转矩作为动力源</td></tr>
</table>

三、焊接工装的组成及选用原则

1. 焊接工装的组成

焊接工装的构造是由其用途及可实现的功能所决定的。

装配—焊接夹具一般是由定位元件、夹紧元件和夹具体组成。夹具体起连接各定位元件和夹紧元件的作用，有时还起支承焊件的作用。

焊接变位机、焊接操作机基本由原动机（力源装配）、传动装置（中间传动机构）和工作机（夹紧元件）三个基本部分组成，并通过机体把它们连接成整体。

图 7-1 所示是一种典型的夹具装置，力源装置是产生夹紧作用力的装置，通常是指机械夹紧时所用的气压、液压、电动等动力装置；中间传动机构起着传递夹紧力的作用，工作时可以通过它改变夹紧作用力的方向和大小，并保证夹紧机构在自锁状态下安全可靠；夹紧元件是夹紧机构的最终执行元件，通过它和焊件受压表面直接接触完成夹紧。

2. 焊接工装选用的基本原则

焊接工装的选用与焊接结构产品的各项技术要求及经济指标有着密切的联系。其一，焊接结构的生产规模和生产类型，在很大程度上决定了选用工艺装备的经济性、专用化程度、完善性、生产效率及构造类型。其二，产品的质量、外观尺寸、结构特征以及产品的技术等级、重要性等也是选择工艺装备的重要依据。其三，在产品生产工艺规程中对工艺装备的选用有着较明确的要求和说明（零部件有效定位、夹紧、反变形、定位焊、施焊等），这些内容对选择工艺装备有很强的指导性。除上述之外，还有以下几点原则。

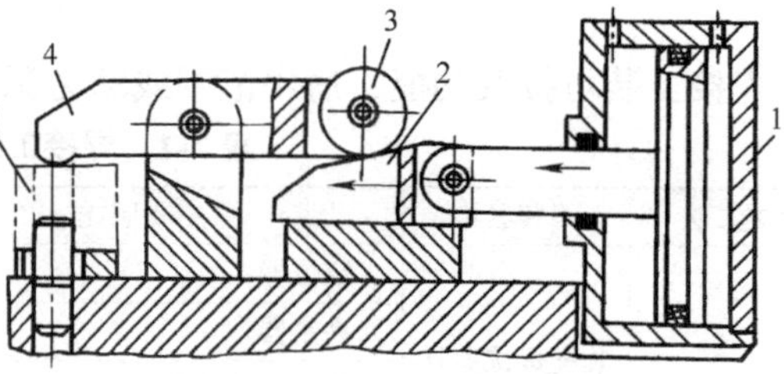

图 7-1　典型夹紧装置组成示例
1—气缸　2—斜楔　3—辊子　4—压板　5—焊件

（1）工艺装备的可靠性　主要包括承载能力、结构刚性、夹紧力大小、机构的自锁性、安全防护与制动、结构自身的稳定性以及负载条件下的稳固性等。

（2）对焊件的适应性　主要包括焊件装卸的方便性、待焊焊缝的可达性、可观察性、对焊件表面质量的破坏性以及焊接飞溅对结构的损伤等。

（3）焊接方法对夹具的特殊要求　例如，闪光对焊时，夹具兼作导电体；钎焊时，夹具兼作散热体。因此，要求夹具本身具有良好的导电性和导热性。

（4）安装、调试、维护的可行性　主要涉及生产车间的安装空间、起重能力、力源配备、主要易损件的备件提供方式、车间维护能力、操作者技术水平等。

（5）尽量选用已通用化、标准化的工艺装备　这样，可减少投资成本并缩短开发周期。

【综合训练】

一、填空

1. 装配焊接夹具一般是由________、________和________组成。

2. 焊接变位机、焊接操作机基本由________、________和________三个基本部分组成，并通过机体把它们连接成整体。

二、简答

1. 焊接工装的作用有哪些？

2. 焊接工装选用的基本原则是什么？

模块二　焊接工装夹具

一、零件在夹具中的定位

1. 零件在夹具中的定位原理

零件在空间可以有无限个位置可放。为了确定零件的具体位置，必须消除它对于直角坐标系活动的六个自由度，即在图 7-2 中所示的沿着 *X* 轴、*Y* 轴、*Z* 轴的移动和转动，这样零件的位置便被确定下来。

在 *XOY* 平面内的三个支点（1，2，3）使矩形零件受到支托，同时也使其不能绕 *X* 轴和 *Y* 轴转动，也不能沿 *Z* 轴移动，限制了它的三个自由度。我们将该平面称为定位基准，通常选择焊件上最大的表面作为定位基准。

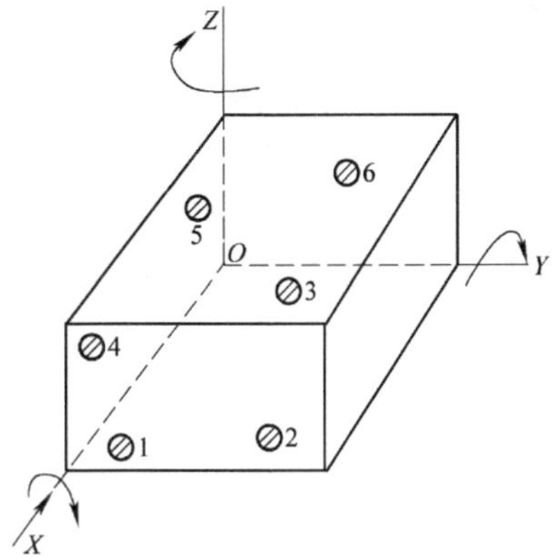

图 7-2　零件定位简图

在 *XOZ* 平面内的两个支点（4，5）使得零件不能沿 *Y* 轴移动和绕 *Z* 轴转动，限制了它的两个自由度。我们将该平面称为导向基准，通常选择焊件上最长的表面作为导向基准。

在 *YOZ* 平面内加置一个支点（6），限制了零件沿 *X* 轴移动的可能，于是零件的位置便被确定下来。我们将该平面称为止推基准，通常选择焊件上最短、最窄的表面作为止推基准。

焊件上的六个自由度均被限制的定位称为完全定位；焊件被限制的自由度少于六个，但仍能保证加工要求的定位称为不完全定位。在焊接生产中，为了调整和控制不可避免的焊接应力与变形，有些自由度是不宜限制的，故可采用不完全定位的方法。

2. 定位基准的选择

在设计胎夹具时首先应根据焊件的形状选择合理的基准，尽量选用零件表面粗糙度值较小的面作为基准。同时又要使一个基准具有多种用途以减少基准的数量，从而简化胎夹具的机构。因此在选择基准时常常将设计基准作为定位和测量基准。

零件在装配－焊接夹具中的定位基准可以是平面、圆柱面、圆锥面，或者是复杂零件的复合表面等。其定位方法如下。

（1）平面定位　其利用挡铁或支承钉进行定位。

（2）圆柱面定位　其外圆柱面采用 V 形块定位，内圆柱面采用定位销定位。

（3）圆锥面定位　其利用短 V 形块定位。

二、定位器

定位器可作为一种独立的工艺装置，也可以是复杂夹具中的一个基本元件，它的基本任务是确定所装配零部件的正确位置。定位器具有多种结构形式，使用时，应根据被定位焊件的结构形式及定位要求进行布置和选择。

1. 定位器的构造及应用

（1）挡铁 挡铁是一种应用较广且结构简单的定位元件。常见的形式有以下几种。

1）固定式挡铁。其结构如图 7-3a 所示，它用来在水平面或垂直平面上定位零件，也可用焊接方法将其固定在夹具上。它适用于单一产品且批量较大的焊接生产。

2）可拆式挡铁。如图 7-3b 所示，可拆式挡铁用螺栓固定在平台上或直接插入夹具体或装配平台的锥孔中。它适用于单件或多品种焊件的装配。

3）永磁式挡铁。如图 7-3c 所示，为了方便拆卸工件，挡铁在拔去插销和移开之后，工件即可方便地取走。

4）可退出式挡铁。如图 7-3d 所示，挡铁可绕铰链转动，靠插销固定。这样工件装配成整体之后，拔去插销，即可方便地取下工件。

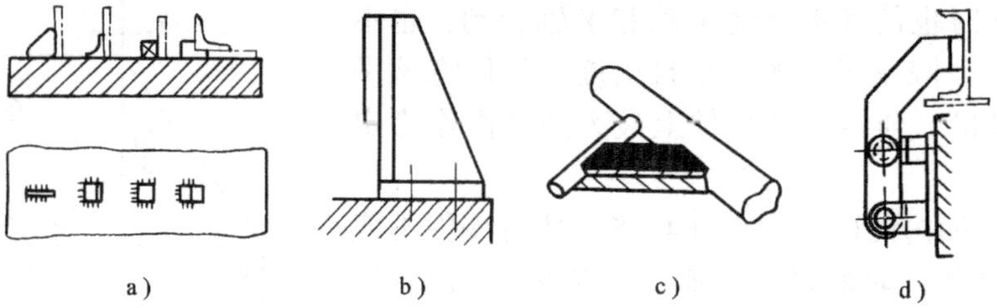

图 7-3 挡铁的结构形式

a）固定式 b）可拆式 c）永磁式 d）可退出式

（2）支承钉（板）

1）固定式支承钉。如图 7-4a 所示，平头支承钉用来支承已加工过的表面；球头支承钉用来支承未经加工的粗糙不平的毛坯表面或焊件窄小表面的定位；带齿纹头的支承钉多用在焊件侧面，以增大摩擦因数，防止焊件滑动。

2）可调式支承钉。如图 7-4b 所示，可调式支承钉用于焊件表面未经加工或表面精度相差较大的情况。采用螺母旋合的方式按需要调整高度，适当补偿焊件的尺寸误差。它多用于装配形状相同而规格不同的焊件。

3）支承板。如图 7-4c 所示，支承板一般用螺钉紧固在夹具体上，可进行侧面、顶面和底面定位，适用于焊件经切削加工的平面或较大平面。

（3）定位销钉 利用零件上的装配孔、螺钉孔或螺栓孔及专业定位孔等内表面作为定位基准时多采用定位销定位。常见的结构形式有以下几种。

1）固定式定位销。如图 7-5a 所示，其末端配合于夹具体上，伸出部分定位工件。

2）可拆式定位销。又称为插销，其结构如图 7-5b 所示。焊件之间依靠孔进行定位，一般经定位焊后拆除该定位销才能进行焊接。

3）可换式定位销。如图 7-5c 所示，它是通过螺纹与夹具体相连接的。大批量生产时，为保证精度须定期维修和更换定位销。

4）可退式定位销。如图 7-5d 所示，采用铰链形式使圆锥形定位销应用后可及时退出，便于焊件的装上或卸下。

（4）V 形块 V 形块是一种外圆表面定位器，其结构特点是具有两个成一定角度的斜

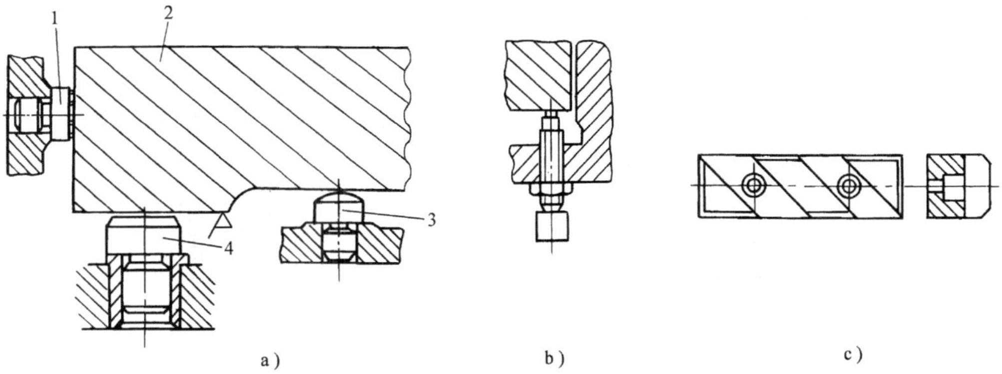

图 7-4　支承钉（板）的结构形式

a）固定式支承钉　b）可调式支承钉　c）支承板

1—齿纹头式　2—焊件　3—球头式　4—平头式

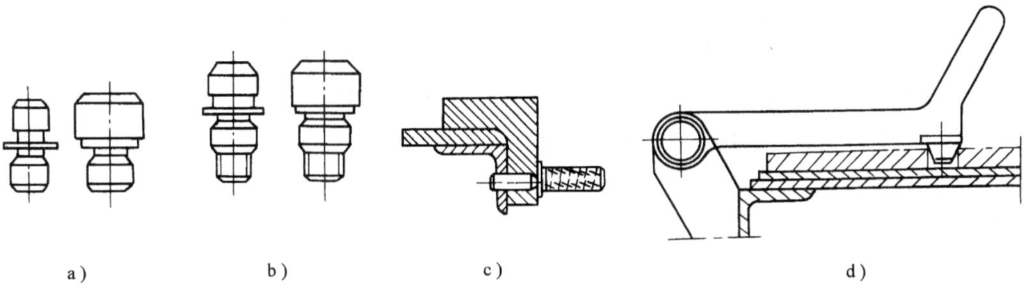

图 7-5　定位销的结构形式

a）固定式　b）可换式　c）可拆式　d）可退式

面，在外力的作用下，圆柱形物体会自动贴紧两表面，从而确定其位置。V 形块上两斜面的夹角一般有 60°、90°、120°三种，焊接夹具中 V 形块两斜面夹角多为 90°。常见 V 形块的形式如下。

1）固定式 V 形块。如图 7-6a 所示，在装配钻孔前，用螺钉让其先定位到胎模上，之后钻装配孔。

2）可调节式 V 形块。如图 7-6b 所示，用于同一类型但尺寸有变化的焊件，或用于可调式夹具中。

图 7-6c 所示是 V 形块与螺旋夹紧器配合使用的工作状态。

（5）定位样板　定位样板是一种高效的定位器具，在实施定位操作时，只要预先把定位样板定位并固定，则零件的定位就非常方便、快捷。定位样板的高效体现在一个样板可以对多个零件进行定位，并可以对一些特殊位置的零件进行定位。有时，一个样板像一个简化了的装配胎具，但其制作却很简单，往往现场工人就可制作出一些简单的定位样板。如图 7-7 所示是定位样板的例子。

2. 定位器布置的注意事项

定位器一般不应作为受力元件，以免损伤它的精度，若必须同时作为受力元件时，应适当增加它的强度和刚度；定位器不应设置在有碍工人操作的位置，同时还应考虑到制品在装

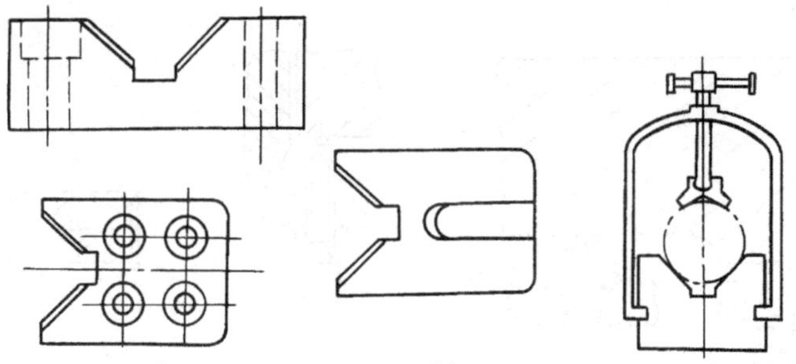

图 7-6　V 形块的结构形式与应用

a）固定式　b）可调式　c）V 形块的应用

配或焊接后便于从工艺装备中取出；定位器的工作表面应具有良好的耐磨性，以便较长时期地保持定位精度；定位器在磨损或损坏时应是容易修复或更换的。制品中经过机械加工的面、孔等原则上都可以作为定位基准，但它应符合定位要求。

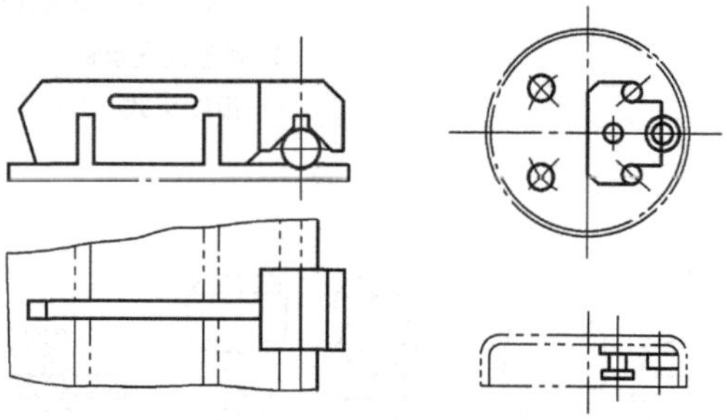

图 7-7　定位样板

定位器通常不单独使用。为了使工件在装配与焊接过程中不发生移动，常用夹具施力以使工件固定。

三、夹紧机构

夹紧机构是装焊工装夹具不可缺少的组成部分。它是将所装配零件在夹具体中保持正确位置的重要工具。某些夹紧机构也可单独用于所装配零部件的矫正和接头边缘的对准。

夹紧装置一般由动力装置、中间传动机构和夹紧元件组成。其中动力装置是产生原始力的部分，可分为气压、液压或电动等动力装置；中间传动机构是用以承受原始力并将它传递或转变为夹紧力的机构；夹紧元件是夹紧装置的最终执行元件，通过它与工件受压面直接接触而完成夹紧动作。

传动机构与夹紧元件合起来便构成夹紧机构。按动力源的种类不同，夹紧机构可分为手动、气动、液压、电动、真空和电磁夹紧机构。

1. 手动夹紧机构

（1）楔形夹紧器　楔形夹紧器的结构如图 7-8 所示，主要通过斜面移动所产生的压力来夹紧工件。用楔条进行装配，方便灵活速度快。为了确保压紧工件，楔条应能自锁，因此对楔条斜面角度有一定要求。手动夹紧时一般取 6°～8°；气动或液压夹紧时，斜楔升角可扩大至 15°～30°，为非自锁式。

（2）螺旋夹紧器　螺旋夹紧器的结构如图 7-9 所示，一般由螺杆、螺母和主体三部分组成，通过螺杆与螺母的相对转动达到夹紧工件的目的。为避免螺杆直接压紧工件而造成工件表面的压伤和产生位移，通常在螺杆的端部装有可以摆动的压块。

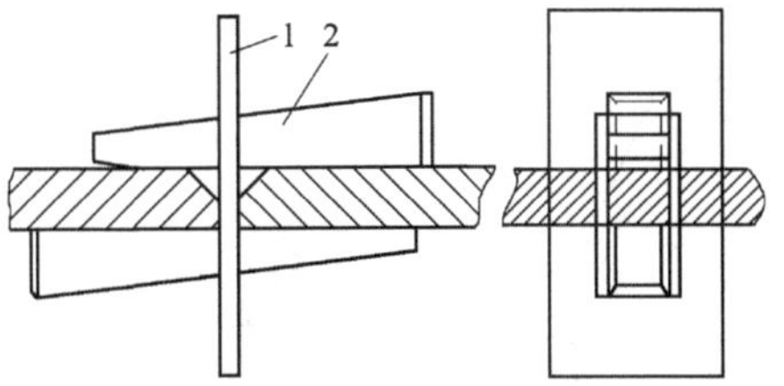

图 7-8　楔形夹紧器

1—主体　2—楔条

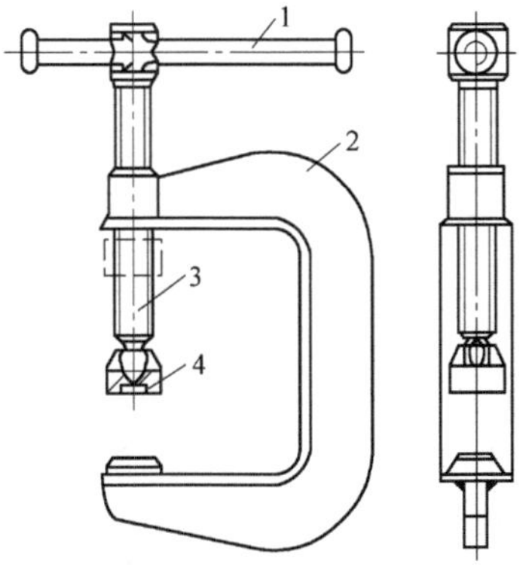

图 7-9　螺旋夹紧器

1—手柄　2—主体　3—螺杆　4—压块

螺旋夹紧器的特点是制造方便，行程长，自锁性好，夹紧可靠，但施力过程较慢。图 7-10 所示为螺旋夹紧器的应用。

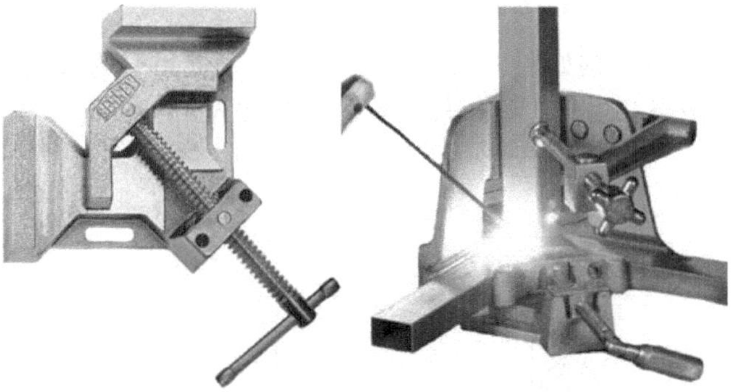

图 7-10　螺旋夹紧器应用

（3）偏心轮夹紧器　偏心轮是指绕一个与自身几何中心相对偏移一定距离的回转中心旋转的零件。偏心轮旋转时，在某一方向上，回转中心与轮边缘的距离会发生变化，利用这一变化来夹紧和松开零件。旋转一次手柄即可压紧工件，是快速作用式夹紧器。一般情况下，应保证偏心轮具有自锁性，以便施力结束后能保持压力。图 7-11 所示是偏心轮夹紧器的例子。

想一想

我们平时见到的夹紧器有哪些？各自有哪些优点和缺点？在什么场合下使用？

（4）杠杆夹紧器　图 7-12 所示是一个典型的杠杆夹紧器。当向右拉动手柄时，间隙 s 减小，焊件被夹紧；当向左推动手柄时，焊件被松开。杠杆夹紧器多与其他夹紧器联合使用，形式很多。特点是夹紧动作迅速，可起到增力的作用，适用于大批生产中。设计时应注意其调节机构及防滑锁紧装置。

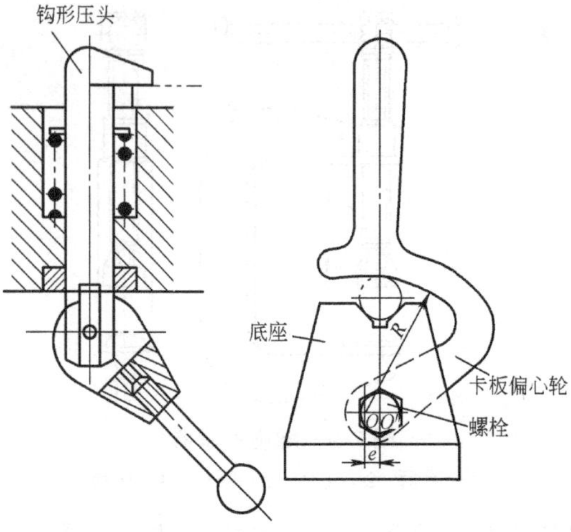

a)　　b)

图 7-11　偏心轮夹紧器

a）夹紧平面构件　b）夹持圆柱表面和管子

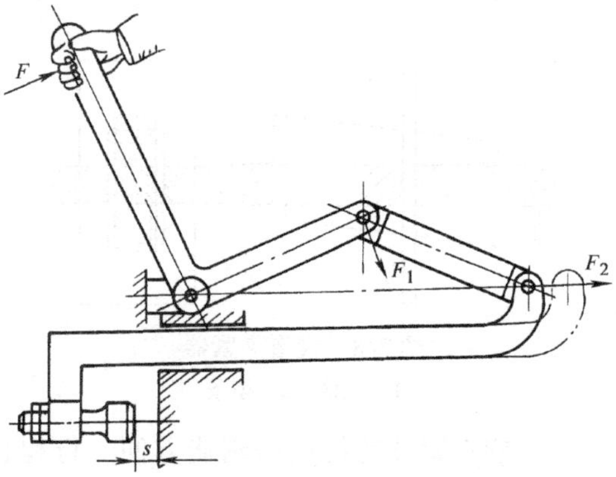

图 7-12　杠杆夹紧器

（5）弹簧夹紧器　其结构如图 7-13 所示。弹簧夹紧器可分为板簧与圆柱簧两种，它也是快速作用式夹具。板簧很适用于薄板件的装配，厚度为 4～8mm。

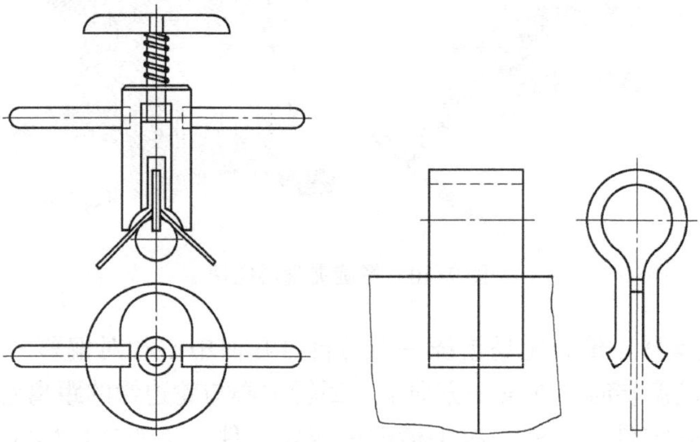

a)　　b)

图 7-13　弹簧夹紧器

a）圆簧　b）板簧

2. 气压及液压式夹紧器

气动夹紧器是以压缩空气为传力介质，推动气缸活塞与连杆动作，实现对焊件的夹紧作用。气压传动用的气体工作压力一般为 0.4～0.6MPa。气动夹紧器具有夹紧动作迅速，夹紧力比较稳定，结构简单，操作方便，不污染环境及有利于实现程序控制等优点。

小知识

加工小型制品时，最好用快速的气动夹紧器；重型的制品用液压夹紧器，薄板制品最好用电磁夹紧器，产量不大的中厚板零件用螺栓夹紧器；夹紧位置不固定的大型制品，如容器、船体等，常用楔形夹紧器。

液压夹紧器是以油为传力介质，推动液压缸活塞与连杆产生动作实现夹紧的。液压传动用的液体工作压力一般为3~8MPa，在输出力相同的情况下液压缸尺寸较小，惯性小，结构紧凑。液体有不可压缩性，故液压夹紧器夹紧刚度较高且工作平稳，夹紧力大，有较好的抗过载能力。液体油有吸振能力，便于频繁换向。但液压系统结构复杂，制造精度要求高，成本较高，控制部分复杂，不适合远距离操纵。

这类夹紧器除气缸（或液压缸）外，多与连杆、杠杆等组合，如图7-14所示。

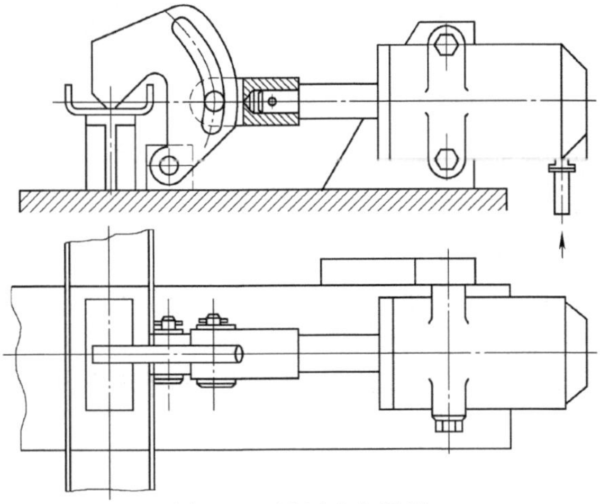

图7-14 液压式夹紧器

3. 磁力夹具

磁力夹具是借助磁力吸引铁磁性材料的焊件实现夹紧的装置。按磁力的来源可分为永磁式和电磁式两种，图7-15所示为电磁式夹紧器。磁力夹具的特点是作用迅速，可以多点位同时作用，但其投资较高，而且不适用于厚板及非铁磁性材料的夹紧。

4. 真空夹紧机构

真空夹紧机构是利用真空泵抽吸，使夹具内腔形成真空，或利用高速压缩空气流的喷射抽吸作用形成真空，借助大气压力将焊件压紧的装置。真空夹紧器的基本结构如图7-16所示。真空夹紧器主要用于薄壁零件或其他夹紧方法容易产生变形的焊件。

5. 组合夹具和专用夹具

组合夹具和专用夹具在机械化和自动化的装配—焊接作业中起到了越来越重要的作用。它们对于提高焊件的装配精度，缩短装配周期，实现精密焊接等都是不可缺少的工艺装备，其应用范围正在不断扩大。

（1）组合夹具　组合夹具是由一系列可任意组合的装配平台，各种形式和规格的支座、支承、定位器、导向件、紧固件和夹紧器等拼装而成，是一种可拆卸，又可重新拼装的工装夹具。夹具的各种元件采用键、销和螺栓等紧固件连接，装拆灵活方便，适用于单件小批量的生产，或要求试装的精密部件的装焊作业。

（2）专用夹具　专用夹具是为某一特定形状的部件或焊件而设计的装配—焊接夹具，其特点是夹具体的结构形状，定位器和夹紧器的布置只是按所装焊的焊件形状、尺寸以有形位公差设计的，这种夹具通常用于大批量生产的流水作业线中。

6. 使用夹紧器时的注意事项

1）选用的夹紧器要简单可靠，便于操作，劳动量小。

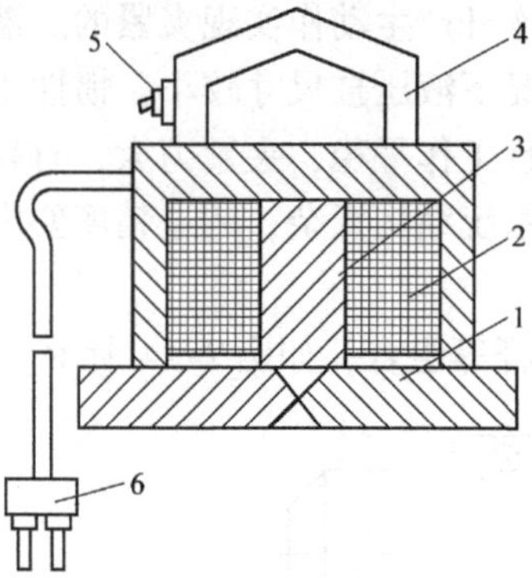

图 7-15　电磁式夹紧器
1—壳体　2—线圈　3—铁心
4—把手　5—开关　6—插头

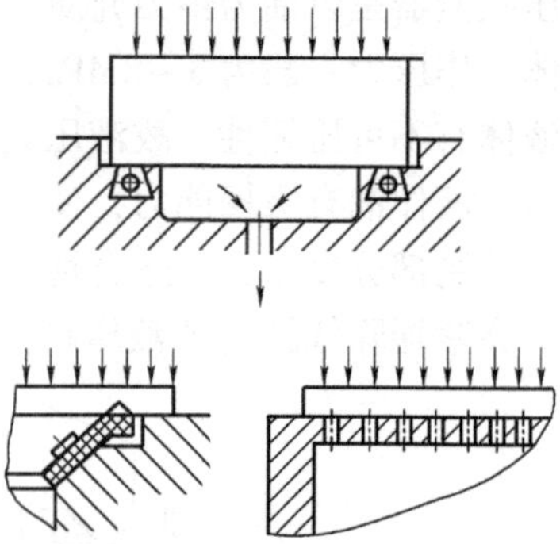

图 7-16　真空夹紧装置的基本结构

2）夹紧动作快、生产效率高。

3）对精度要求较高的工件，作用点应在工件中心线下方，不能影响工艺顺序及操作。

4）对同一胎夹具，夹紧器元件的类型越少越好。

5）带有手柄的夹紧器，手柄的运动方式应是从上往下朝自己，从右往左用力。

四、夹具体

夹具体是装焊工装夹具的基础，其结构应按所装配焊件的外形和尺寸设计。夹具体上安装定位器和夹紧机构，同时也可作为安装基面，因此应具有足够的刚度和强度。夹具体的结构是决定装焊工装夹具的功能是否符合技术要求的关键。无论是通用装焊夹具，还是专用装焊夹具，夹具体的设计与制造应满足下列基本要求。

1）夹具体应有足够的刚度和强度，外形尺寸应与所装配的零件尺寸相配，夹具体的体积应尽量紧凑。

2）夹具体的结构应便于装焊作业，焊件装卸方便且定位可靠。

3）夹具体的安装基面和导向基面，所有安装定位器和夹紧机构的配合面必须精确加工，并符合设计图样规定的公差。

4）夹具体的装焊平台一般采用铸造结构，也可采用板焊结构。但焊后必须充分消除应力，以保证夹具体尺寸的稳定性。

五、拉紧及推撑夹具

1. 千斤顶

千斤顶是最常见的装配工具，作为支承，其端面要求加工，调节方便，作为夹紧器向工件施力。千斤顶的典型结构如图 7-17 所示。图 7-17a 是机械式千斤顶，它靠螺杆转动而上升或下降，其支承座可固定，也可铰接或可拆式地安装在胎具上。起重力一般为 5～100kN，工作效率不高。图 7-17b 为液压式千斤顶，依靠液压传动而上升或下降，起重力较大，常用的为 50～500kN。

千斤顶的螺纹要求自锁，螺杆用 45 钢，端部硬度为 40～45HRC，为了使其快速作用，可将螺杆做成反向双头螺纹。

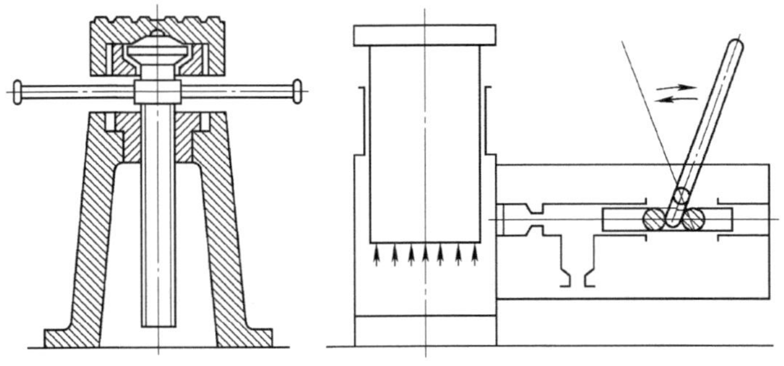

a)　b)

图 7-17　千斤顶

a）机械式　b）液压式

2. 拉紧器

用于装配时拉紧工件，常用的拉紧器多数是机械式的，其中经常使用的是省力的螺栓式拉紧器，如图 7-18 和图 7-19 所示。它通常由螺栓和杠杆组成。为了快速作用，常用反向双头螺杆，它也可由偏心轮—杠杆组成，但行程不大。拉紧器通常适用于钢板组成的各类结构（如梁、圆筒等）的装配。

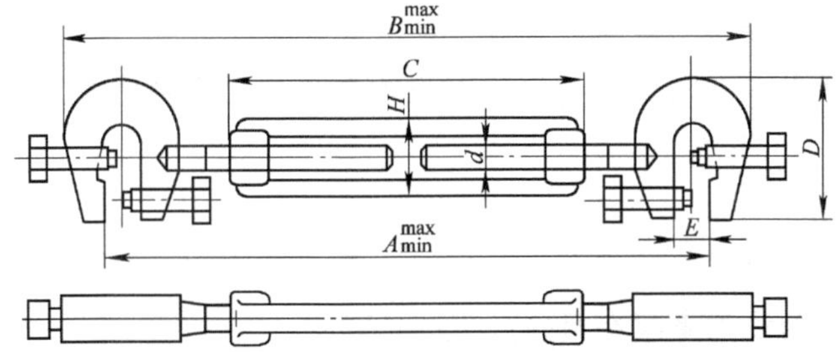

图 7-18　螺栓式拉紧器

3. 推撑器

推撑器的作用与拉紧器相反，因此有些拉紧器只要能保证刚性，稍作改动或加上某些附件，即可作为推撑器。如图 7-20 所示是由六根螺杆及支撑环组成的推撑器。

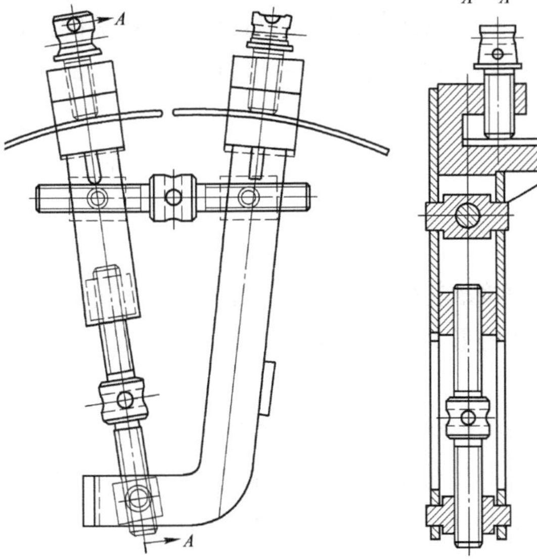

图 7-19　容器或钢板拉紧器

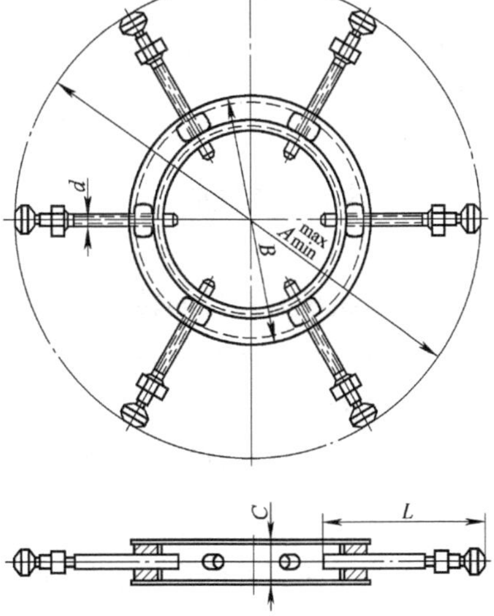

图 7-20　容器装配推撑器

在装配焊接圆筒形工件时，用于对齐边缘、张开工件和矫正工件的椭圆变形。

此外，还有用气压、液压作为动力所组成的推撑器。

【活动建议】

利用生产实习的机会，了解各种焊接结构制造过程中用到的定位器、夹紧器等工艺装备的形式及使用方法。

【综合训练】

一、填空

1. 装配焊接夹具一般是由________、__________和__________组成。

2. 通常选择焊件上最大的表面作为________；通常选择焊件上最长的表面作为__________；通常选择焊件上最短、最窄的表面作为________。

3. 磁力夹具是借助磁力吸引________材料的焊件实现夹紧的装置。按磁力的来源可分为________和________两种。

二、简答

1. 焊接工装的作用有哪些？

2. 布置定位器时的注意事项有哪些？

3. 机械式夹紧器有哪些形式？各有何特点？

模块三　焊接变位机械

焊接变位机械的主要作用是改变焊件、焊机、焊工的操作位置，以达到和保持最佳施焊条件，同时有利于实现机械化和自动化焊接生产。各种焊接变位机械既可单独使用，又可相互配套使用。

一、焊件变位机械

焊件变位机械有焊接回转台、焊接翻转机、焊接滚轮架及焊接变位机等，其作用是支承焊件并使焊件进行回转和倾斜，使焊缝处于水平或船形等易于施焊的位置。

1. 焊接回转台

焊接回转台是将工件绕垂直轴或倾斜轴回转的焊件变位机械。其工作台一般处于水平或某一固定倾角。回转台多采用直流电机驱动，工作台能保证以焊接速度回转，且均匀可调。它主要用于回转体焊件的焊接、堆焊与切割。图7-21所示为几种常见的焊接回转台，图7-22所示为焊接回转台实物。

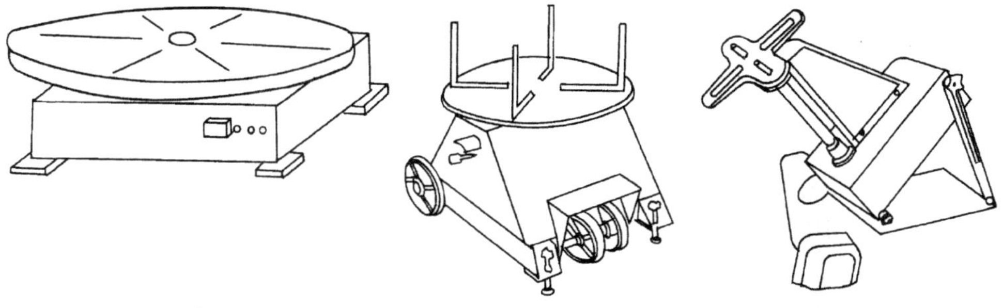

图 7-21　焊接回转台

a）固定式回转台　b）移动式回转台　c）倾角可调式回转台

2. 焊接翻转机

图 7-22　焊接回转台实物照片

焊接翻转机是使工件绕水平轴转动或使之处于倾斜位置的焊件变位机械，其形式主要有以下几种。

（1）头尾架式翻转机　其结构如图 7-23 所示，实物照片如图 7-24 所示。它由提供动力的主动头架 1 和从动的尾架台车 6 组成，在头架和尾架上分别有一个卡盘 3，用于夹紧焊件。主动头架可以按焊接速度转动或自锁于任意位置。从动的尾架小车可以沿轨道移动，以适应焊件的长度。调节装置 5 可以小范围调节头、尾架卡盘的距离，锁紧装置 4 防止尾架主轴回转，制动装置 7 防止小车在工作过程中移动。当焊件长度较短时，可以单独用头架夹紧，不使用尾架。它适用于轴类及筒形和椭圆形焊件的环缝焊接以及表面堆焊时的旋转变位。

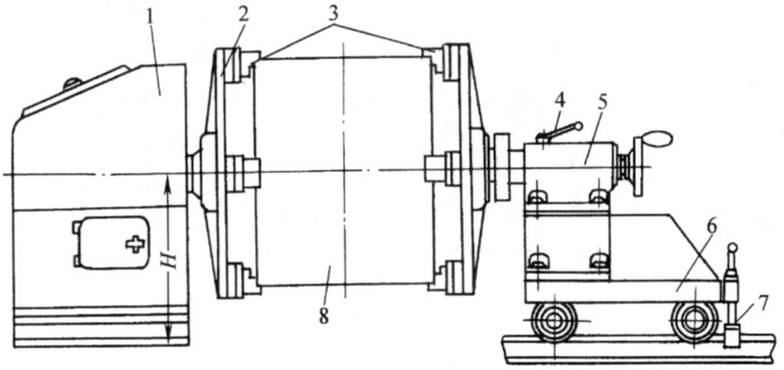

图 7-23　头尾架式翻转机

1—头架　2—工作台　3—卡盘　4—锁紧装置　5—调节装置　6—尾架台车　7—制动装置　8—焊件

图 7-24　头尾架式翻转机实物照片

（2）框架式翻转机　其结构如图7-25所示，实物照片如图7-26所示。回转框架2的回转轴安装在两端的支架上，并可在支架上作上下移动。4、5、6、7两套动力系统分别提供工作台回转和升降的动力。它适用于板结构、桁架结构等较长焊件的倾斜变位，工作台上还可进行装配作业。

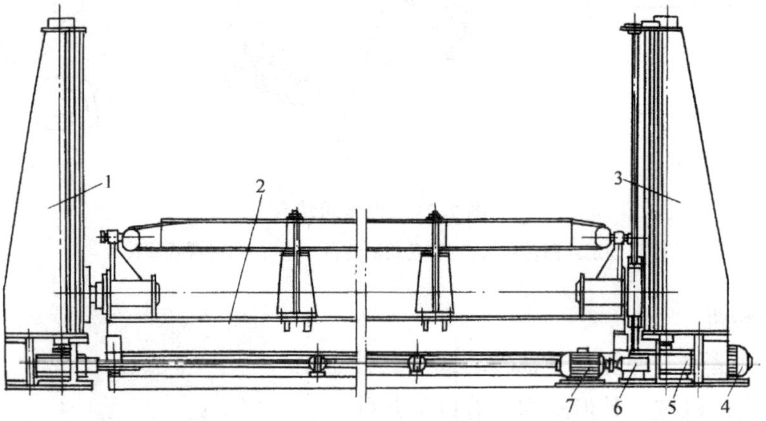

图7-25　框架式翻转机

1、3—立柱　2—回转框架　4、7—电动机　5、6—减速器

（3）转环式翻转机　其结构如图7-27所示，实物照片如图7-28所示。将焊件固定在由两个半圆环组成的支承环内，并将环安装在支承滚轮上，依靠摩擦力或齿轮传动方式使环翻转。它适用于装配定位后自身刚度很强的梁柱类构件的转动变位，多用于大型构件的组对与焊接。

图7-26　升降框架翻转机实物照片

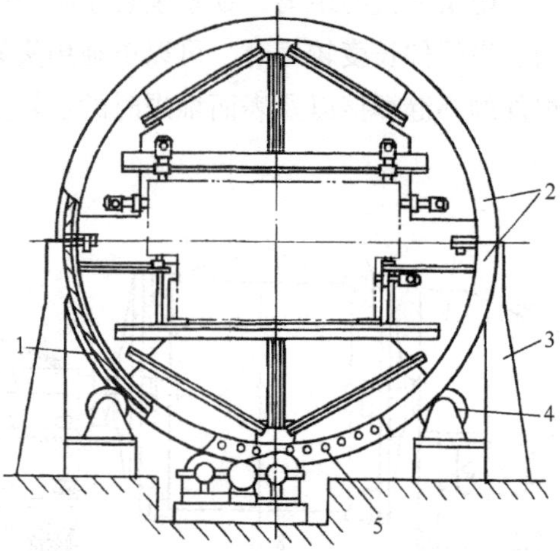

图7-27　转环式翻转机

1—滚轮槽　2—半圆环（支承环）

3—支撑杆　4—滚轮　5—针轮

（4）链条式翻转机　其结构如图7-29所示，实物照片如图7-30所示。工作时主动链轮带动链条使链轮上的焊件翻转变位，从动轮上安装有制动器，以防止焊件因自重而产生的

滑动。下部的无齿链轮用来拉紧链条，防止焊件下沉。链式翻转机结构简单，工件不用固定，装卸迅速，适用于装配定位后自身刚度很强的梁柱类构件的转动变位。

图 7-28　转环式翻转机实物照片

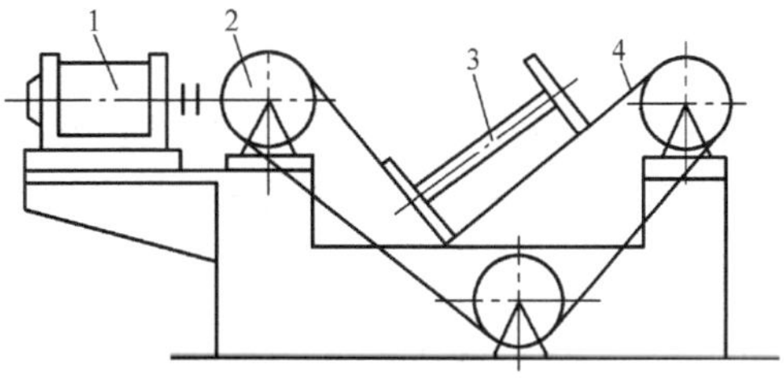

图 7-29　链条式翻转机

1—驱动装置　2—主动链轮　3—焊件　4—链条

(5) 液压双面推拉式翻转机　其结构如图 7-31 所示，工作台 1 可向两面倾斜并可停留在任意位置。当工作台倾斜时，先由四个辅助液压缸带动四个推拉式销轴 4 动作，两个拉出，两个送进。然后向举升液压缸供油，推动工作台绕销轴转动倾斜。使用时为防止焊件倾倒，焊件应紧固在工作台面上。

图 7-30　链条翻转机实物照片

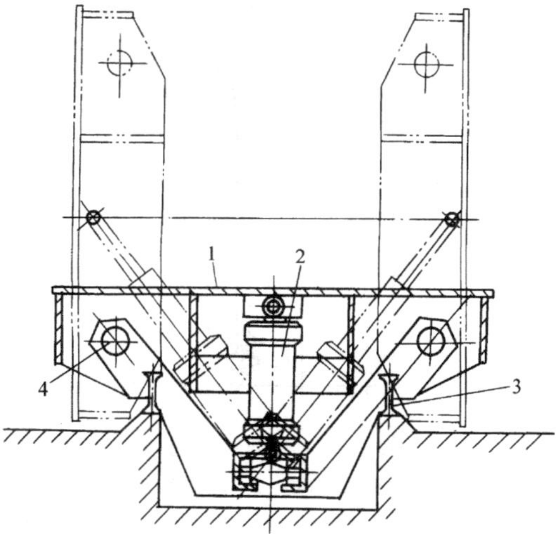

图 7-31　液压双面推拉式翻转机

1—工作台　2—举升液压缸

3—台车底座　4—推拉式销轴

3. 焊接滚轮架

滚轮架是借助焊件与主动滚轮间的摩擦力来带动圆筒形焊件旋转，从而改变焊缝与焊机相对位置的焊件变位机械。它主要应用于锅炉、压力容器筒体的装配和焊接。适当调整主、从动滚轮间的高度，还可进行锥体、分段不等径回转体的焊接。

(1) 长轴式滚轮架　如图 7-32 所示的长轴式滚轮架，主动滚轮 6 由一长轴相连，由电动机 1 减速后驱动。为适应不同直径筒体的焊接，从动滚轮与主动滚轮之间的距离可以调节。由于支承滚轮较多，适用于较长的薄壁筒体，能方便地对准两节筒体的环形焊缝。

（2）组合式滚轮架　如图 7-33 所示的组合式滚轮架，其主动滚轮与从动滚轮是分开的，每组滚轮都是相对独立地安装在各自的底座上，且每组滚轮的轮距是可调的。滚轮组的多少可以根据焊件的重量和长度来确定。若焊件上有孔洞和突出物，可以通过调整滚轮位置将其避开，因此对焊件适应性强，使用灵活方便，是目前焊接生产中应用最为广泛的一种结构形式。

（3）自调式滚轮架　如图 7-34 所示的自调式滚轮架，其特点是可以根据焊件直径大小来自动调节滚轮的中心距，使其在不调整滚轮支座的情况下，适应直径在较大范围内变化的焊件。

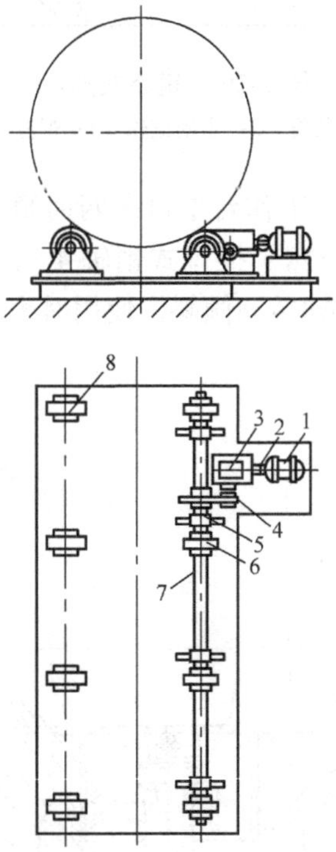

图 7-32　长轴式滚轮架

1—电动机　2—联轴器　3—减速器　4—齿轮对
5—轴承　6—主动滚轮　7—公共轴　8—从动滚轮

图 7-33　组合式滚轮架

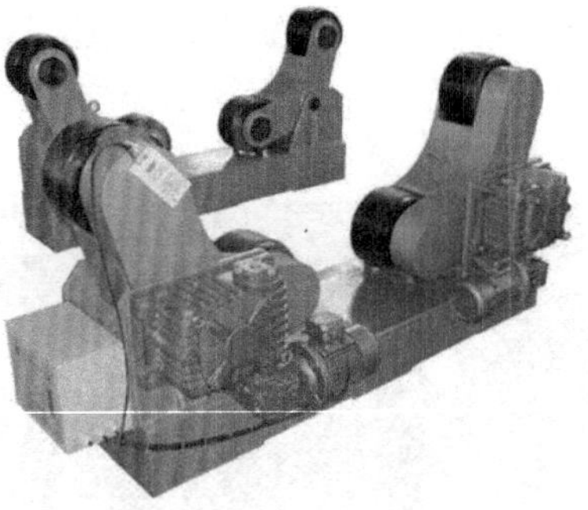

图 7-34　自调式滚轮架

（4）履带式滚轮架　如图 7-35 所示的履带式滚轮架，这种设计可使履带大面积与焊件相接触，减少了滚轮对焊件的压力，适合于轻型、薄壁大直径焊件及非铁金属构件的焊接。

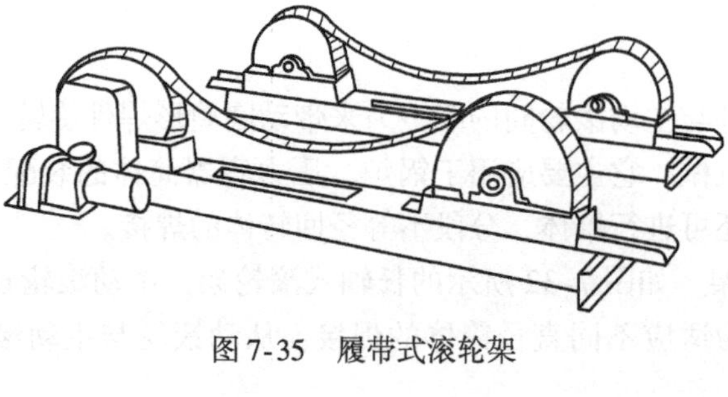

图 7-35　履带式滚轮架

4. 焊件变位机

焊件变位机是集翻转（或倾斜）和回转功能于一身的变位机械。翻转和回转分别由两根轴驱动，夹持焊件的工作台除能绕自身轴线回转外，还能绕另一根轴倾斜或翻转。因此，可将焊件上各种位置的焊缝调整到水平或船形易施焊的位置。

（1）伸臂式焊件变位机　如图 7-36 所示的伸臂式焊件变位机结构图，其实物照片如图 7-37 所示。主要用于 1t 以下中小焊件的翻转变位。回转工作台 1 的转动可按照回转速度规范调整；旋转伸臂 2 旋转时，其空间轨迹为圆锥面，因此，在改变焊件倾斜位置的同时将伴随着焊件的升高或下降，以使焊件获得最佳施焊位置。

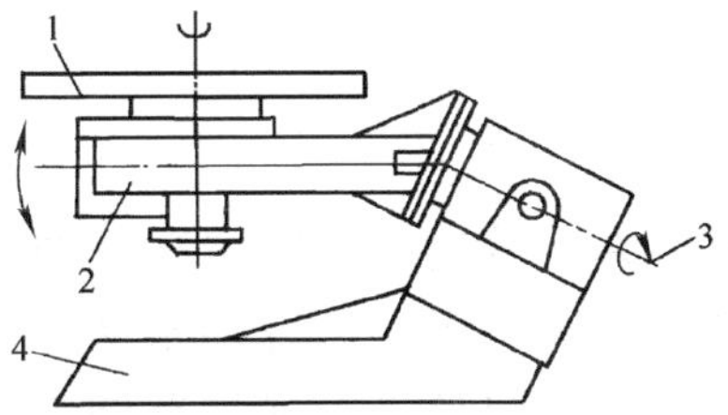

图 7-36　伸臂式焊件变位机
1—回转工作台　2—旋转伸臂　3—倾斜轴　4—底座

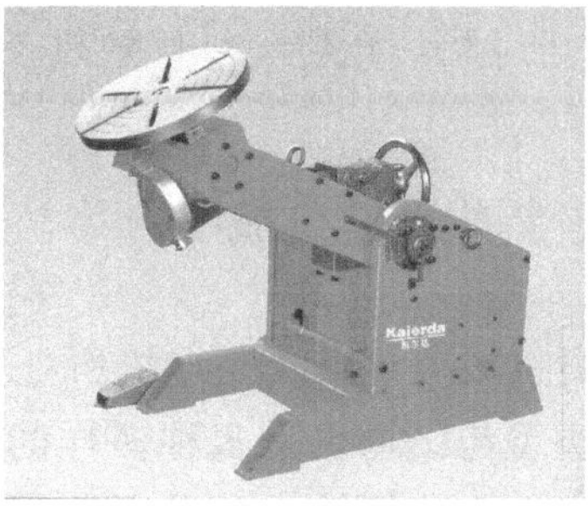

图 7-37　伸臂式焊件变位机

（2）座式焊件变位机　图 7-38 是一种常用的座式焊件变位机的结构形式，其实物照片如图 7-39 所示。回转工作台 1 连同回转机构支承在两边的倾斜轴 2 上，工作台以焊接速度回转，通过扇形齿轮或液压缸使倾斜轴能在 140°范围内恒速倾斜。此种变位机对焊接生产的适应性较强，在焊接结构生产中应用最为广泛。

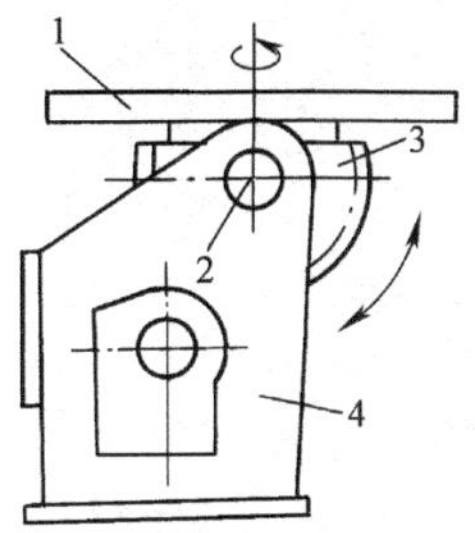

图 7-38　座式焊件变位机
1—回转工作台　2—倾斜轴
3—扇形齿轮　4—机座

图 7-39　座式焊件变位机实物照片

（3）双座式焊件变位机　双座式焊件变位机如图 7-40 所示，其实物图如图 7-41 所示。此类焊件变位机的结构特点是工作台 1 座落在 U 形架 2 上，U 形架座落在两侧机座 3 上，工作台以恒速或以焊接速度绕水平轴转动。双座式焊件变位机是为了获得较高的稳定性和较大的承载能力而设计制造的，特别适用于大型和重型焊件的焊接变位。

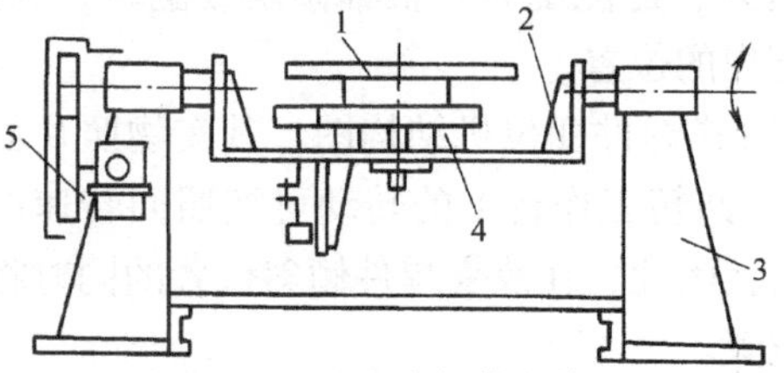

图 7-40 双座式焊件变位机
1—工作台 2—U 形架 3—机座 4—回转机构 5—倾斜机构

图 7-41 双座式焊件变位机实物照片

二、焊机变位机械

这类机械装置以改变焊机所处位置为主要任务。为了适应在各种情况下的焊接需要，其类型与结构也是多种多样的。但其共同特征是：具有可以升降和水平伸缩的横臂或平台、立柱回转、台车可以移动等，也有不带台车而仅使平台或横臂绕立柱回转并沿之升降的。

1. 焊接操作机

（1）平台式操作机　平台式操作机的结构形式如图 7-42 所示，实物图如图 7-43 所示。焊接机头 1 可在操作平台 2 的专用轨道上作水平移动；操作平台 2 安装在立架 3 上且可以沿立架升降，以适应不同直径筒体的焊接；立架座落在台车 6 上，台车沿地轨移动，以调整平台与焊件之间的位置。平台式操作机有单轨式和双轨式两种，主要用于筒形容器的外纵缝和外环缝的焊接。

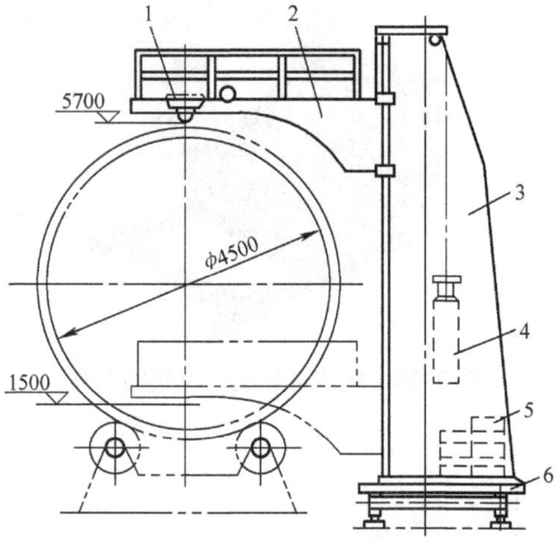

图 7-42 平台式操作机
1—焊接机头 2—操作平台 3—立架
4—配重 5—压重 6—台车

图 7-43 单轨式平台式操作机实物照片

（2）悬臂式操作机　悬臂式操作机的结构形式如图 7-44 所示，实物照片如图 7-45 所示。它一般是利用悬臂的伸出长度来焊接容器的内纵缝和内环缝。悬臂 3 上安装有专用轨道，焊机在轨迹上行走可焊接内纵缝，若焊机固定，而让容器回转则可焊接内环缝。

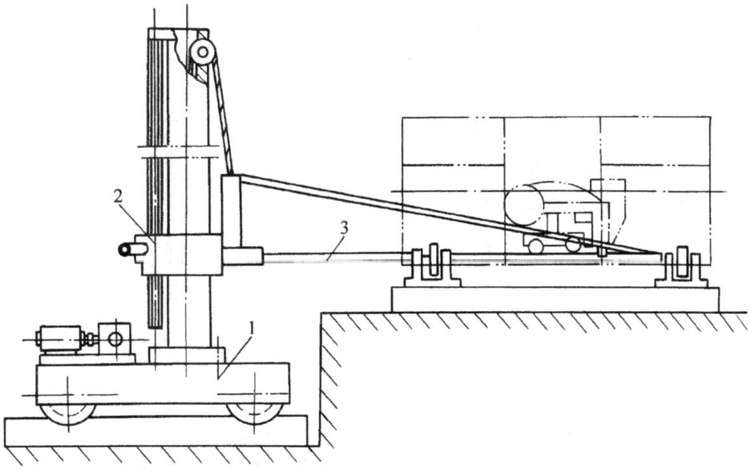

图 7-44　悬臂式操作机

1—行走台车　2—升降机构　3—悬臂

图 7-45　悬臂式焊接操作机

（3）伸缩臂式操作机　其结构如图 7-46 所示，实物照片如图 7-47 所示。该机具有可以随台车 11 移动，绕立柱 8 回转，伸缩臂 5 水平伸缩与垂直升降四个运动；并且伸缩臂能以焊接速度运行，与变位机、滚轮架配合，完成各种工位上内外环缝和内外纵缝的焊接；在伸缩臂的一端还可安装割炬、磨头、探头等工作机头，完成切割、打磨和探伤等作业，机动性强，作业范围大。

（4）门桥式操作机　门桥式操作机是将焊机或焊接机头安装在门桥的横梁上，焊件置

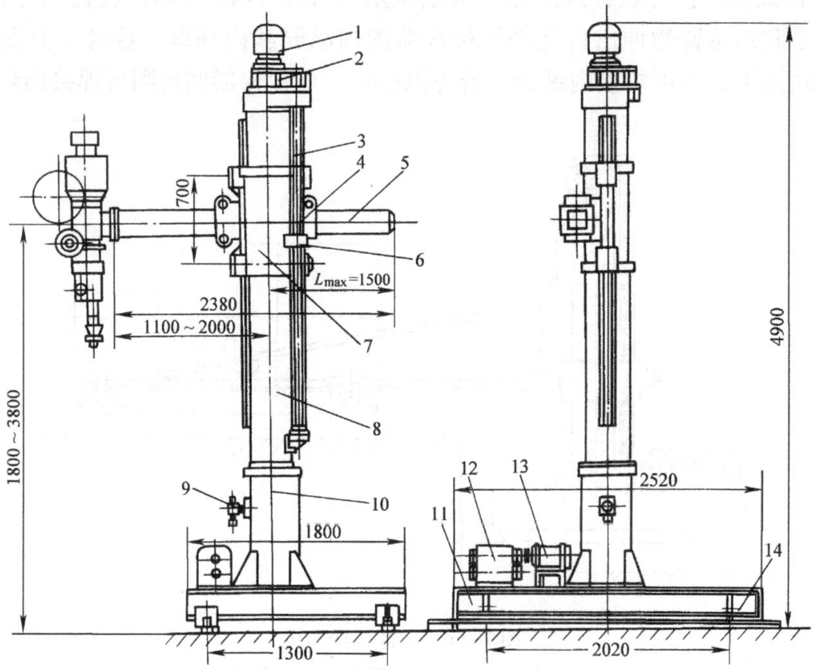

图 7-46　伸缩臂式操作机

1—升降用电动机　2、12—减速器　3—丝杠　4—导向装置　5—伸缩臂　6—螺母　7—滑座　8—立柱　9—定位器　10—柱套　11—台车　13—行走用电动机　14—走轮

于横梁下面，门桥跨越整个焊件。门桥操作机可以完成三个方向的运动，门桥自身沿轨道的运动、横梁的升降运动和焊机沿横梁的移动。图 7-48 是一种焊接容器用的门桥式操作机，它与焊接滚轮架配合可以完成容器外纵缝、外环缝的焊接。门桥式操作机的几何尺寸大，占用车间面积多，因此使用不够广泛，主要适用于批量生产的专业车间。

图 7-47　伸缩臂式焊接操作机实物照片

2. 电渣焊立架

电渣焊立架是将电渣焊机头按焊接速度进行提升的装置，主要用于直缝电渣焊，也可与滚轮架相配合完成环缝电渣焊的焊接。整个立架放在可行走的台车 2 上，由于产品结构的多样性，通常需要根据产品的结构形式与尺寸，实际配备一套专用的电渣焊立架，在立架上安装标准的电渣焊机头进行焊接。如图 7-49 所示为一台焊接小直径筒体纵缝的电渣焊立架。

三、焊工变位机械

焊工变位机械又称焊工升降台，这类装置的主要作用是在焊接高大结构或在工地上施工

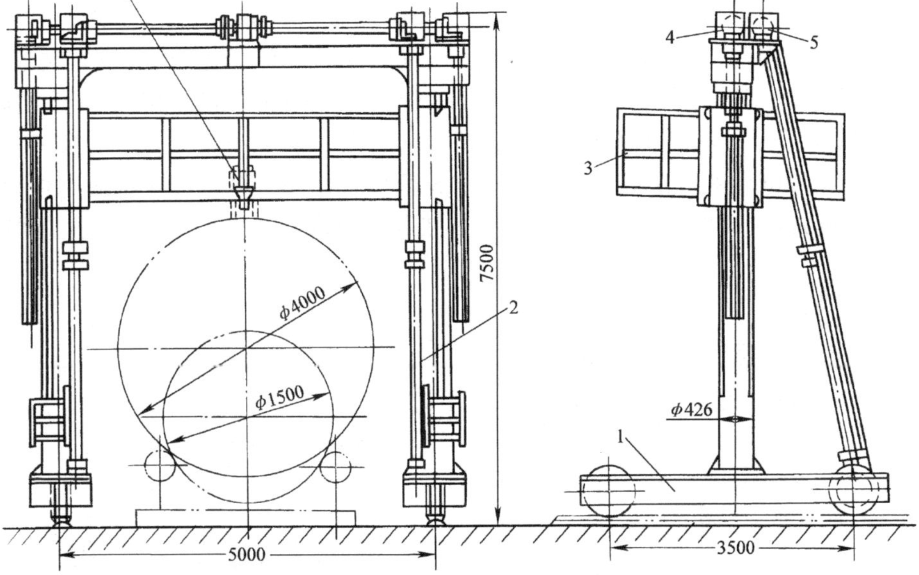

图 7-48　门桥式操作机

1—走架　2—立柱　3—平台式横梁　4、5—电动机　6—焊接机头

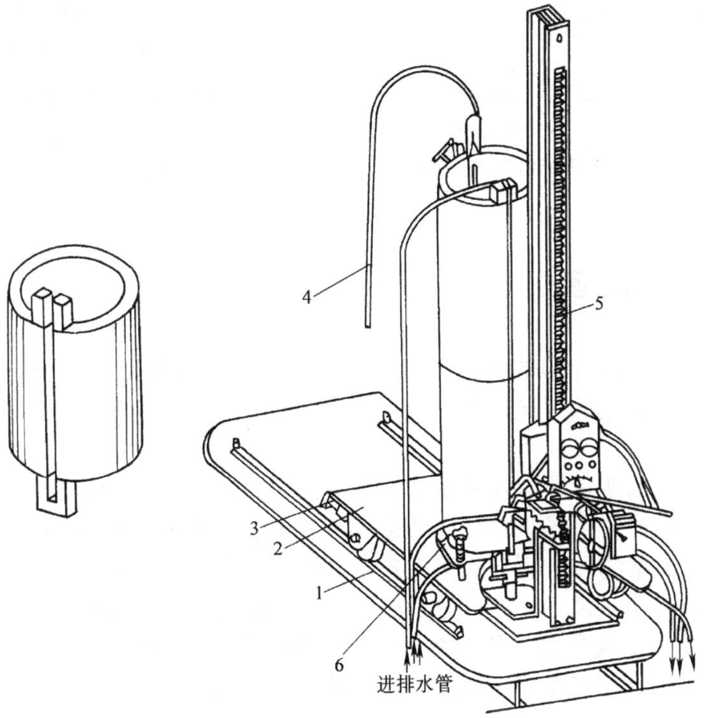

图 7-49　电渣焊立架

1—底座　2—台车　3—制动器　4—电缆线　5—齿条　6—回转台

时，将焊工连同焊机或切割设备输送到作业位置。

如图 7-50 所示的移动式液压焊工升降台，工作负荷为 200kg，工作台离地面高度可在 1700～4000mm 范围内调节，同时工作台的伸出位置也可以改变。使用时将支承装置 1 放下，使升降台不再移动，用手动液压泵 2 驱动将焊工及焊接设备升降到合适的高度即可工作。

如图 7-51 所示为一垂直升降液压焊工升降台，它由底架 6、液压缸 5、铰接杆 4 及平台 2、3 等组成。依靠电动液压泵推动顶升液压缸 5 获得平稳的升降，液压缸全部伸出时，可把工作台举升到 7m 的高度。到达所需高度后，工作台可水平移出，便于工人接近焊件。

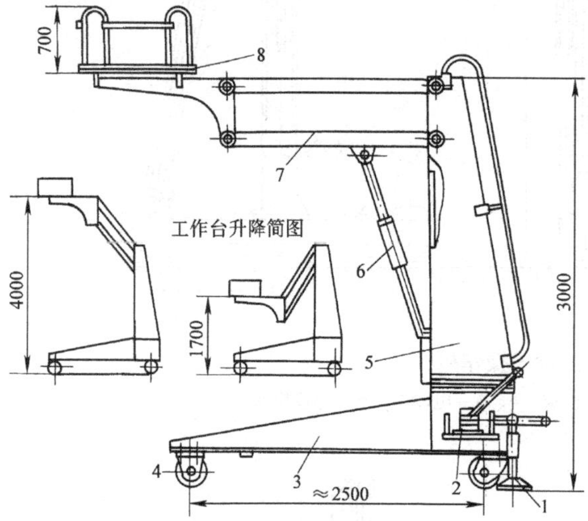

图 7-50 移动式液压焊工升降台

1—支承装置 2—手动液压泵 3—底架组成 4—走轮
5—立架 6—柱塞液压泵 7—转臂 8—工作台

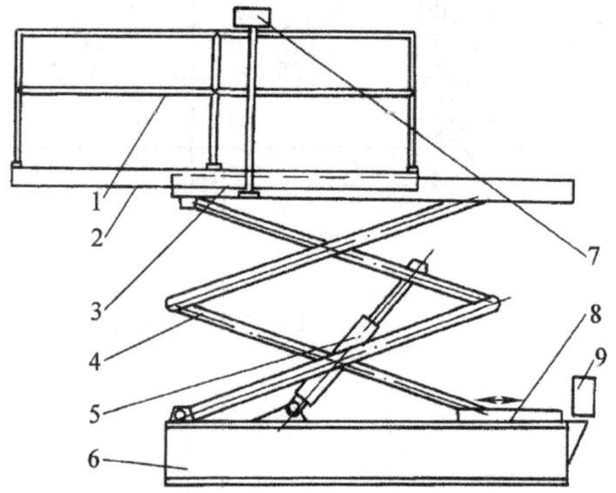

图 7-51 垂直升降液压焊工升降台

1—活动平台栏 2—活动平台 3—固定平台
4—铰接杆 5—液压缸 6—底架
7—控制板 8—导轨 9—开关箱

四、其他装置与设备

焊接生产中，除前面介绍的工具、设备之外，还有很多辅助设备与装置，常用的有吊具、起重运输设备和先进的焊接机器人。

1. 装焊吊具

焊接生产中物体的搬运是必须具备的一种手段，将物体由一个位置搬运到另一个位置，从而实现预定的工艺流程。吊具就是为搬运各种板材、型钢和装焊好的结构件而实施夹紧、搬运的工具，吊具夹紧物体，再与起重设备配合就可以实现物体的搬运。

装焊吊具按其工作原理不同，可分为机械吊具、磁力吊具和真空吊具三类。

（1）机械吊具 机械吊具中使用频繁的是各种挠性件，即起重链、麻绳和钢丝绳，图 7-52 所示是三种挠性吊具的简图。选用此类吊具应注意的是它们的承重量，使用时应注意对物体的捆绑方法和捆绑位置。

挠性件往往不直接捆绑物体，而是与取物构件配合对物体进行吊装，常用的取物构件如图 7-53 所示。其中图 7-53a 为起重钩，它是起重机械中应用最广的一种取物构件，可分为单钩和双钩两种，每个起重钩的承载量标注在打印处，使用时要注意不能超载。图 7-53b 为 U 形起重

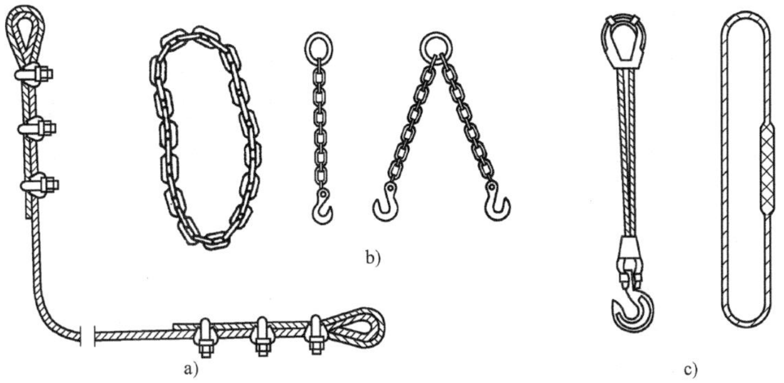

图 7-52　挠性吊具

a）钢丝绳　b）起重链　c）麻绳

卡环，有一带螺纹的横销封闭开口，使起吊过程比较安全。图 7-53c 为偏心取物器，它利用物体的自重带动偏心机构，从而产生对物体的夹紧力吊起物体。图 7-53d 为起重承梁，在型钢梁下附有装载重物的钩或托爪，可以用来搬运各种长形物，如管子、工字梁等。

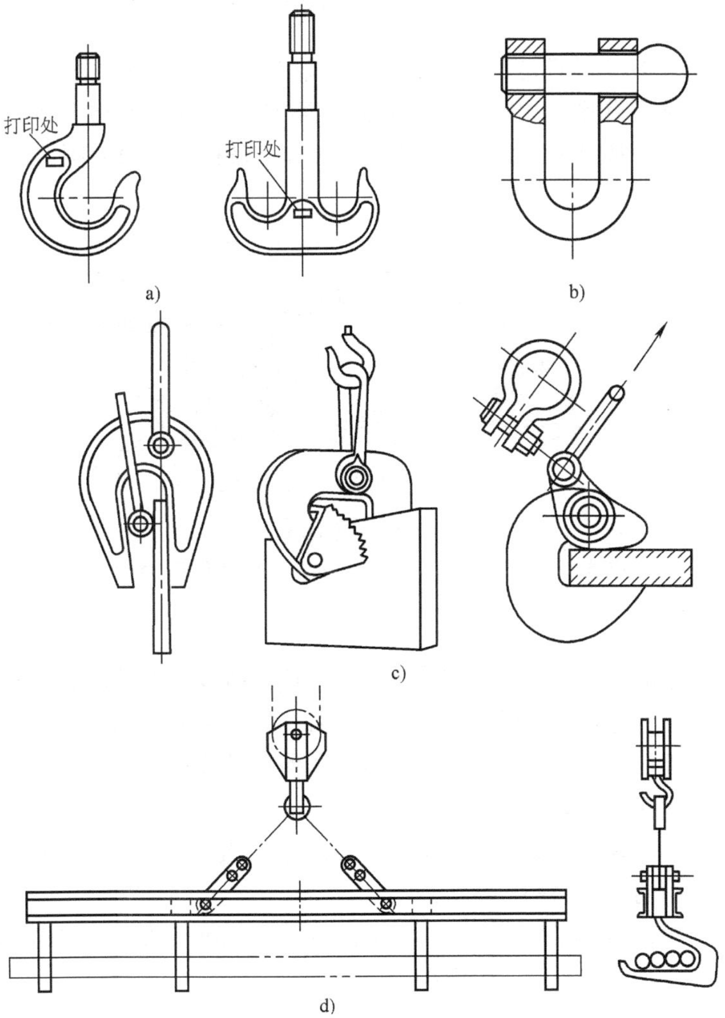

图 7-53　取物构件

a）起重钩　b）U 形起重卡环　c）偏心取物器　d）起重承梁

（2）磁力吊具 磁力吊具是利用磁力将铁磁物体吸牢，从而吊起物体。磁性吊具分为永磁式、电磁式、永磁－电磁式三种。永磁式吊具吸住工件后，靠外力将工件与吊具分开。电磁式吊具靠通电来产生吸力，靠断电来释放工件。永磁－电磁式是利用永磁吸附工件，而用电磁铁极性的改变来增强或削弱磁力，在生产中应用广泛。磁力吊具及其应用如图7-54所示。

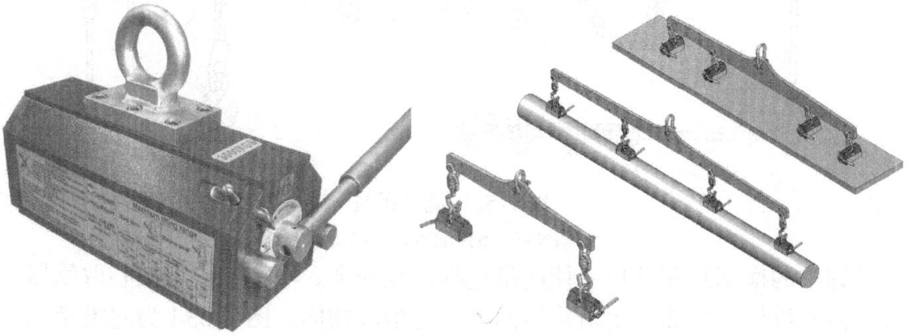

图7-54 磁力吊具及应用

（3）真空吊具 真空吊具是利用吊具上的吸盘产生的负压来吸附工件。这种吊具适用于吊运表面光洁平整、重量不大的零件，如薄板类零件。如图7-55所示的真空吊具结构，吊架3上面安装有多个吸盘1，吸盘通过管路4与真空泵相连，换向阀5及分配阀6控制吸盘的充气和吸气，从而吊起和放下工件。

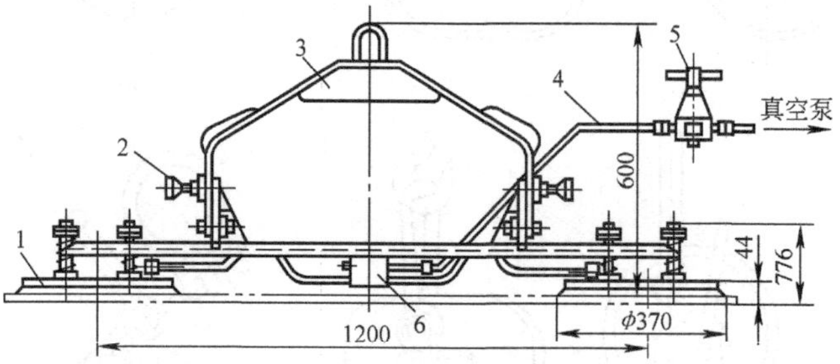

图7-55 真空吊具

1—吸盘 2—照明灯 3—吊架 4—管路 5—换向阀 6—分配阀

2. 起重运输设备

仅仅靠吊具还不能使物体改变空间位置，真正使其改变位置的还应是起重运输设备。焊接车间中使用最广泛的起重运输设备是桥式起重机，它兼有起重和运输的功能。

另外还有在露天使用的门式起重机，小范围内使用的摇臂式起重机、手动和电动葫芦等起重运输设备。门式起重机如图7-56所示。

若要在车间的不同跨间搬运物品，则要用到地面运输设备。常用的地面运输设备有叉车、电动搬运车、手动和电动平板车等。

在大批量生产时，为了提高生产率，还有采用输送机进行搬运的方式，输送机的形式有悬挂式、辊子式、台车式和皮带式等多种。

3. 焊接机器人简介

焊接机器人又称机器人焊接加工系统，是20世纪60年代后期迅速发展起来的工业机器

图 7-56　门式起重机

人技术的一个主要应用分支。日前在焊接领域已应用到电阻点焊、电弧焊、切割及热喷涂等。

（1）焊接机器人的组成　焊接机器人是指可以反复编程的多功能操作机，如图 7-57 表示了通用焊接机器人的一般组成，它由焊接操作机、控制系统和焊机三部分组成。

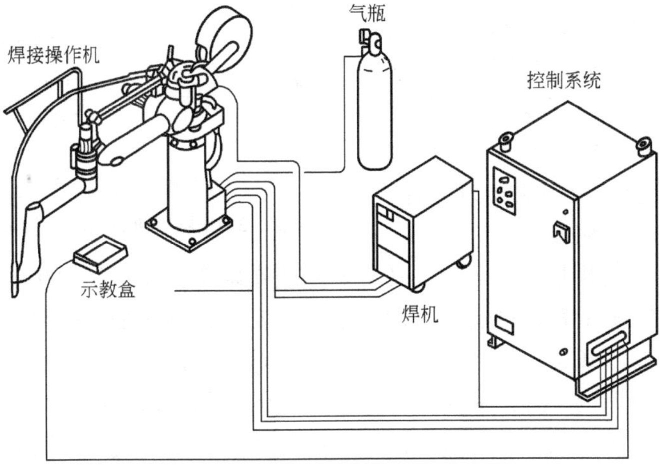

图 7-57　通用机器人的一般组成

焊接操作机就是通常所指的机器人，完成对焊件的焊接功能。焊接操作机具有 4～6 个自由度，可以完成各种复杂的动作，为其安装上焊炬即可进行焊接。

小知识

焊接机器人具有比其他机器人更高超的能力，除能进行正常的行走及搬运外，还能自动跟踪焊接电弧轨迹，防止电弧及烟尘的干扰。

控制系统完成焊接机器人各部分的控制工作，如控制操作机各关节的回转、焊接电源等，并使其协调运行。控制系统还能完成示教—再现控制，即通过手工操作机器人，并将机器人的运动轨迹的数据自动存储在机器人的记忆装置中，然后将数据读出，指挥机器人按原路径运行。控制部分还能实现一些智能功能。例如，能根据焊接变形自动调整运动的路径，根据操作者的声音进行操作等。

焊机部分则提供焊接所需的电流、电压、送气和送丝等，也称为工艺保障部分。

（2）机器人的自由度　机器人的动作要按自由度进行分类，在机器人的操作机部分，其臂和腕是基本动作部分。任何一种机器人的臂部都有三个自由度，以保证臂的端部能够到达其工作范围内的任意一点。腕部的三个自由度是绕空间相互垂直的三个坐标轴的回转动作，一般称其为滚转、俯仰和偏转运动。图 7-58 所示是已经标准化的通用机器人的运动简图。

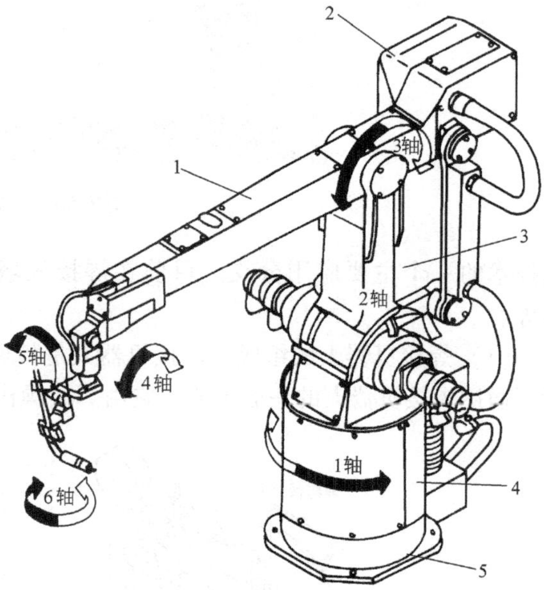

图 7-58　焊接机器人运动简图

1—上臂部　2—手腕驱动部　3—下臂部　4—旋转套　5—底座

机器人还可以与各种变位机械配合，构成多达 12 个自由度的自动焊接系统。整个系统由焊接机器人控制系统集中控制和编程，可以极大地提高焊接生产效率。图 7-59 所示是几种典型机器人与变位机的配置，其中，图 7-59a 为双座式焊接变位机与机器人的配合；图 7-59b 为悬臂式焊接变位机与机器人的配合。

但是，焊接机器人并非十全十美，其主要问题有两个，其一是焊接电弧不能自动跟踪焊缝的实际位置，只能按示教轨迹运动，即当工件有安装误差或加工误差时，不能焊到正确的位置，而会出现焊偏的现象；其二是当焊缝装配间隙、坡口角度、钝边尺寸有波动时，不能自动调节焊接参数和焊接方式，从而不能保证焊缝的均匀成形。因此焊接机器人的应用，对零件加工、装配、焊接工艺的制订等提出了更高的要求。在引进和选用焊接机器人时应考虑以下几个方面。

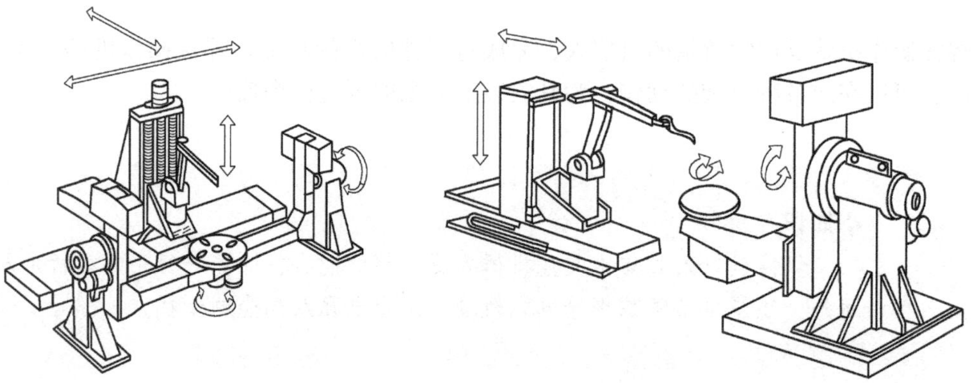

a)　　　　b)

图 7-59　焊接机器人自动化焊接系统典型配置

a）双座式变位机焊接机器人　b）悬臂式变位机焊接机器人

1）焊接结构的生产类型属于多品种、小批量性质。

2）焊件的结构尺寸以中小型机器零件为主，且焊件的材质、厚度有利于采用点焊或气体保护焊的焊接方法。

3）待焊坯料在尺寸精度和装配精度方面能满足机器人焊接的工艺要求。

4）与机器人配套使用的设备，如各类变位机械及输送机等应能与机器人协调工作。

【综合训练】

一、填空

1. 焊件变位机械有______、______、______及______等，其作用是支承焊件并能对其进行回转和使其倾斜，使焊缝处于______、______等易于施焊的位置。

2. 磁力吊具是利用磁力吊起物体。磁性吊具分为______、________、________三种。

3. 机器人是指可以反复编程的多功能操作机，由______、________、________三部分组成。

二、简答

1. 焊接翻转机的形式有哪些？在焊接生产中有何应用？

2. 焊接滚轮架的结构形式有哪些？在生产中有何应用？

3. 焊接操作机的形式有哪些？在焊接生产中有何应用？

第八单元　典型焊接结构的生产工艺

学习目标

焊接结构的品种繁多，应用广泛。通过学习了解起重机桥架、压力容器、船舶及建筑用桁架等典型焊接产品的结构特点，掌握其制造难点、技术关键及其生产工艺，以便进一步巩固和运用前面所学的理论知识，提高分析和解决实际问题的能力。

模块一　桥式起重机桥架的生产工艺

起重机作为运输机械在国民生产各个部门的应用都十分广泛，其结构形式多样，如桥式起重机、门式起重机、塔式起重机和汽车起重机等。其中，桥式起重机应用最广，其结构的制造技术具有典型性，掌握了它的制造技术，对于其他起重机结构的制造都可借鉴。

一、桥式起重机的结构

1. 桥式起重机的结构

桥式起重机由桥架、运移机构和载重机构组成，如图 8-1 所示。

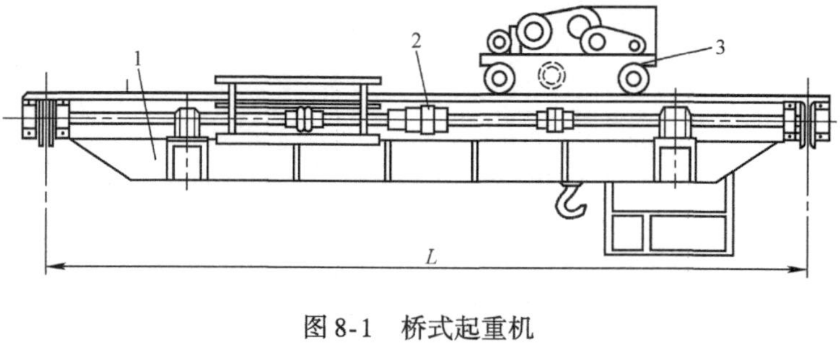

图 8-1　桥式起重机

1—桥架　2—运移机构　3—载重机构

可移动的桥架由主梁和两个端梁组成，端梁的两端装有车轮，由车间两旁立柱悬臂上铺设的轨道支承；桥架的运移机构用来驱动端梁上的车轮，使其沿着车间长度方向的轨道移动；桥架上的载重小车装有起升机构和小车的移动机构，能沿铺设在桥架主梁上的轨道移动。

2. 桥式起重机桥架的组成

桥式起重机的桥架结构如图 8-2 所示，它主要由主梁（或桁架）、栏杆（或辅助桁架）、端梁、走台（或水平桁架）、轨道及操纵室等组成。

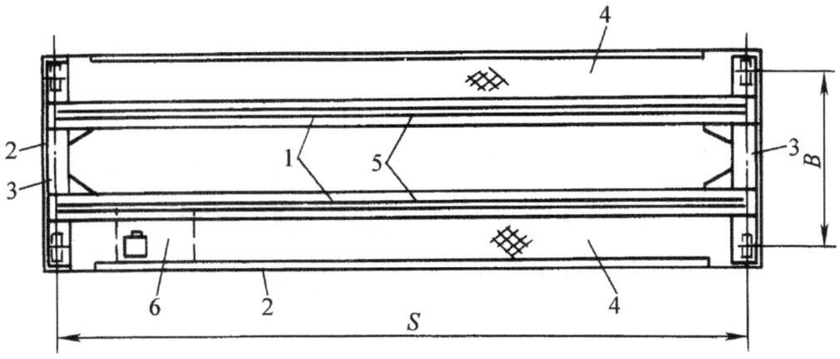

图 8-2　桥式起重机桥架

1—主梁　2—栏杆　3—端梁　4—走台　5—轨道　6—操纵室

桥式起重机桥架常见的结构形式如图 8-3 所示。

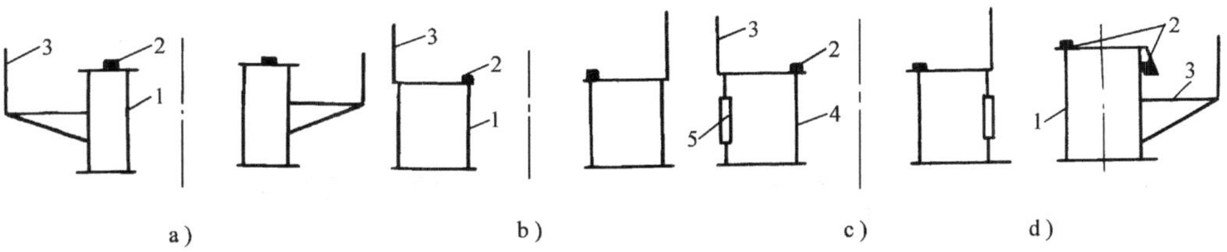

图 8-3　桥式起重机桥架结构形式

a）中轨箱形梁桥架　b）偏轨箱形梁桥架

c）偏轨空腹箱形梁桥架　d）箱形单主梁桥架

1—箱形主梁　2—轨道　3—走台　4—工字形主梁　5—空腹梁

（1）中轨箱形梁桥架　如图 8-3a 所示，该桥架由两根主梁和两根端梁组成。主梁外侧分别设有走台，轨道放在箱形梁的中心线上，小车载荷依靠主梁上翼板和肋板来传递。该结构工艺性好，主梁、端梁等部件可采用自动焊接，生产率高，制造过程中主梁的变形量较大。

（2）偏轨箱形梁桥架　如图 8-3b 所示，它由两根偏轨箱形梁和两根端梁组成。小车轨道安装在上翼板边缘主腹板处，载荷直接作用在主腹板上。主梁多为宽主梁形式，依靠加宽主梁来增加桥架水平刚性，同时可省掉走台，主梁制造变形较小。

（3）偏轨空腹箱形梁桥架　如图 8-3c 所示，该桥架与偏轨箱形梁桥架基本相似，只是副腹板上开有许多矩形孔洞，自重减轻，又能使梁内通风散热好，对梁内放置运行机构和电器设备提供了有利条件，同时便于内部维修，但制造比偏轨箱形梁桥架麻烦。

（4）箱形单主梁桥架　如图 8-3d 所示，它由一根宽翼缘偏轨箱形主梁与端梁不在对称中心连接，以增大桥架的抗倾翻力矩能力。小车偏跨在主梁一侧使主梁受偏心载荷，最大轮压作用在主腹板的顶面轨道上，主梁上要设置一到两根支承小车反滚轮的轨道。该桥架制造成本低，主要用于起重量较大、跨度较大的门式起重机。

上述几种桥架形式中，以中轨箱形梁桥架最为典型，应用最为广泛。

二、箱形主梁的技术要求及制造工艺要点

1. 箱形主梁的结构

主梁是桥式起重机桥架中的主要受力部件，它的制造是桥架结构制造的关键，对主梁严格的技术要求是保证桥架技术条件得到满足的前提。箱形主梁的一般结构如图 8-4 所示，它由左右两块腹板，上下两块翼板以及若干长、短肋板组成。

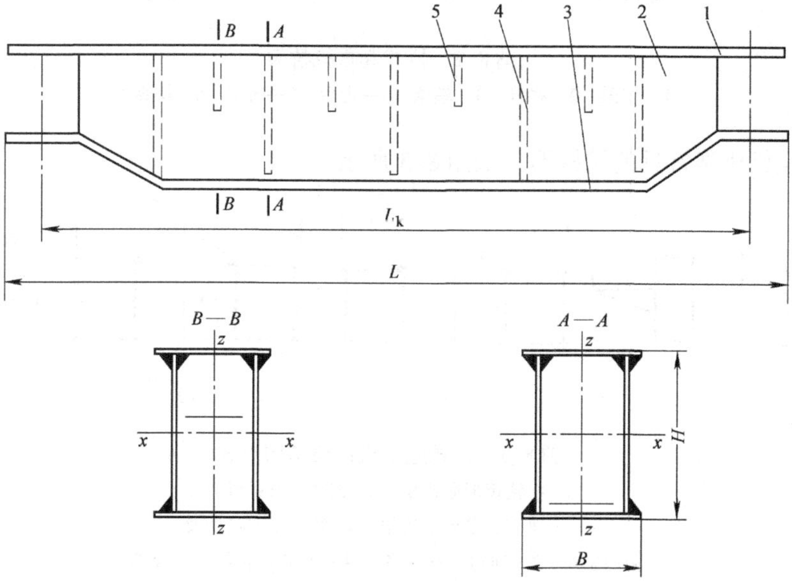

图 8-4　箱形主梁结构示意图

1—上翼板　2—腹板　3—下翼板　4—长肋板　5—短肋板

L—梁长　L_k—跨距　H—梁高　B—梁宽

2. 主梁的主要技术要求

为保证起重机的使用性能，主梁在制造中应遵循如下的主要技术要求。

1）主梁的长、宽、高都有一定的公差要求。

2）主梁的垂直平面内要求的上拱度 $F = L/700 \sim L/1000$（L 为主梁的跨度）。

3）主梁向走台一侧应有一定的旁弯，为 $L/1500 \sim L/2000$。

想一想

主梁的各项技术要求有何意义？

4）腹板凸凹不平（即波浪变形或失稳）应小于 4/1000～6/1000。

5）上翼板水平度 $c \leqslant B/250$，腹板垂直度 $a \leqslant H/200$。

另外，各肋板之间距离公差应在 ±5mm 范围之内。

3. 箱形主梁的制造工艺要点

（1）拼板对接焊工艺　主梁构造形状并不复杂，但因其长度大，主梁长度一般为 10 ~ 40m，上、下翼板及左右腹板需要拼接。翼板的拼接焊缝要注意保证质量，特别是受接翼缘的接缝必须焊透、无裂纹及严重咬边等缺陷，要求通过超声波或射线检验，其质量应满足起重机技术条件中的规定。

为避免应力集中，保证梁的承载能力，翼板与腹板的拼接接头不应布置在同一截面上，错开距离不得小于 200mm；同时，翼板及腹板的拼板接头不应安排在梁的中心附近，一般应距离中心 2m 以上。

（2）肋板的制造　肋板是一个长方形，长肋板中间一般开有减轻孔。由于肋板尺寸影响到装配质量，要求其宽度尺寸误差不能大，只能为 1mm 左右；长度尺寸允许有稍大一些的误差。肋板的四个角应保证 90°，尤其是肋板与上翼板接触处的两个角更应严格保证直角，这样才能保证箱形梁在装配后腹板与上翼板垂直，并且使箱形梁在长度方向不会产生扭曲变形。

（3）腹板上挠度的制备　主梁截面的焊缝分布对称于 $Z—Z$ 轴。对 $X—X$ 轴而言，焊缝集中于上部，将由于焊缝收缩而产生下挠，这与主梁要保证上挠的技术要求正好相反，这是主梁制造的关键问题之一。考虑主梁的自重和焊接变形的影响，为满足技术规定的主梁上挠要求，腹板应预制出数值大于技术要求的上挠度，具体可根据生产条件和所用的工艺程序等因素来确定，一般跨中上挠度的预制值 f_m 可取 $L/450 \sim L/350$。

腹板上挠度的制备方法多采用先划线后气割，切出具有相应的曲线形状，在专业生产时，也可采用靠模气割。

（4）装焊 π 形梁　由于主梁长度大，相对刚度较小，在装配与焊接中容易产生变形。因此，除要求零件的备料加工要有一定的精度外，还必须选择合理的装配 – 焊接方案和恰当的焊接工艺措施，以保证主梁几何尺寸的技术要求。根据主梁的结构特点，一般先将上翼板与两腹板装成 π 形梁，最后装下翼板，组成封闭的箱形梁。π 形梁的装配焊接顺序是影响主梁上挠度的关键。

π 形梁由上翼板、腹板和肋板组成。该梁的组装定位焊分为机械夹具组装和平台组装两种，目前应用较广的是采用平台组装工艺，又以上翼板为基准的平台组装居多。

想一想

在装配腹板过程中，用到了哪些装配定位方法？

1）装配肋板。装配时，先在上翼板上以划线定位的方式装配肋板，用 90°角尺检验垂直度后进行点固。为减小梁的下挠变形，装好肋板后应进行肋板与上翼板焊缝的焊接。

2）装配腹板。组装腹板时，首先要求在上翼板和腹板上分别划出跨度中心线，然后用吊车将腹板吊起与上翼板、肋板组装，使腹板的跨度中心线对准上翼板的跨度中心线，然后在跨中点定位焊。腹板上边用安全卡 1（图 8-5）将腹板临时紧固到长肋板上，可在翼板底下打楔子使上翼板与腹板靠紧，通过平台孔安放沟槽限位板3，斜放压杆2，并注意压杆要放在肋板处。当压下压杆时，压杆产生的水平力使下部腹板靠紧肋板。为了使上部腹板与肋板靠紧，可用专用夹具式腹板装配胎夹紧。由跨中组装后，定位焊至腹板一端，然后用垫块垫好（图8-6），再装配定位焊另一端腹板。

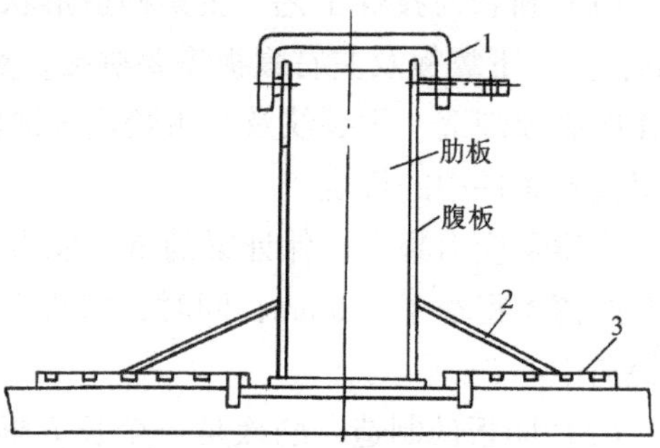

图8-5 腹板夹卡图

1—安全卡 2—压杆 3—沟槽限位板

3）焊接。腹板装好后，即应进行肋板与腹板的焊接。焊前应检查变形情况以确定焊接顺序。如旁弯过大，则应先焊外腹板焊缝；如旁弯不足，则应先焊内腹板焊缝。对π形梁内壁所有焊缝，较理想的是用CO_2气体保护焊，以减小变形，提高生产效率。为使π型梁的弯曲变形均匀，应沿梁的长度方向由偶数焊工对称施焊。

（5）下翼板的装配 装配时先在下翼板上划出腹板的位置线，将π形梁吊装在下翼板上，两端用双头螺杆将其压紧固定（图8-7）；然后用水平仪和线锤检验梁中部和两端的水平度、垂直度和拱度，如有倾斜或扭曲时，用双头螺杆单边拉紧。下翼板与腹板的间隙应不大于1mm，定位焊时应从中间向两端同时进行。主梁两端弯头处的下翼板可借助起重机的拉力进行装配定位焊。

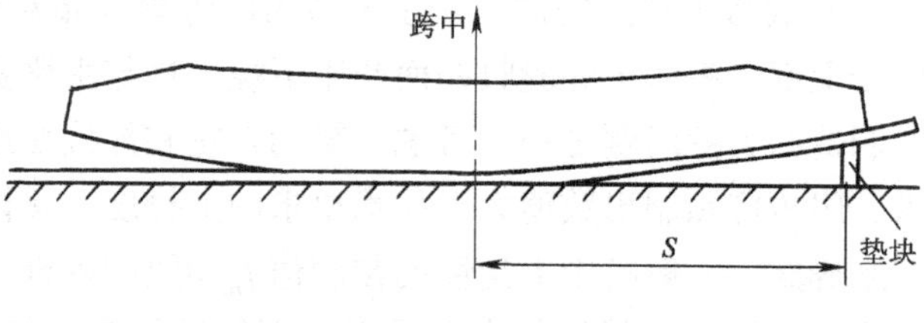

图8-6 腹板装配过程

（6）主梁纵缝的焊接 主梁有四条纵缝，尽量采用自动焊方法焊接。焊接顺序视梁的挠度和旁弯的情况而定。利用四条纵缝的焊接方向和顺序来调节主梁的挠度和旁弯，如图8-8所示情况，四条纵缝焊接是必须控制的关键工艺。

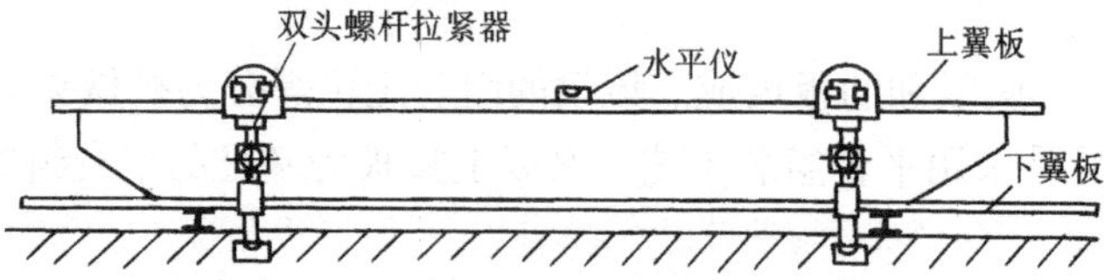

图8-7 下翼板的装配

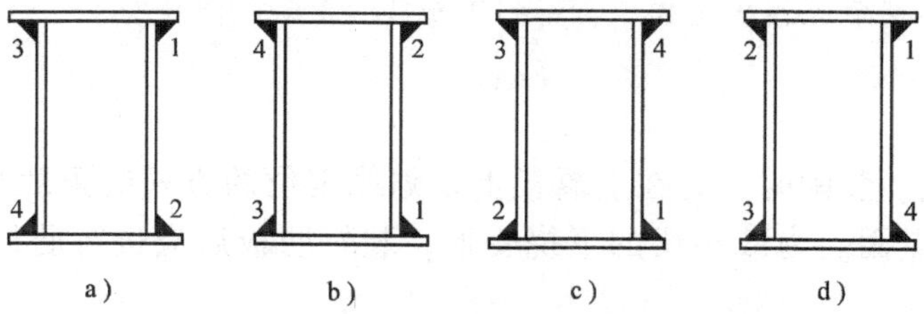

图8-8 主梁四条主焊缝的焊接顺序选择方案

a）上挠偏大、旁弯右拱时采用 b）上挠偏小、旁弯右拱时采用

c）上挠偏小、旁弯适中时采用 d）上挠过大、旁弯适中时采用

（7）主梁的矫正　箱形主梁装焊完毕后应进行检查，每根箱形梁在制造时均应达到技术条件的要求，如果变形超过了规定值，则应进行矫正。矫正时，应根据变形情况采用火焰矫正法，选择好加热的部位与加热方式进行矫正。

想一想

采用火焰矫正法，如何正确选择加热方式与加热部位？

三、端梁的技术要求及制造工艺要点

1. 端梁的技术要求

端梁是桥式起重机桥架组成部分之一，按其受载情况可分为下述两类。

1）端梁受主梁的最大支承压力，即端梁上作用有垂直载荷。结构特点是大车车轮安装在端梁的两端部，如图 8-9a 所示。此类端梁应计算弯矩，弯矩的最大截面是在与主梁连接处的 *A—A* 截面、支承截面 *B—B* 和安装接头螺孔削弱的截面。

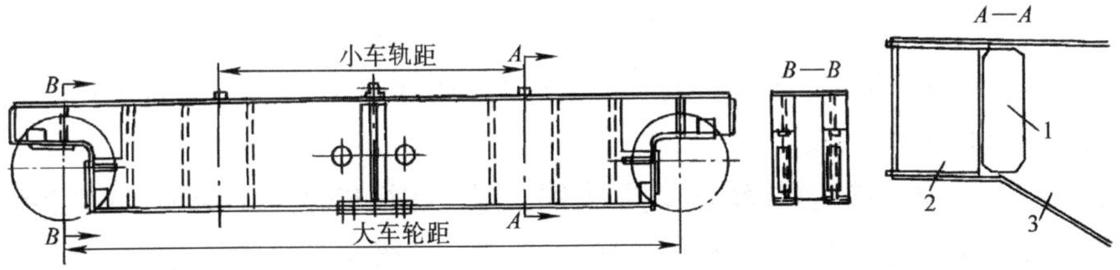

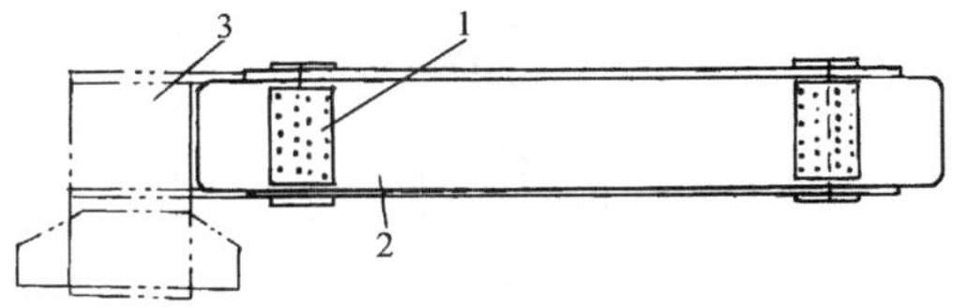

图 8-9　端梁的两种结构形式

a）车轮安装在端梁的两端部　b）车轮安装在主梁端部

1—连接板　2—端梁　3—主梁

2）端梁没有垂直载荷，结构特点是车轮或车轮的平衡体直接安装在主梁端部，如图 8-9b所示。此类端梁只起联系主梁的作用，它在垂直平面几乎不受力，在水平面内仍属刚性连接并受弯矩的作用。

对端梁的主要技术要求如下。

1）盖板水平倾斜 $b \leqslant B/250$（B 为盖板宽度）。

想一想

端梁的各项技术要求有何意义？

2）腹板垂直偏斜 $h \leqslant H/250$（H 为腹板高度）。

3）端梁两端弯板直角偏差，折合最外端间隙不大于1.5mm，如图8-10a所示。

4）同一端梁两端弯板高低差≤5mm。

5）要求同一车轮两弯板高低差 $g \leqslant$ 2mm，如图8-10b所示。

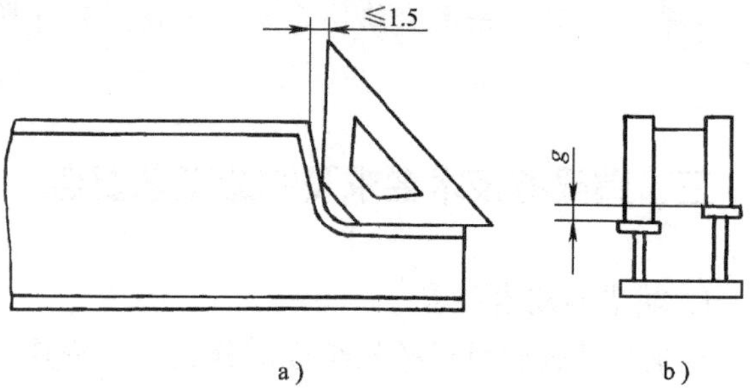

图8-10　对端梁弯板的要求

a）弯板直角偏差　b）同一车轮两弯板高低差

2. 端梁的制造工艺要点

箱形主梁桥架的端梁都采用钢板焊成的箱形结构，并在水平面内与主梁刚性连接。依据桥架宽度和运输条件，在端梁上设置1~2个安装接头（图8-9b中为两个接头），即将端梁分成2~3段，安装接头目前都采用高强螺栓连接板。安装接头有两种形式：一种是连接板连接，另一种是角钢连接，如图8-11所示。

考虑到端梁与主梁连接的焊缝均在端梁内侧，因此在组装焊接端梁时应注意各焊缝的焊接方向与顺序，使端梁与主梁在装焊前有一定的外弯量。端梁制造的工艺过程如下。

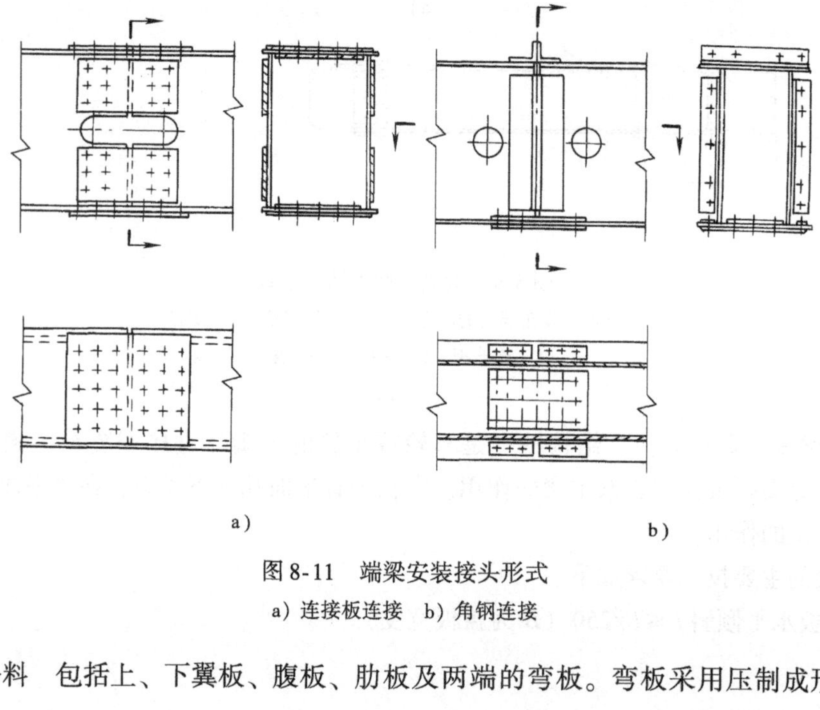

图8-11　端梁安装接头形式

a）连接板连接　b）角钢连接

（1）备料　包括上、下翼板、腹板、肋板及两端的弯板。弯板采用压制成形，各零件应满足技术规定。

（2）装焊 首先肋板与上翼板装配并焊接，再装配两腹板并定位，然后装弯板（弯板是整个端梁的关键，装焊中必须严格保证弯板的角度）。为保证一端的一组弯板能在同一平面内，可预先在平台上用定位胎将其连成一体。组装弯板后，要用水平尺检查弯板水平度并调节两端弯板的高度公差在规定范围内。接着进行端梁内壁焊缝的焊接，先焊外腹板与肋板、弯板的焊缝，再焊内腹板与肋板、弯板的焊缝，然后装配下翼板并定位焊。最后焊接端梁四条纵焊缝，并且下翼板与腹板纵缝应先焊。端梁制好后对主要技术要求进行检查，不符合规定的应进行矫正。

四、桥架的组装工艺要点

桥架组装焊接工艺，包括制好的主梁与端梁组装焊接、组装焊接走台、组装焊接小车轨道与焊接轨道压板等工序。主梁的外侧焊有走台，主梁腹板上焊有纵向角钢与走台相连。

1. 桥架连接

桥架连接指已经制作好的主梁与端梁的连接，其方法有螺栓连接和焊接连接两种。下面介绍焊接连接的方法。

（1）垫架位置的选择 为避免梁的自重对主梁挠度的影响，主梁垫架位置应选择在主梁的跨端或接近跨端的位置。起重量较小的桥架在最后测量调整时应尽量垫在端梁处。

（2）桥架的组装基准 为使桥架安装车轮后能正常运行，两个端梁上的四组弯板组装时应在同一水平面内，以该水平面为组装调整桥架各部件的基准。如图 8-12 所示，一个端梁上的两组弯板装配时，可穿过端梁上翼板的吊装孔立 T 形标尺，四个 T 形标尺的下部分别固定到四组弯板上，用水平仪测量四个 T 形标尺上的测量点，并将各测量点调整至同一水平面上，即可保证四组弯板在同一水平面内。

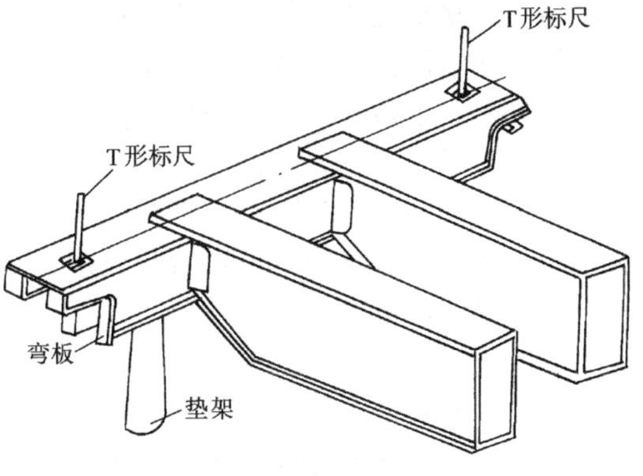

图 8-12 桥架装配基准

（3）桥架的组装焊接 将经过检验合格的两根主梁摆放到垫架上，通过调整，应使两主梁中心线距离、对角线差及水平高低差等均在规定的范围之内。然后，在端梁上翼板划出纵向中心线，用直尺将弯板垂直面的位置引到上翼板，与端梁纵向中心线相交的基准点，以基准点为依据划出主梁装配时的纵向中心线；而后将端梁吊起，按划线部位与主梁装配，用夹具将端梁固定于主梁上翼板上，调整端梁使端梁上翼板两端的 A'、C'、B'、D' 四点水平度差及对角线 $A'D'$ 与 $B'C'$ 之差在规定的数值内，如图 8-13 所示。同时，穿过吊装孔立 T 形标尺，用水准仪测量调整，保证同一端梁弯板水平面的标高差及跨度方向标高差不超过规定数值，所有这些项目检查合格后，再进行定位焊。

主梁与端梁采用的焊接连接方式有直板连接和三角板连接两种，如图 8-14 所示。主要焊缝有主梁与端梁上下翼板焊缝、直板焊缝或三角板焊缝。为减小变形与应力，应先焊上翼板焊缝，再焊下翼板焊缝，最后焊直板或三角板焊缝；先焊外侧焊缝，后焊内侧焊缝。

2. 组装焊接走台

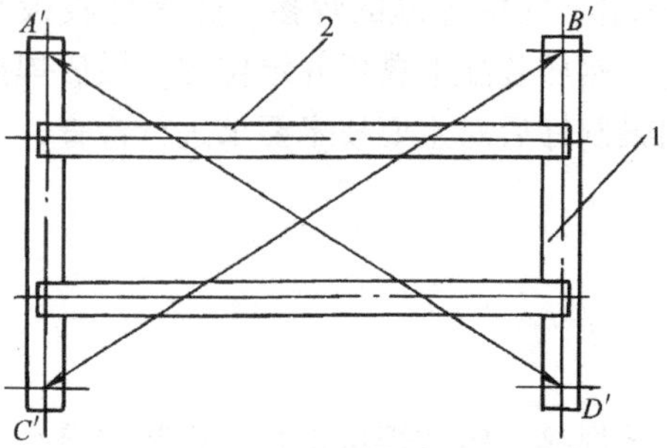

图 8-13　主梁与端梁组装

1—端梁　2—主梁

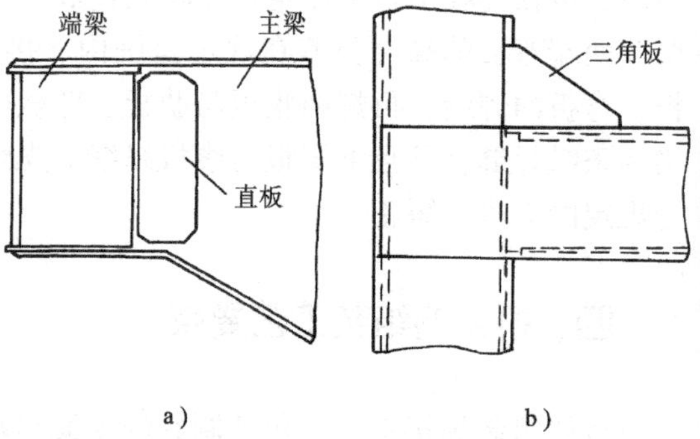

图 8-14　主梁与端梁焊接连接

a) 直板连接　b) 三角板连接

为减小桥架的整体变形，走台的斜撑与连接板（图8-15）要按图样尺寸预先装配焊接成组件，再进行桥架的组装焊接。组装时，按图样尺寸划走台的定位线，走台应与主梁上翼板平行，即具有与主梁一致的上挠曲线。装配横向水平角钢时，用水平尺找正，使外端略高于水平线并定位焊于主梁腹板上，然后组装定位焊斜撑组件，再组装定位焊走台边角钢。走台边角钢应具有与走台一致的上挠度。走台板应在接宽的纵向焊缝完成后进行矫平，然后组装定位焊在走台上。焊接走台焊缝时，为减小应力与变形，应选择好焊接顺序，水平外弯大的一侧走台焊缝应先焊，走台下部焊缝应先焊。

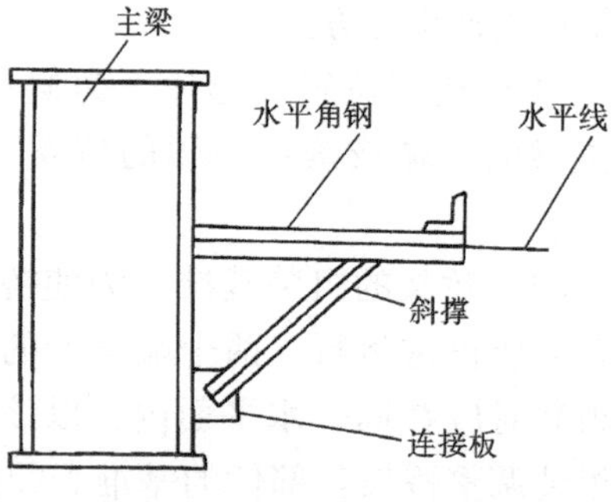

图 8-15　组装水平角钢

小知识

常用起重机轨道有四种：方钢、铁路钢轨、重型钢轨和特殊钢轨。

3. 组装焊接小车轨道

小车轨道用电弧焊方法焊接成整体，焊后磨平焊缝。小车轨道应平直，不得有扭曲和明显的局部弯曲。轨道与桥架组装时，应预先在主梁的上翼板划出轨道位置线，然后装配，再定位焊轨道压板。为使主梁受热均匀，从而使下挠曲线对称，可由多名焊工沿跨度方向均匀分布，同时焊接。

桥式起重机桥架组装焊接后应进行全面检测，符合技术要求的规定。

【综合训练】

一、填空

1. 桥式起重机桥架的结构形式有________、________、________和________四种。

2. ____的制造是桥架结构制造的关键。

3. 桥架连接指已经制作好的主梁与端梁的连接，其方法有________和________两种。

二、简答

1. 主梁的主要技术要求有哪些？有何意义？

2. 如何正确装焊 π 形梁？

3. 请说一说桥式起重机主梁的制造工艺过程。

三、生产实例

流水线生产主梁实例

这里简单介绍生产桥式起重机主梁流水作业线上几个主要生产环节及其所用的装备。如图 8-16 所示，图 8-16a 是用埋弧焊焊机机头 4 焊接上翼板 5 的拼接焊缝（内侧），依靠龙门架 2 通过真空吸盘 3 把上翼板送至拼焊地点；图 8-16b 是安装长短肋板 6；图 8-16c 由龙门架 8 运送和安装腹板，再由龙门架 9 上的气动夹紧装置使腹板向肋板和上翼板贴紧，然后点固焊；图 8-16d 是有两个工作台同时工作，主梁翻转 90°处于倒置状态后，焊接腹板里侧的拼接焊缝和肋板焊缝，焊完一侧后，翻转 180°再焊另一侧；图 8-16e 是装配下翼板，用液压

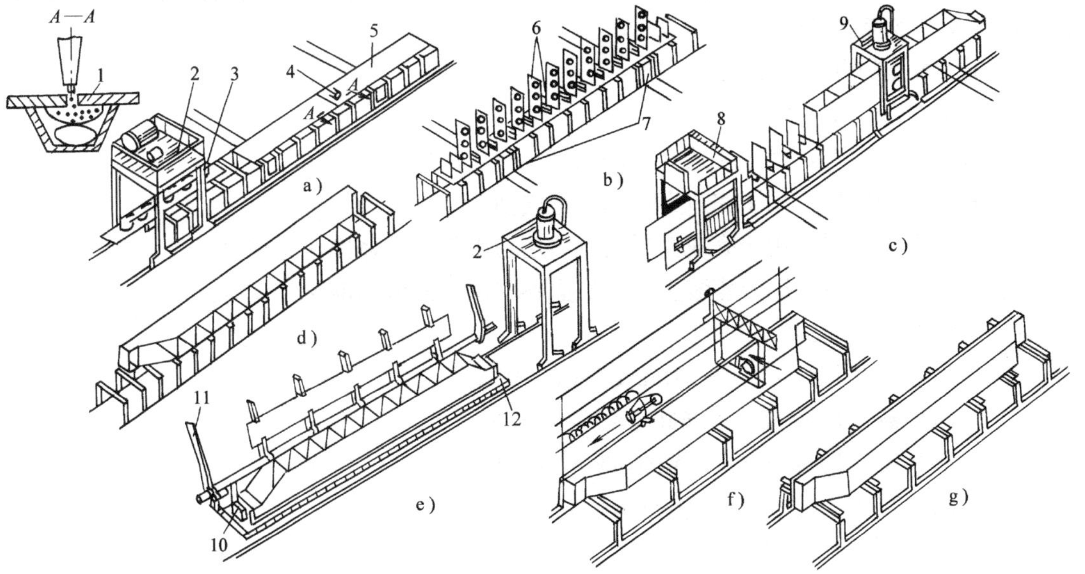

图 8-16　流水线上装焊主梁

a）上翼板拼接　b）装配长短肋板　c）装配腹板　d）腹板内侧焊缝及肋板的焊接

e）装配下翼板　f）主梁外角焊焊缝及腹板拼缝的焊接　g）主梁检验

1—焊剂垫　2、8、9、12—行走龙门架　3—真空吸盘　4—焊机机头　5—上翼板　6—肋板

7—小车　10—液压千斤顶　11—翻转机

千斤顶10压住主梁两端，再由翻转机11送进下翼板，在龙门架12的气动夹紧装置的压紧下进行点固焊，全部点固后松开主梁，然后焊接上翼板外面的拼接焊缝；图8-16f是焊接箱形主梁外侧的纵向角焊缝和腹板的拼接焊缝；图8-16g是进行质量检验，整个箱形主梁即告完成。

想一想

通过流水线方式生产桥式起重机主梁，采用的定位及夹紧方式有哪些？

模块二　压力容器的生产工艺

一、压力容器基础知识

压力容器是能承受一定压力作用的密闭容器，按中华人民共和国人力资源和社会保障部2000年颁发的“压力容器安全技术监察规程”的规定，其所监督管理的压力容器定义是指最高工作压力$P \geqslant 0.1$MPa，容积大于或等于25L，工作介质为气体、液化气体或最高工作温度大于等于标准沸点的液体容器。它主要用于石油化工、能源工业、科研和军事工业等方面，同时在民用工业领域也得到广泛应用，如煤气或液化石油气罐、各种蓄能器、换热器、分离器以及大型管道工程等。

1. 压力容器的分类及应用

（1）按工艺用途分类

1）反应压力容器：用于完成介质的物理、化学反应。

2）换热压力容器：用于完成介质的热量交换。

3）分离压力容器：用于完成介质的流体压力平衡和气体净化分离等。

4）储存压力容器：用于盛装生产用的原料气体、液体和液化气体等。

（2）按设计压力分类

1）低压容器（代号L），$0.1\text{MPa} \leqslant P < 1.6\text{MPa}$。

2）中压容器（代号M），$1.6\text{MPa} \leqslant P < 10\text{MPa}$。

3）高压容器（代号H），$10\text{MPa} \leqslant P < 100\text{MPa}$。

4）超高压容器（代号U），$P \geqslant 100\text{MPa}$。

（3）按照容器的设计温度分类

1）低温容器：设计温度等于和低于－20℃。

2）高温容器：设计温度等于和高于350℃。

3）常温容器：其余为常温容器。

2. 压力容器的焊接结构

压力容器的结构形式虽然很多，但最基本的结构是一个密闭的焊接壳体。根据压力容器壳体的受力特点，最适合的形状是球形。但球形容器制造相对比较困难，成本高，因此在工业生产中，中、低压容器多数采用圆筒形结构。圆筒形容器由筒体、封头、法兰、密封元件、开孔接管以及支座等六大部件组成，并通过焊接构成一个整体，如图 8-17 所示。

（1）筒体　筒体是圆筒形压力容器的主要承压元件，它构成了储存物料或完成化学反应所需要的空间。当筒体直径较小（小于 500mm）时，可用无缝钢管制作。当直径较大时，筒体一般用钢板卷制或压制（压成两个半圆）后焊接而成。筒体较短时可做成完整的一节，当筒体的纵向尺寸大于钢板的宽度时可由几个筒节拼接而成。根据筒体的承载要求和钢板厚度，其纵向焊缝和环向焊缝可采用开坡口或不开坡口的对接接头。

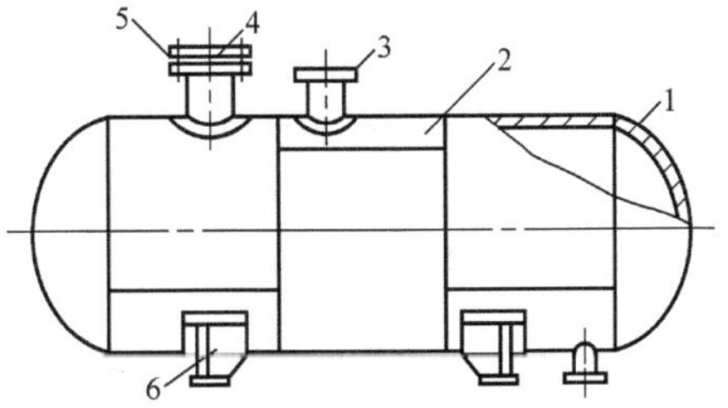

图 8-17　圆筒形压力容器结构图

1—封头　2—筒体　3、4—法兰　5—接管　6—支座

（2）封头　即是容器的端盖。根据几何形状的不同，压力容器的封头可分为球形封头、椭圆形封头、碟形封头、锥形封头和平板封头等结构形式，如图 8-18 所示。其中椭圆形和球形封头应用最为广泛。除锥形封头和平板封头外，其余凸形封头均是将钢板通过冲压或爆炸成形等方法制作的。

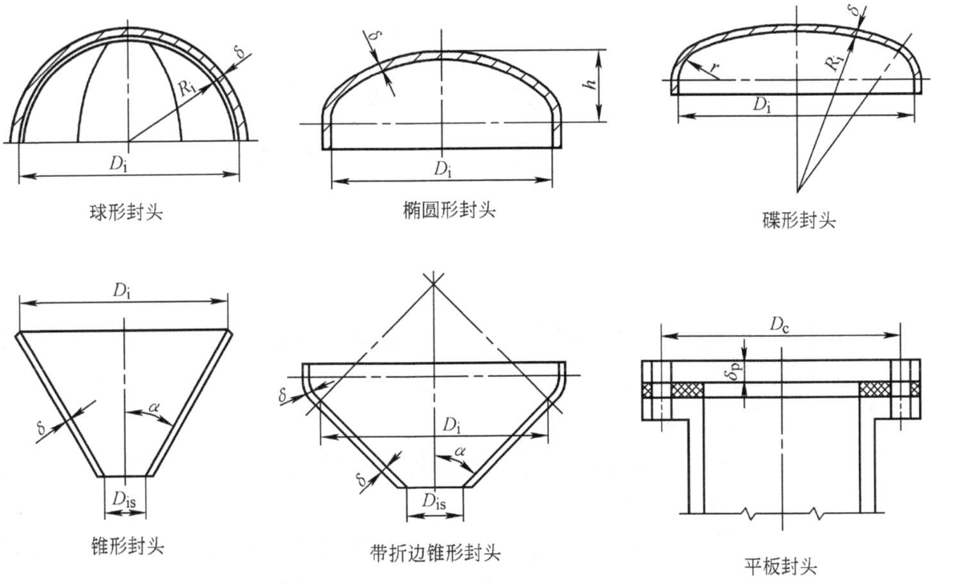

图 8-18　压力容器常用封头结构形式

（3）法兰　法兰按其用途不同，分为管法兰和容器法兰。用于管道连接和密封的法兰称为管法兰；用于容器顶盖与筒体连接的法兰称为容器法兰。法兰与法兰之间一般加密封元件，并用螺栓连接起来。

（4）开孔与接管　由于工艺要求和检修时的需要，常在石油化工容器的封头上开设各种孔或安装接管，如人孔、手孔、视镜孔、物料进出接管，以及安装压力表、液位计、流量计、安全阀等接管开孔。手孔和人孔是用来检查容器的内部并用来装拆和洗涤容器内部的装置。手孔的直径一般不小于150mm，直径大于1200mm的容器应开设人孔。筒体与封头上开孔后，开孔部位的强度被削弱，一般应进行补强。

（5）支座　压力容器靠支座支承并固定在基础上。根据圆筒形容器的安装位置不同，有立式容器支座和卧式容器支座两类。对卧式容器主要采用鞍形支座，对于薄壁长容器也可采用圈形支座。

3. 压力容器焊缝的类型

GB 150—1998《钢制压力容器》中规定，按其所在的位置不同，将压力容器受压部分的焊缝分为A、B 、C 、D 四类，如图8-19所示。具体规定如下。

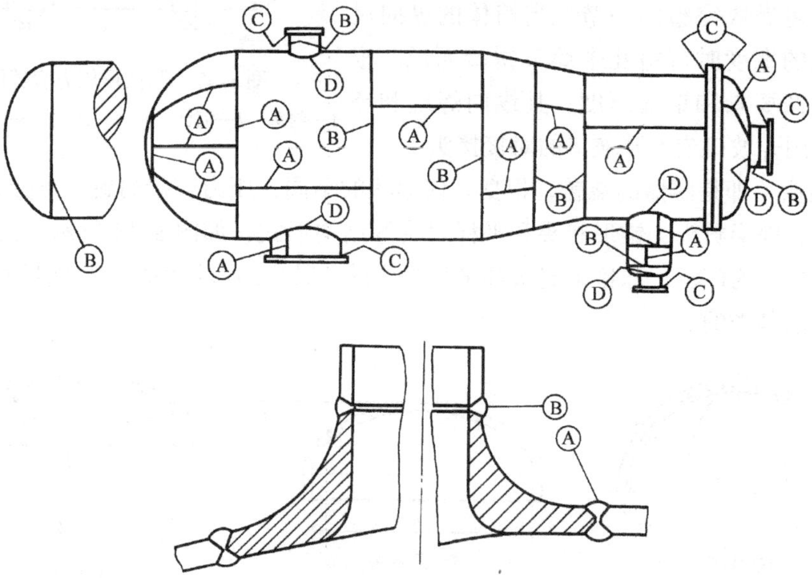

图8-19　压力容器四类焊缝的位置

（1）A类焊缝　受压部分的纵向焊缝（多层包扎压力容器层板的层间纵向焊缝除外），各种凸形封头的所有拼接焊缝，球形封头与圆筒连接的环向焊缝以及嵌入式接管与圆筒或封头的对接焊缝，均属于此类焊缝。

（2）B类焊缝　受压部分的环形焊缝、锥形封头小端与接管连接的焊缝均属于此类焊缝（已规定为A、C、D类的焊缝除外）。

（3）C类焊缝　法兰、平封头、管板等与壳体、接管连接的焊缝，内封头与圆筒的搭接填角焊缝以及多层包扎压力容器层板的层间纵向焊缝，均属于此类焊缝。

（4）D类焊缝　插管、人孔、凸缘等与壳体连接的焊缝，均属于此类焊缝（已规定为A、B类的焊缝除外）。

4. 压力容器焊缝的部分技术要求

在GB 150—1998《钢制压力容器》中，还对压力容器制造、检验等提出了要求和规定。

（1）坡口表面要求　坡口表面不得有裂纹、分层、夹渣等缺陷；施焊前，应清除坡口及母材两侧表面20mm范围内的氧化物、油污、熔渣及其他有害杂质。

（2）封头要求　封头各种不相交的拼焊焊缝中心线距离至少应为封头钢材厚度 δ_s 的 3 倍，且不小于 100mm。封头由成形的瓣片和顶圆板拼接制成时，焊缝方向只允许是径向和环向的，如图 8-20 所示；先拼板后成形的封头拼接焊缝，在成形前应打磨至与母材平齐。

（3）圆筒与壳体要求　A、B 类焊接接头对口错边量 b，如图 8-21 所示，应符合相应规定。锻焊容器 B 类焊接接头对口错边量 b 不应大于对口处钢材厚度 δ_s 的 1/8，且不大于 5mm；筒节长度应不小于 300mm。组装时，相邻筒节 A 类焊缝中心线与相邻筒节 A 类焊缝中心线间外圆弧长应大于钢材厚度 δ_s 的 3 倍，且不小于 100mm。

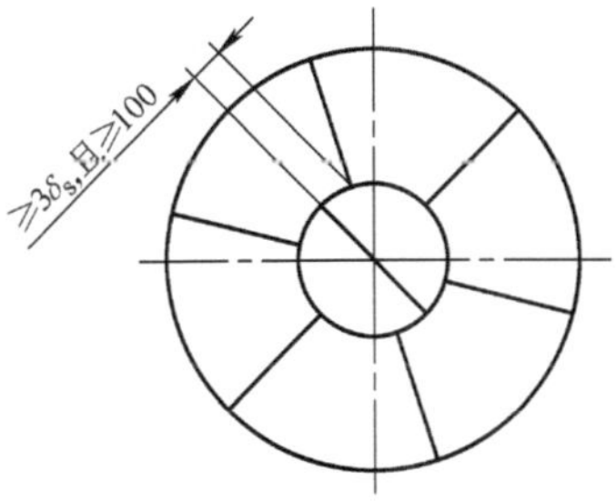

图 8-20　拼焊封头

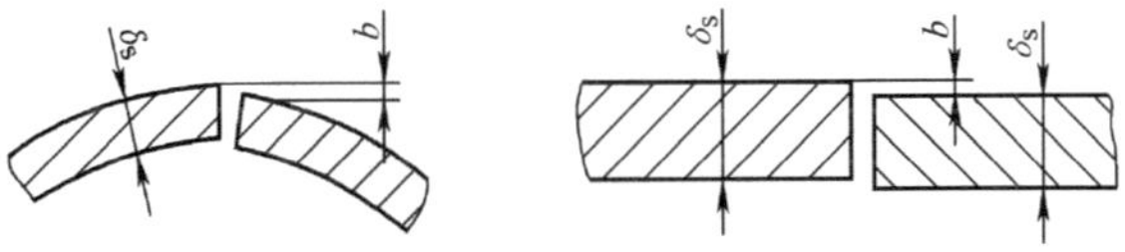

图 8-21　焊接接头对口错边量

（4）焊接工艺要求　压力容器焊接前的焊接工艺评定，应按 JB 4708—2000 进行；C、D 类焊缝的焊脚，在图样无规定时，取焊件中较薄的厚度；C、D 类焊缝与母材呈圆滑过渡；焊缝表面不得有裂纹、气孔、弧坑和飞溅物。

二、中低压压力容器的制造工艺

中低压压力容器结构及制造较为典型，应用也最为广泛。这类容器一般为单层筒形结构，其主要受力元件是封头和筒体，下面以图 8-22 所示的压力容器为例介绍其具体的生产工艺过程。

1. 封头的制造

目前广泛采用冲压成形工艺加工封头，现以椭圆形封头为例来说明其制造工艺。

想一想

为什么要控制封头的始压温度和终压温度？

封头制造工艺大致如下：原材料检验→划线→下料→拼缝坡口加工→拼板的装焊→加热→压制成形→二次划线→封头余量切割→热处理→检验→装配。

椭圆形封头压制前的坯料是一个圆形，封头的坯料尽可能采用整块钢板，如直径过大，一般采用双面埋弧焊工艺进行拼接。

封头成形有热压和冷压之分。采用热压成形时，为保证成形质量，必须控制始压和终压温度。低碳钢始压温度一般为 1000～1100℃，终压温度为 850～750℃。加热的坯料在压制前应清除表面的杂质和氧化皮。封头的压制是在水压机（或油压机）上用凸凹模一次压制

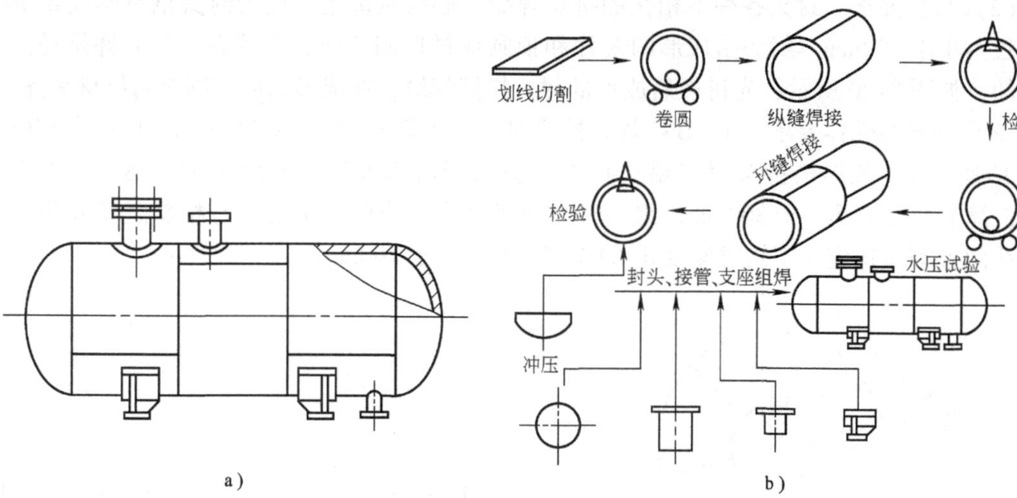

图 8-22 圆筒形压力容器制造工艺流程

a) 压力容器的结构示意图 b) 制造工艺流程

成形，不需要采取特殊措施。

已成形的封头还要对其边缘进行加工，以便与筒体装配。一般应先在平台上划出保证直边高度的加工位置线，用氧气切割的方法割去加工余量。也可采用图 8-23 所示的封头余量切割机，此机械装备在切割余量的同时，可通过调整割矩角度直接割出封头边缘的坡口（V 形），经修磨后直接使用。如对坡口精度要求高或其他形式的坡口，一般是将切割后的封头放在立式车床上进行加工，以达到设计图样的要求。封头加工完后，对主要尺寸进行检查，合格后才可与筒体装配并焊接。

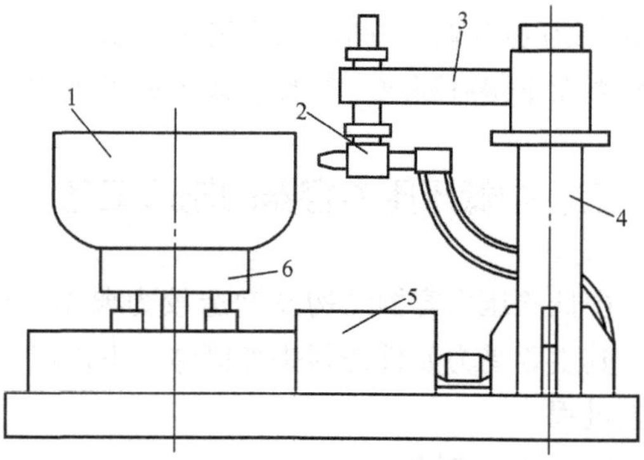

图 8-23 封头余量切割机示意图

1—封头 2—割矩 3—悬臂 4—立柱

5—传动系统 6—支座

2. 筒节的制造

当筒体直径在 800mm 以下时，可以采用单张钢板卷制而成，这时筒节上只有一条纵向焊缝；当筒体直径为 800 ~ 1600mm 时，可用两个半圆筒焊接而成，筒节上有两条纵焊缝；若筒体直径为 1000 ~ 3000mm 或更大时，应视钢板的规格确定筒节上采用一条或两条纵焊缝。

筒节制造的一般过程为：原材料检验→划线→下料→边缘加工→卷制→纵缝装配→纵缝焊接→焊缝检验→矫圆→复检尺寸→装配。

筒节可采用剪切或半自动切割下料，下料前先划线，包括切割位置线、边缘加工线、孔洞中心线及位置线等，其中管孔中心线距纵缝及环缝边缘的距离不小于管孔直径的 0.8 倍，并打上样冲标记，图8-24为筒节划线示意图。

中低压压力容器的筒节可在三辊或四辊卷板机上冷卷而成，卷制过程中要经常用样板检查曲率，卷圆后其纵缝处的棱角、纵向错边量应符合技术要求。

筒节卷制好后，在进行纵缝焊接前应先进行纵缝的装配，主要是采用杠杆—螺旋拉紧器、柱形拉紧器等各种工装夹具来消除卷制后出现的质量问题，满足纵缝对接时的装配技术要求，保证焊接质量。装配好后即进行定位焊。筒节的纵环缝坡口是在卷制前就加工好的，焊前应注意坡口两侧的清理。

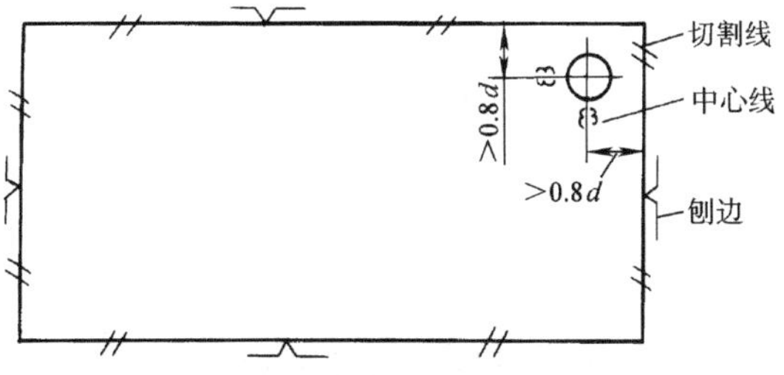

图 8-24　筒节的划线

筒节纵缝焊接的质量要求较高，一般采用双面焊，顺序是先里后外。纵缝焊接时，应做产品的焊接试板；同时，由于焊缝引弧处和熄弧处的质量不好，故焊前应在纵向焊缝的两端装上引弧板和熄弧板。筒节纵缝焊接后还须按要求进行无损探伤，再经矫圆，满足圆度的要求后才送入装配工序。

3. 容器的装配工艺

容器的装配是指各零部件间的装配，其接管、人孔、法兰、支座等的装配较为简单，下面主要分析筒节与筒节以及封头与筒节之间的环缝装配工艺。

（1）筒节与筒节之间的环缝装配　环缝要比纵缝装配困难得多，其装配方法有立装和卧装两种。立装适合于直径较大而长度不太大的容器，一般在装配平台或车间地面上进行。卧装一般适合于直径较小而长度较大的容器，多在滚轮架或 V 形铁上进行。

想一想

选配法有哪些优点与缺点？如何使用选配法进行筒体的装配？

筒节与筒节装配前，可先测量周长，再根据测量尺寸采用选配法进行装配，以减少错边量；或在筒节两端内使用径向推撑器，把筒节两端整圆后再进行装配。另外，相邻筒节的纵向焊缝应错开一定的距离，其值在周围方向应大于筒节壁厚的 3 倍以上，并且不应小于 100mm。

（2）封头与筒体的环缝装配　该环缝装配也可采用立装和卧装，当封头上无孔洞时，也可先在封头外临时焊上起吊用吊耳，便于封头的吊装。立装与前面所述筒节之间的立装相同。卧装时，如是小批量生产，一般采用手工装配的方法，如图 8-25 所示。

在滚轮架上放置筒体，并使筒体端面伸出滚轮架外 400～500mm，用起重机吊起封头送至筒体端部，对准后横跨焊缝焊接一些刚性不太大的小板，固定封头与筒体间的相互位置。起重机移开后，用螺旋压板将环向焊缝逐段对准到适合的焊接位置，再用“Π 形马”横跨焊缝并定位焊。批量生产时，一般是采用专门的封头装配台来完成封头与筒体的装配。封头与筒体组装时，封头拼接焊缝与相邻筒节的纵焊缝也应错开一定的距离。

4. 容器的焊接

容器环缝焊接时，可采用各种焊接操作机进行内外缝的焊接，但在焊接容器最后一条环缝时，只能采用手工封底的或带垫板的单面埋弧焊。

容器的其他部件，如人孔、接管、法兰、支座等，一般采用焊条电弧焊焊接。

容器焊接完以后，还必须用各种方法进行检验，以确定焊缝质量是否合格。

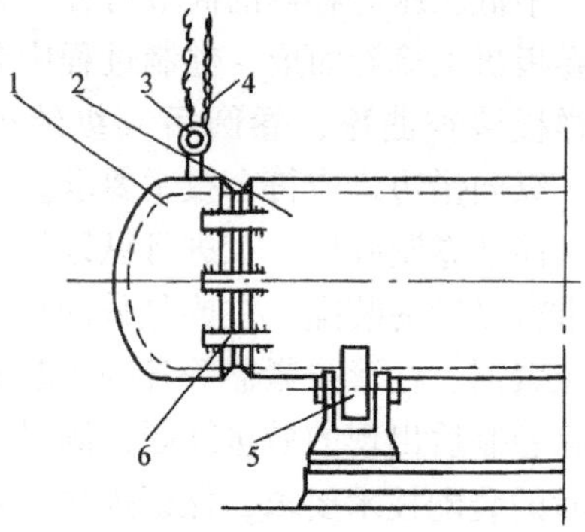

图 8-25　封头简易装配法

1—封头　2—筒体　3—吊耳　4—吊钩　5—滚轮架　6—Π 形马

三、球形压力容器的制造工艺

1. 球形容器的结构形式

球形容器一般称作球罐，它主要用来储存带有压力的气体或液体。

球罐按其瓣片形状分为橘瓣式、足球瓣式及混合式，如图 8-26 所示。橘瓣式球罐因安装方便，焊缝位置规则，目前应用最为广泛。按球罐直径大小和钢板尺寸分为三带、四带、五带和七带橘瓣式球罐。足球瓣式的优点是所有瓣片的形状、尺寸都一样，材料利用率高，下料和切割比较方便，但大小受钢板规格的限制，混合式球罐的中部用橘瓣式，上极和下极用足球瓣式，常用于较大型的球罐。一个完整的球罐往往需要数十或数百块的瓣片。

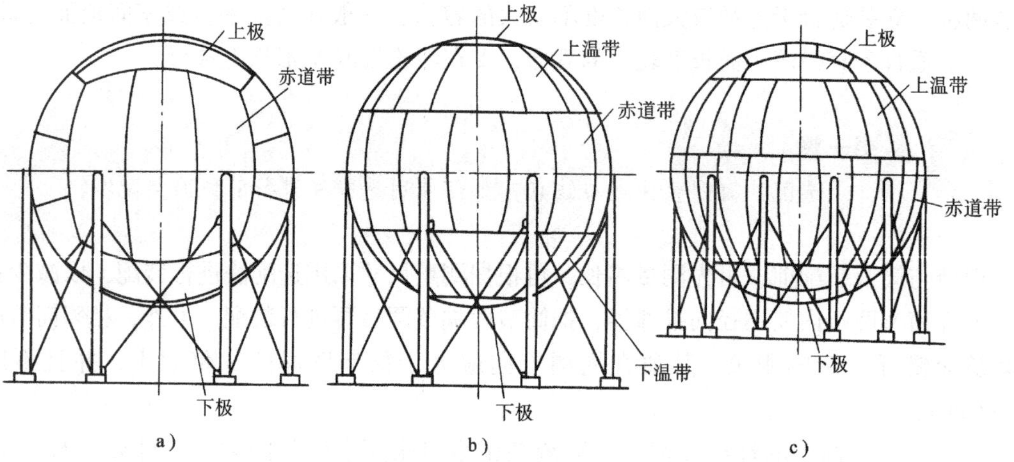

图 8-26　球罐形式

a）足球瓣式　b）橘瓣式　c）混合式

2. 球罐的技术条件及其分析

球罐工作条件及结构特征决定了球罐的技术条件是相当高的。首先球罐的各球瓣下料、坡口加工、装配精度等均要符合技术要求，这是保证球罐质量的先决条件。另外，由于工作介质和压力、环境的要求，且返修困难，对焊接质量要严格控制，保证球罐受压均匀。焊接变形也要严格控制，这必须有合适的工装夹具来配合，同时采用正确的装焊顺序。

一般球罐多在厂内预装，然后将零件编号，再到工地上组装焊接。球罐的焊缝多数采用焊条电弧焊，要求焊工的技术水平较高，并要有严格的检验制度，对每一生产环节都要认真对待。

3. 球罐的制造工艺

(1) 瓣片制造　球瓣的下料及成形方法较多。由于球面为不可展曲面，要通过计算法放样展开为近似平面，然后压延成球面，再经简单修整即可成为一个瓣片，此法称为一次下料。还可以按计算周长适当放大，切成毛料，压延成形后进行二次划线，精确切割，此法称为二次下料，目前应用较广。如果采用数学放样进行数控切割，则可大大提高精度与加工效率。

小知识

热压成形能防止材料的加工硬化现象，但操作困难，氧化皮危害较大，板料变薄较严重。

对于球瓣的压制成形，一般直径小、曲率大的瓣片采用热压；直径大、曲率小的瓣片采用冷压。压制设备为水压机或油压机等。冷压球瓣采用局部成形法，具体操作方法是：钢板由平板状态进入初压时不要压到底，每次只冲压坯料的一部分，压一次移动一定距离，并留有一定的压延重叠面，这可避免工件局部产生过大的突变和折痕。当坯料返程移动时，可以压到底。

(2) 支柱制造　球罐支柱形式多样，以赤道正切式应用最为普遍。赤道正切支柱多数是管状形式，小型球罐选用钢管制成；大型球罐由于支柱直径大而长，所以用钢板卷制后拼焊而成。如考虑到制造、运输、安装的方便，大型球罐的支柱制造时分成上、下两部分，其上部支柱较短。上、下支柱的连接，是借助一短管，使安装时便于对拢。

(3) 球罐的装焊　球罐的装配方法很多，一般采用以赤道带为基准来安装的分瓣装配法。图 8-27 所示是橘瓣式球罐的装配流程简图。

装配时，在基础中心一般都要放一根中心柱（图 8-28）作为装配和定位的辅助装置。它由 $\phi300 \sim \phi400$mm 的无缝钢管制成，分段用法兰连接。

装赤道板时，用中心柱拉住瓣片中部，用花篮螺栓调节并固定位置。温带球瓣可先在胎具上进行双拼，胎具制成与球瓣具有相同形状的曲面。

想一想

中心支柱的作用是什么？何时安装、拆除中心支柱？

装下温带时，先把下温带板的上口挂在赤道板下口，再夹住瓣片下口，通过钢丝绳吊在中心柱上，如图 8-28 所示。钢丝绳中间加一倒链装置，把温带板拉起到所需位置。

装上温带时，它的下口搁在赤道板上口，再用固定在中心柱上的顶杆顶住它的上口，通过中间的双头螺柱调节位置。也可以在中心柱上面做成一个倒伞形架，上温带板上口就搁在

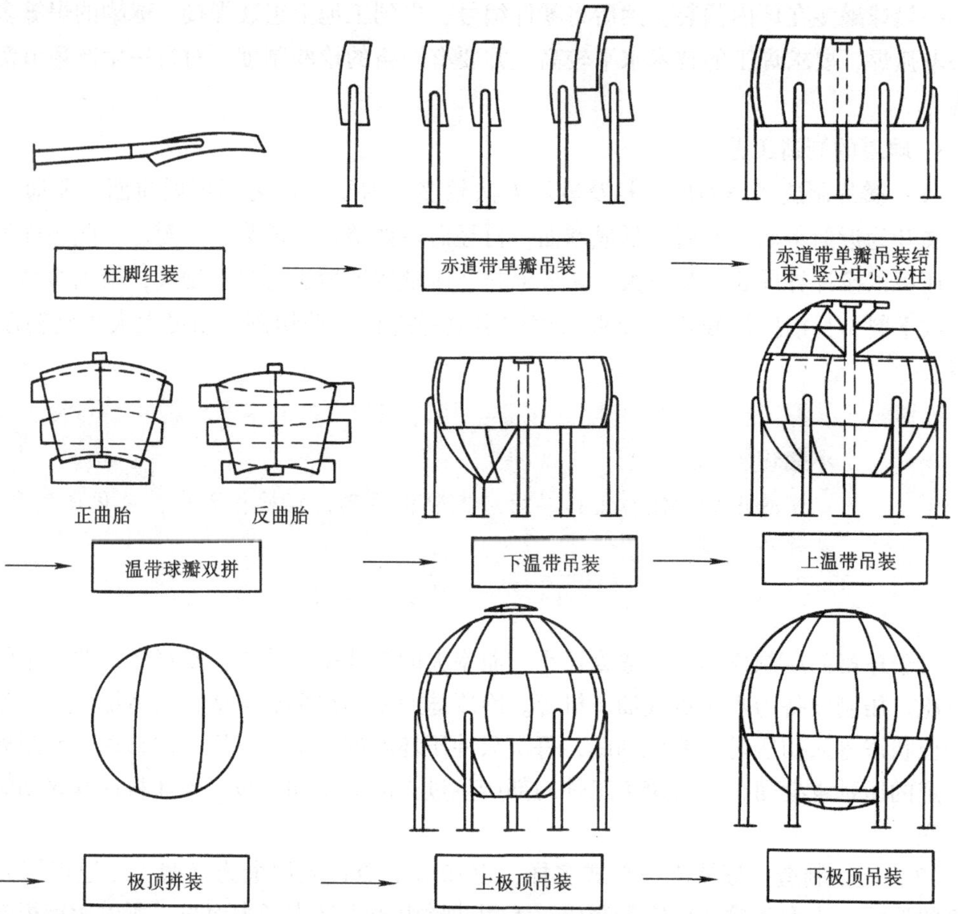

图 8-27　橘瓣式球罐的装配流程图

其上。温带板都装好后，拆除中心柱。

球罐制造时，一般装配与焊接交替进行，其安装、焊接及焊后的各项工作如下。

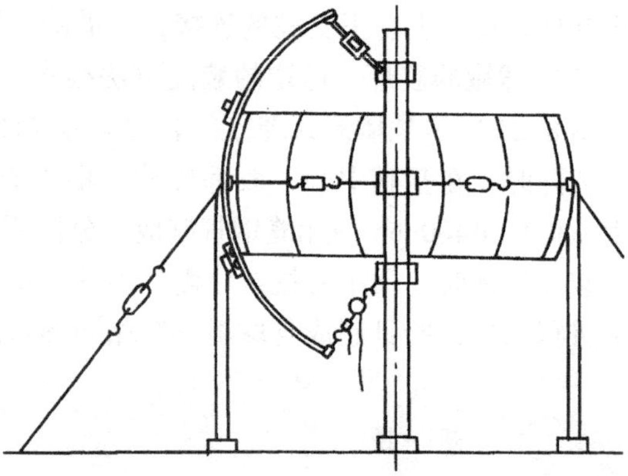

图 8-28　中心柱使用

支柱组合→吊装赤道板→吊装下温带板→吊装上温带板→装里外脚手→赤道纵缝焊接→下温带纵缝焊接→上温带纵缝焊接→赤道下环缝焊接→赤道上环缝焊接→上极板安装→上极板环缝焊接→下极板安装→下极板环缝焊接→射线探伤和磁粉探伤→水压试验→磁粉探伤→气密性试验→热处理→涂装、包保温层→交货。

球罐的焊接大多数情况下采用焊条电弧焊完成，焊前应严格控制接头处的装配质量，并在焊缝两侧进行预热。

焊条电弧焊焊接球罐工作量大，效率低，劳动条件差，因此，一直在探索应用机械化焊接方法，现已采用的有埋弧焊、管状丝极电渣焊，气体保护焊等。

（4）球罐的整体热处理　球罐焊后是否要进行热处理，主要取决于材质与厚度。球罐热处理一般进行整体退火，火焰加热退火装置如图 8-29 所示。加热前将球罐连带地脚螺栓从基础上架起，浮架在辊道上，以便热处理过程中自由膨胀。

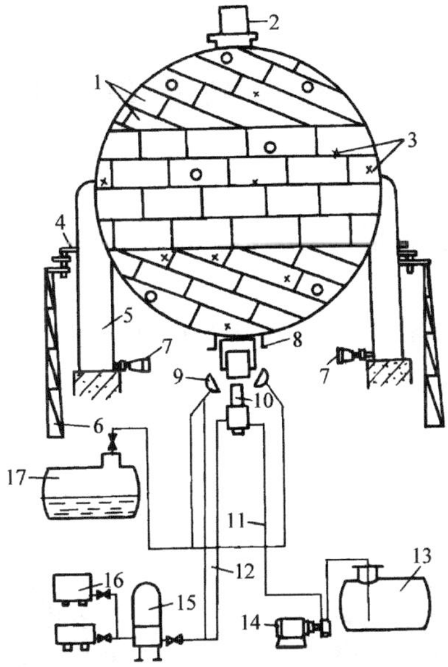

图 8-29　火焰加热退火装置示意图

1—保温毡　2—烟囱　3—热电偶布置点（○为内侧，×为外侧）　4—指针和底盘　5—柱脚　6—支架　7—千斤顶　8—内外套筒　9—点燃器　10—烧嘴　11—油路软管　12—气路软管　13—油罐　14—泵组　15—储气罐　16—空压机　17—液化气储罐

在球壳板外包上保温层并安装测温热电偶。燃料可用液化石油气、天然气或柴油，在罐内点燃后进行加热。另外，在球罐下极板外侧一般还要安装电热器，作为罐体低温区的辅助加热措施。加热温度一般为 620℃左右，当达到温度要求即停止加热，并保温 24h 后缓慢冷却。

球罐热处理也可采用履带式电加热和红外线电加热。电加热法比较简便、干净，热处理过程可以用电脑自动控制，控制精度高，温差小。

【综合训练】

一、填空

1. 简体是圆筒形压力容器的主要承压元件，当筒体直径较小时，可用________制作。当直径较大时，筒体一般________________制成。

2. 压力容器的封头可分为________________、________________、________________、锥形封头和________________等结构形式。

3. 球罐按其瓣片形状分为________式、________式及________式。

4. 球罐的装配方法很多，一般采用以________为基准来安装的分瓣装配法。

二、简答

1. 封头的制造工艺过程如何？
2. 球形容器的结构形式有哪些？各有何特点？
3. 球罐瓣片的下料方法有哪种？如何进行？

模块三　船舶结构的生产工艺

一、船舶结构的类型及特点

船舶是一座水上浮动结构物，而作为其主体的船体则由一系列板架相互连接而又相互支撑构成的，如图 8-30 所示。

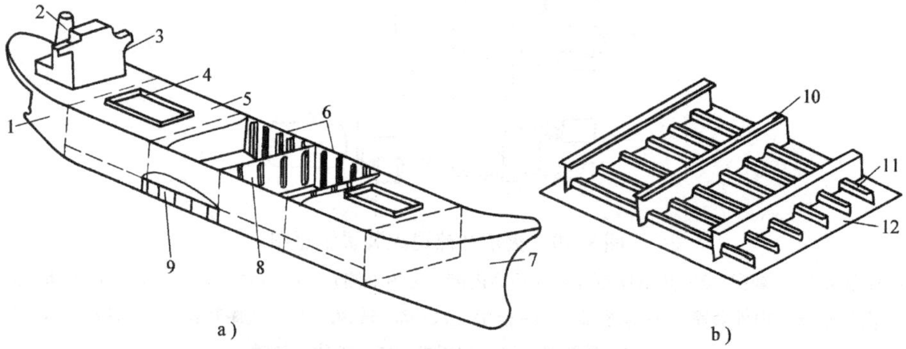

图 8-30　船体结构的组成及其板架简图

a）船体结构简图　b）板架结构简图

1—尾部　2—烟囱　3—上层建筑　4—货舱口　5—甲板　6—舷侧　7—首部　8—横舱壁　9—船底　10—桁材　11—骨材　12—板

1. 船舶板架结构的类型及使用范围

船体板架结构可分为纵骨架式、横骨架式及混合骨架式三种，其特征和使用范围见表 8-1。

表 8-1　船体板架结构的类型及特征

板架类型	结构特征	适用范围
纵骨架式	板架中纵向（船长方向）构件较密、间距较小，而横向（船宽方向）构件较稀、间距较大	大型油船的船体；大中型货船的甲板和船底；军用船舶的船体
横骨架式	板架中横向构件较密、间距较小，而纵向构件较稀、间距较大	小型船舶的船体；中型船舶的弦侧、甲板；民船的艏艉部
混合骨架式	板架中纵、横向构件的密度和间距相差不多	除特种船舶外，很少使用

2. 船舶焊接技术特点

就船舶制造而言，焊接技术已经成为最重要的工艺技术之一。船体结构是由外板、甲板、舱壁板等一系列板件与纵横交叉的构件即船体的骨架相互连接又相互支持所组成的，并形成了船体的水密外壳。船体结构与其他钢结构相比，在焊接技术上有以下特点。

1）船体外板连接既要保证一定的强度，又要保证水密性。因此，一般接头形式都采用对接接头。钢板厚度较大时，板的边缘须开坡口，以利于焊透，坡口形式随板厚和焊接方法而不同。

2）船体结构复杂、刚性大。各种平直、曲形纵横构件用焊接方法连接成一体，使整个船体成为一个刚性的焊接结构。因此，要确保各条焊缝和节点的焊接质量，不允许存在任何细微裂纹和避免应力集中。

3）焊接工作量大。焊接工时一般占船体建造总工时的30%～40%，因此，在设计时就要考虑结构的工艺性、焊接位置的合理性，以及宜于采用各种高效焊接工艺。

4）船舶建造中使用的钢材品种多，钢材的强度又不同，因此，焊接时要根据各种不同强度要求的钢种制订合理的焊接工艺。

5）船舶焊接技术是一项要求极为严格的工艺技术，同时还有许多焊接标准、规范必须执行和遵守。所以，所有的焊接工程师和焊工上岗焊接，都需经过严格的考试和发证。

随着先进制造技术的发展，对船舶焊接技术的发展提出了“高效、节能、环保、绿色”的要求。

二、造船方法分类

随着造船技术的发展，造船方法由整体（散装）建造相继发展为分段建造、总段建造、串联建造，以及壳舾涂一体化区域造船法和模块化建造法，通常可按图 8-31 所示分类。

- 造船方法
  - 整体(散装)建造法
  - 按典型中间产品划分的造船方法
    - 分段建造法(现代造船的基本造船方法)
    - 总段建造法
    - 壳舾涂一体化区域造船法
    - 模块化建造法
  - 按船台(坞)搭载方式划分的造船方法
    - 水平建造发
    - 岛式建造发
    - 串联建造发
    - 两段建造发
    - 水上合拢法(浮坞造船)
    - 巨型总段建造法
    - 平地造船法

图 8-31　造船方法的分类

（1）整体建造法　船体是由结构零部件在船台上散装而成，舾装是船舶下水后在码头上进行，涂装是在整船进行。这类所有壳舾涂作业均由船厂自行承担的全能型船厂属劳动密集型、单一工种的作业方式，生产效率低下。其主导技术是铆接技术，在焊接技术引进的早期，也采用这一造船方法。

（2）分段建造法　分段建造法是指在船台上或船坞内以船体分段为主，组装成船体的建造方法。分段建造法是将结构零部件在车间内组装成分段，并进行分段预舾装，再将分段在船台（坞）搭载合拢成全船。船厂属设备密集型，机械化程度高，有较大型起重设备和下水设施，采用混合工种或复合工种的作业方式。其主导技术是焊接技术，以中间产品专业化生产为导向。

（3）总段建造法　总段建造法是指在船台上或船坞内，由船体总做搭载合拢成船体的建造方法。其特征是大部分的船体装配工作能在车间内或室外平台上完成，舾装作业、机电设备安装及密性试验等大部分作业均可在分段建造或总段建造阶段完成，有利于开展平行作业和缩短船台周期。因总段刚性大，大合拢时变形小、易控制，总段建造现分道和集成制造，并有利于实现区域壳舾涂一体化建造，但船厂需要配置大吨位的起重运输设备。

（4）壳舾涂一体化区域造船法　壳舾涂一体化区域造船法是在造船成组技术指导下，以中间产品为导向实行作业分解与组合的一种先进的造船方法。其特点是船体分道、区域舾装和区域涂装。在船体装焊作业时，可同步开展舾装和涂装，并以壳舾涂一体化作业计划为统筹，壳舾涂三大造船作业有机集成为一体，形成有序协调、均衡、快捷的造船方式。

（5）串联造船法　串联造船法是指在同一船台上或船坞内，当第一艘船在船台末端建造时，第二艘船的艉部即在船台前端同时施工。待第一艘船下水后，便将第二艘船的艉部移至船台末端，继续搭载其他分段形成整个船体。与此同时，则在船台前端又开始第三艘船艉部的施工。这样一种循环往复的造船方法，其特点是机舱设备和轴舵系安装工作可在艉部船体装焊完成后提前进行。

（6）模块化造船法　模块化造船法是将船舶结构、设备和系统按功能或层次体系分解成若干有接口关系的相对独立单元，再按照标准化、通用化、系列化、组合化的设计和生产原则，以不同的方式排列和组合成完整船舶的造船方法。该方法起步较早，并在德、美等国的军船上成功应用，但由于其系列化、标准化等难以全面突破，目前在民船上的应用还受到限制。

（7）巨型总段建造法　该造船法是由总段造船法发展起来的，其特点是总段巨型化。采用超大吨位的起重机，将组成全船船体的5～6个重3000t以上的巨型总段在平地建成后，用水上浮吊或其他方式，在专门的浮船坞内进行水上合拢。适用于10×10^4t以上大型或超大型船舶。

三、分段建造法

船体建造一般采用分段建造法，分段的划分与焊接施工的方便性有关，也与起重和运输能力有关。

1. 船体建造阶段的划分和基本任务

船体建造阶段的划分，见表8-2。

表8-2　船体建造阶段的划分

建造阶段程序	建造阶段	基本任务
加工	零件加工	将钢材加工成零件
小、中组立	部件、组件装配（小合拢）	将加工好的各种零件组合成部件

（续）

建造阶段程序	建造阶段	基本任务
大组立	分段装配（中合拢）	将各个船体零件和部件组合成分段或大分段
总组立	分段总组	将2个以上的分段组合成总段
搭载	船台、船坞装配（大合拢）	将分段或总段以及少量的船体零件和部件在船台上安装成整个船体

2. 造船作业主流程

造船作业主流程一般是从钢料堆场和预处理、船体构件下料、加工、装焊（安装）到船台（坞）合拢、下水试验等主要工艺过程，如图8-32中间的黑粗线所示。

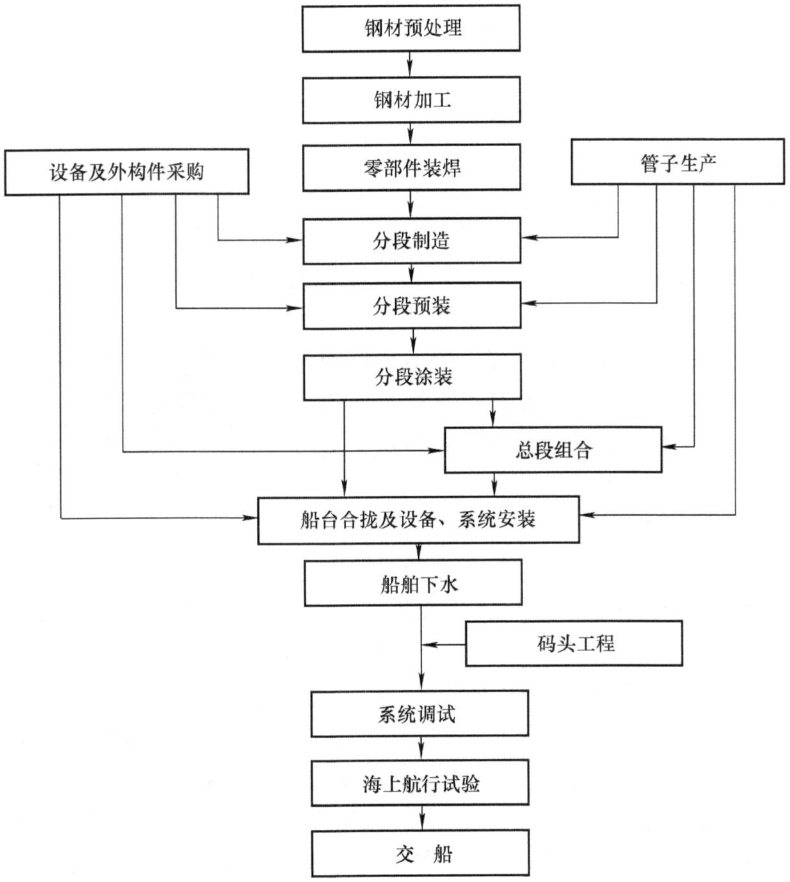

图8-32 典型造船作业主流程图

3. 分段建造法的制造工艺

（1）备料加工 钢材下料是按下料草图或软件程序，将钢板和型钢等加工成零件。大型船厂多采用数控和机械化（半自动）切割机进行切割下料，其切口精度高，并可按要求同时切割出焊接坡口。尽可能将坡口加工与下料同时进行，这样既可提高效率，又可以保证坡口加工精度。

（2）拼板焊接 大型造船厂常用的拼板焊接方法有龙门架埋弧焊、三丝埋弧焊和胎架拼焊。

1）龙门架埋弧焊。可进行厚度为 3 ~ 35mm 的平板对接。16mm 厚度以下的钢板采用 I 形坡口，直接对接；厚度为 17 ~ 35mm 的钢板采用开坡口的对接接头。

2）三丝埋弧焊。单面焊双面成形的三丝埋弧焊是拼板流水生产线的关键工序之一，其生产率高，焊接质量稳定。

3）胎架拼板。在船体分段建造中，通常需将多张曲形板进行拼焊，为保证拼板的圆滑，要求在胎架上进行拼焊（图 8-33）。焊接可采用单面 CO_2 气体保护焊、双面埋弧焊或 CO_2 气体保护焊打底、埋弧焊盖面的组合工艺。

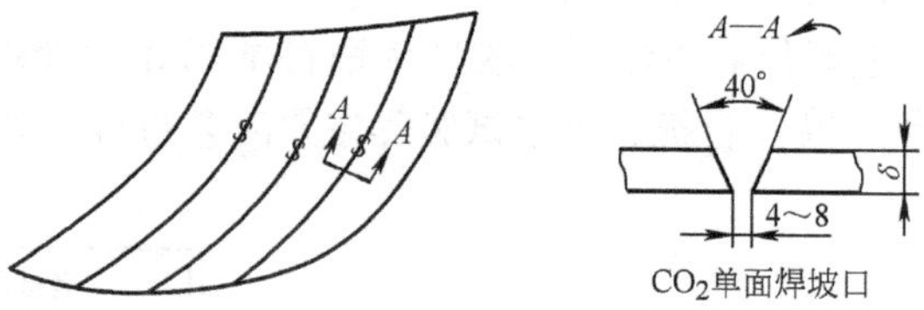

图 8-33 曲形板在胎架上的拼焊

（3）组件合拢 组件合拢是将零件组焊成简单的部件。船舶结构中的零件有 T 形排及平面构架。

1）T 形排的焊接。T 形排焊接时应先焊非定位边，从中间向两边分段退焊。对于可能产生较大焊接变形的 T 形排，可增加临时支撑来刚性固定或将面板轧制出反变形。

2）平面构架的焊接。平面构架一般由钢板和型钢（或 T 形排）组焊而成，其中包括上层建筑围壁、各种平台板、纵横隔舱壁等。平面构架的焊接应尽量采用 CO_2 气体保护焊，以减少波浪变形，焊接顺序应采取对称、分段退焊。某些组件要求端部留出 200mm 的缓焊区，以利于分段组装时方便对准组件，如图 8-34 所示。

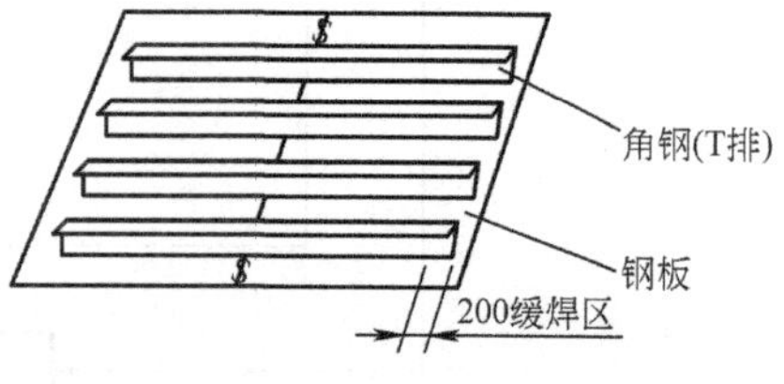

图 8-34 平面构架的焊接顺序

（4）部件合拢 部件合拢是指将零件、组件在胎架上组装焊接成部件的过程。部件合拢通常包括艉部机舱、艏部、货舱区内底、上层建筑部件、上下边水舱部件、分段甲板、隔舱部件以及舵、挂舵臂等部件。分段建造法有正造法、反造法和侧造法。拟订焊接工艺时应尽量考虑将舱内作业在舱外完成，变仰焊、立焊为平焊，扩大高效焊接的范围。

1）底部分段。底部分段包括内、外底板，中、副纵桁及其加强肋、纵骨、肋板及肋骨，连接肋板及补板等。最常用的分段建造法为反造法。图 8-35 所示为底部分段建造流程。其中内外底拼板可部分采用龙门架焊接装置或三丝埋弧焊，其余对接焊缝可采用双面埋弧焊或单面 CO_2 气体保护焊。中、副纵桁框架焊接后需火焰矫正。在以内底为基面焊接框架间的立角焊缝时，可采用 CO_2 气体保护焊向下立焊。如采用向上立焊，则需采取分段退焊法，以防止分段四周上翘。

2）舷侧分段。舷侧分段一般为上下边水舱分段。下边水舱分段以斜底板为基面反造，数控切割的肋骨框经组件合拢、组焊矫正后作为外板内模面，然后分装外板（图8-36）。下边水舱以斜板与肋骨框、甲板、傍板分别组装成平面分段。将组装后的这些部件再以傍板为基面组成上边水舱分段。其甲板、斜板、傍板的拼板方法相似于内（外）底板拼焊方法。下边水舱外板因有曲形板而常采用单面 CO_2 气体保护焊。

3）立体分段。船体的艏、艉分段通常为立体分段，由甲板（或平台板）、傍板等平面分段组成并以甲板为胎架面进行反造。傍板在胎架上装焊矫正后吊到甲板胎架上组装成整体分段。甲板、傍板的对接缝采用埋弧焊或平面 CO_2 气体保护焊。在某些情况下，甲板的胎架面焊缝留在大合拢时平焊。

（5）大合拢　船体大合拢一般采用单岛式或双岛式建造法，定位分段，可不留余量，后接留余量端的分段与定位分段。为缩短造船周期，在平行舯体分段中，除嵌补分段外，其余可实现无余量上船台，艏艉分段可部分无余量上船台。

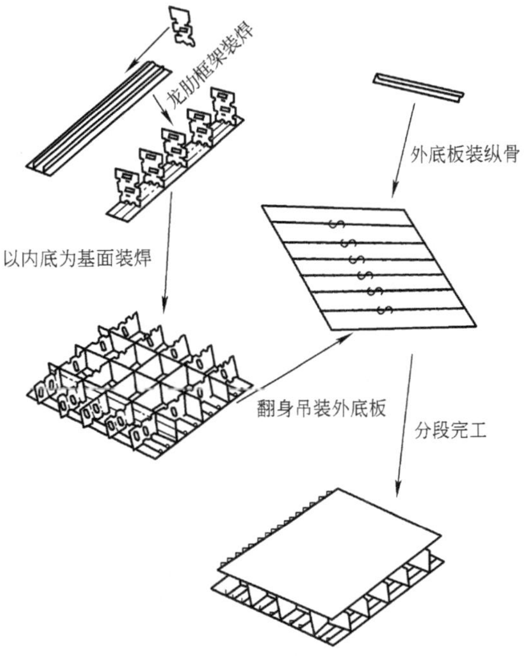

图 8-35　底部分段建造流程

图 8-37 所示为 16500m^3 液化气船的平行舯体船台焊接，其中甲板、外底板、斜板对接焊缝、内底板横缝和舷侧横缝均采用单面 CO_2 气体保护焊。外板纵缝采用自动 CO_2 气体保护垂直立焊。内底纵缝按板厚可采用双丝埋弧焊或单面 CO_2 气体保护焊。外板转角处及构架对接缝则采用焊条电弧焊。

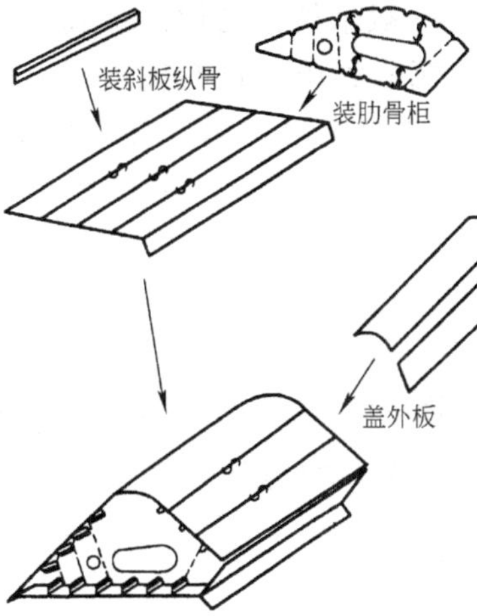

图 8-36　下边水舱分段建造流程

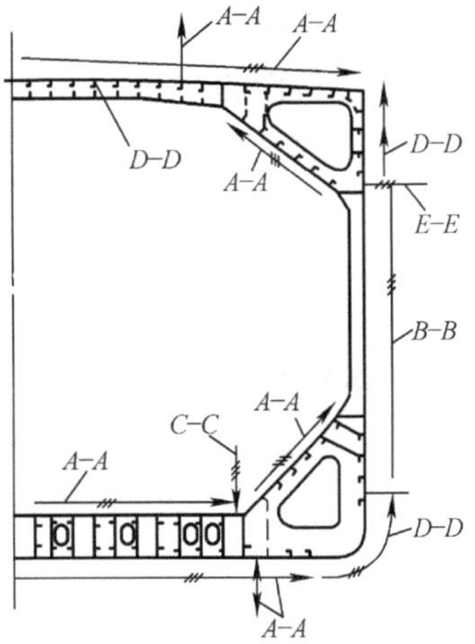

图 8-37　16500m^3 液化气船船体大合拢焊接方法

艏艉曲面分段、外板及构架对接焊缝均采用焊条电弧焊。甲板对接缝则采用单面 CO_2 气体保护焊。

大合拢焊接顺序为：先焊外板和甲板，再焊内底板和斜板，最后焊接构架及角焊缝。焊接过程中应注意对称施焊。

【活动建议】

参观船舶结构生产工厂，了解分段建造法的工艺流程及各船体分段的结构形式。

【综合训练】

一、填空

1. 船体板架结构可分为________式、________式及________式三种。

2. 大型造船厂常用的拼板焊接方法有________、________和________三种方法。

二、简答

1. 船舶焊接技术具有哪些特点？

2. 分段建造法中，船体建造阶段如何划分？各有哪些基本任务？

模块四　桁架的生产工艺

一、桁架的结构特点及技术要求

桁架是主要用于承受横向载荷的梁类结构，还可以用作机器骨架及各种支撑塔架，特别在建筑方面应用尤为广泛，其结构如图 8-38 所示。一般来说，当构件承载小、跨度大时，采用桁架制作的梁具有节省钢材、重量轻、可以充分利用材料的优点。同时，桁架运输和安装方便，制造时易于控制变形。但桁架节点处均用短焊缝连接，装配费工，难于采用自动化、高效率的焊接方法。因此，一般认为跨度大于 30m、载荷较小时，使用桁架是比较经济的。

小知识

桁架节点间距离 d 一般为 1.5 ~ 3m，桁架高度与跨距之比 $h/L = 1/10 \sim 1/14$。对于起重机桁架，节距 $d = 1.5 \sim 2.5$m，$h/L = 1/12 \sim 1/18$

1. 桁架的结构特点

1）呈平面结构或由几个平面桁架组成空间构架。

2）杆件多，焊缝多而且短，难于采用自动化焊接方法。

3）整体看来，对称于长度中心；在受力平面内有较大的刚度；在水平平面内刚度小，易变形，特别容易弯曲。

2. 桁架的技术要求

1）节点处是汇交力系，为保证桁架的平衡，要求各元件中心线或重心线要汇交于一点。

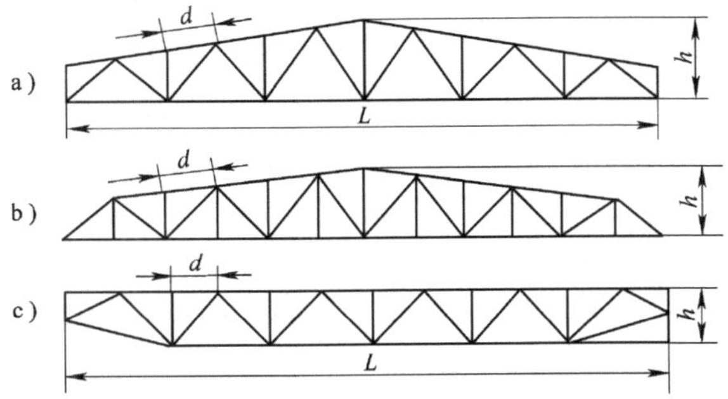

图 8-38　大跨距桁架

a)、b) 建筑桁架　c) 起重机桁架

2) 各片桁架要求保证高度、跨度，特别是连接及安装接头处。

3) 要求保证挠度，防止扭曲。

3. 型钢桁架节点结构分析

为了保证桁架结构的强度和刚度，桁架杆件截面所用的型钢种类越少越好，且杆件所用角钢一般不得小于50mm×50mm×5mm，钢板厚度不小于5mm，钢管壁厚不小于4mm。杆件截面宜用宽而薄的型钢组成，以增大刚度。

从桁架的技术要求及生产工艺看，分析桁架节点结构的主要目的是防止在节点处产生附加力矩及减少节点处应力集中。图8-39所示为屋顶桁架A处节点结构设计的四种形式。其

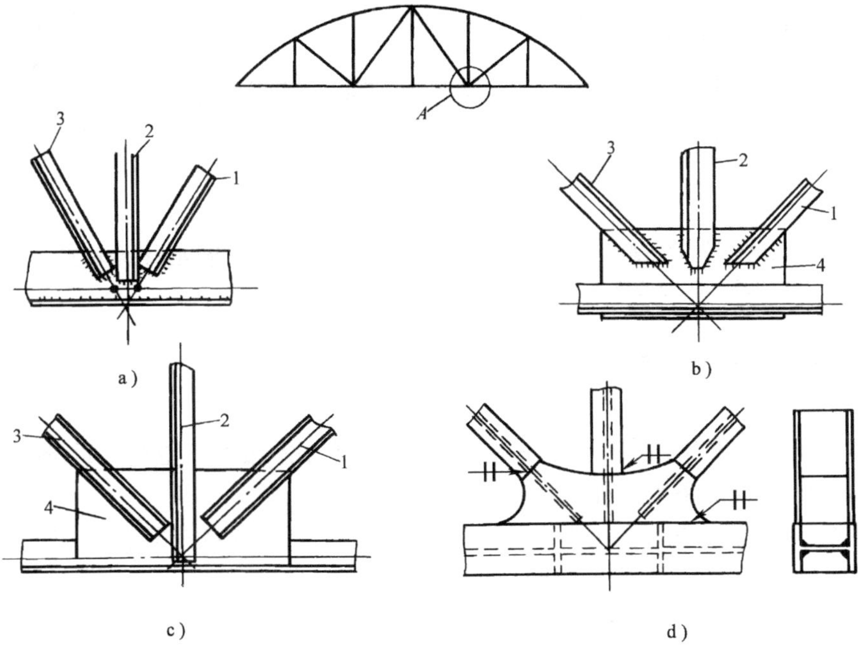

图 8-39　几种节点结构形式比较

a) 节点几何中心线不重合　b) 尖角处应力集中大

c) 连接焊缝过长　d) 采用弧形连接板

中，图 8-39a 所示节点的几何中心线不重合，将产生附加力矩，同时件 1、2、3 间距小，使施焊比较困难；图 8-39b 所示节点的几何中心线重合，附加力矩小，但型钢 1、3 与件 4 的过渡尖角大，易在尖角处形成应力集中；图 8-39c 所示节点选用连接板 4，使件 1、2、3、与件 4 的焊缝过长，焊后易使桁架产生变形，且增加了装配工作量，浪费材料；图 8-39d 所示节点结构采用带弧形的连接板，降低了节点的应力集中，提高了节点的承载力。为使焊缝不致太密集，又有足够长度以满足强度要求，桁架节点处应多设置节点板。原则上桁架节点板越小越好；节点结构形式越简单，切割次数越少越好，最好用矩形、梯形和平行四边形的节点板。

综上所述，若要使型钢桁架节点结构合理，就必须要做到以下几点。

1）杆件截面的重心线应与桁架的轴线重合，在节点处各杆应汇交于一点。

2）桁架杆件宜直切或斜切，不可尖角切割。图 8-40a、b、c 所示较好，图 8-40d 不宜采用。

3）在铆接结构中桁架的节点必须采用节点板；焊接桁架节点板可有可无。当采用节点板时其尺寸不宜过大，形状应尽可能简单。

4）角钢桁架弦杆为变截面时，应将接头设在节点处。为便于拼接，可使拼接处两侧角钢肢背平齐。为减小偏心可取两角钢的重心线之间的中心线与桁架轴线重合，如图 8-41a 所示。对于重型桁架，弦杆变截面的接头应设在节点之外，以便简化节点构造，如图 8-41b 所示。

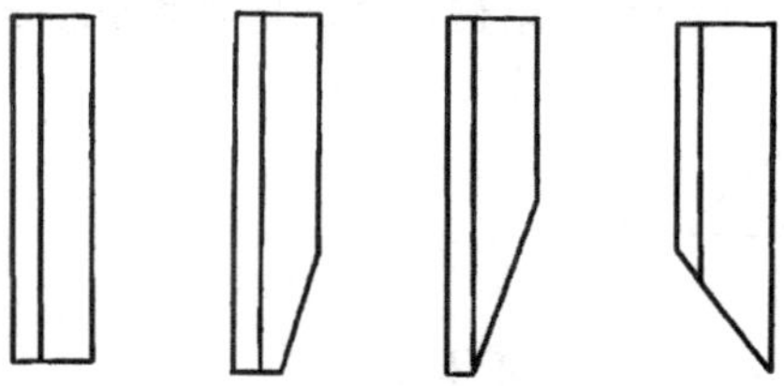

a)　b)　c)　d)

图 8-40　桁架杆件的切割

a)、b)、c) 合理　d) 不合理

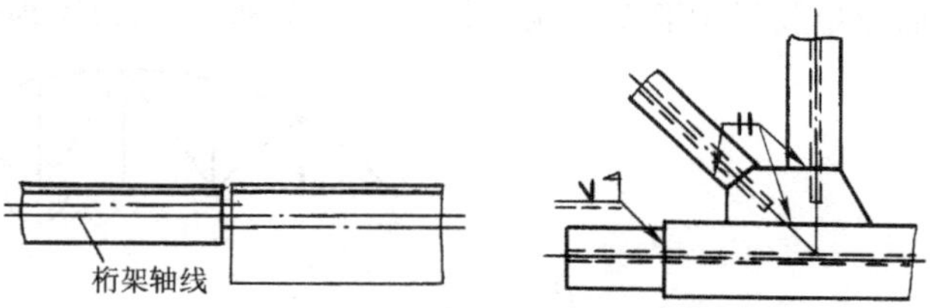

a)　b)

图 8-41　桁架弦杆变截面

二、桁架的装配工艺

在工厂生产中，桁架的装配工时占全部制造工时的比例很大，这将严重影响生产率的提高。桁架的装配方法有下列四种。

（1）放样装配法　在平台上划出各杆件位置线，之后安放弦杆节点板、竖杆及撑杆等，定位并焊接。这种方法适用于单件或小批生产，生产率低。

（2）定位器装配法　在各元件直角边处设置定位器及压夹器。按定位器安放各元件，定位并焊接。这种方法适于成批生产，降低了对工人技术水平的要求，提高了生产率。

（3）模架装配法　首先采用放样装配法制出一片桁架，将其翻转 180°作为模架，之后将所要装配的各元件按照模架位置安放并定位。在另一工作位置焊接，而模架工作位置上可继续进行装配。这种装配方法，也称为仿形复制装配法，其精度较定位器法差。如将模架法与定位器法结合使用，则效果将更好。

(4) 按孔定位装配法　这种方法适用于装配屋架，如图 8-42 所示。装配时，先定位各带孔的连接板，这就确定了上下弦杆的位置，并且保证了整个桁架的安装连接尺寸。其他节点处如有水平桁架而带孔者，仍按孔定位；无孔者，则用垫铁或挡铁定位。

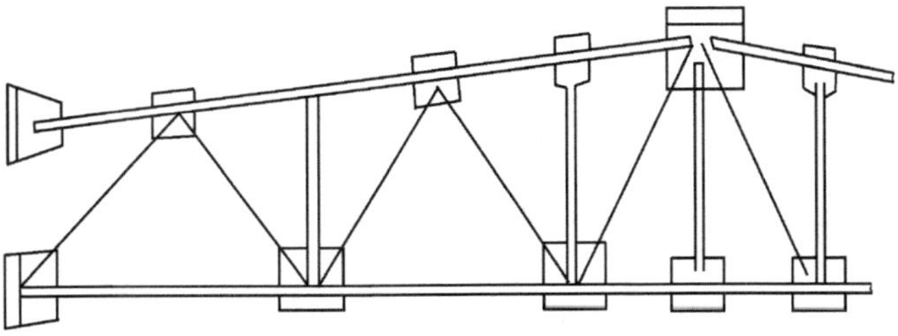

图 8-42　屋架图

采用上述各种方法装配的桁架，在焊接前必须检查几何尺寸，都须保证节点处各元件的中心线汇交于一点。

三、桁架的焊接工艺

桁架焊接时的主要问题是挠度和扭曲。由于桁架仅对称于其长度中心线，故焊缝焊完后将产生整体挠度；在上下弦杆节点之间，也可能产生小的局部挠度（对于单片式桁架，可能有超出平面的水平弯曲）；由于长度大，焊缝不对称等因素也可能产生扭曲，所有这些变形都将影响其承载能力。因此，桁架在装配焊接时，要求支承面要平，尽量在夹固状态下进行焊接。

为了保证焊接质量和减小焊接变形，桁架制造时可遵从下列原则。

1) 从中部焊起，同时向两端支座处施焊。

2) 上下弦杆同时施焊为宜。

3) 节点处焊缝应先焊端缝，再焊侧缝，如图 8-43 所示。焊接方向应从外向内，即从竖杆引向弦杆处。

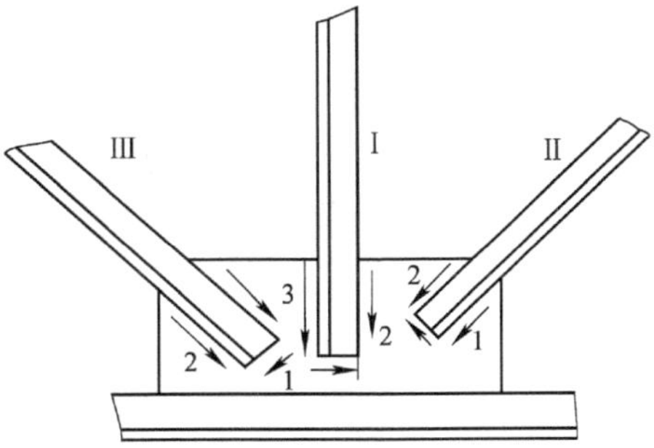

图 8-43　节点焊接顺序

4) 焊接节点时，应先竖后斜（按图 8-43 中Ⅰ、Ⅱ、Ⅲ次序），两端侧缝也可按Ⅰ杆形式焊接，但在焊接焊缝 1 时，焊缝 2 应事先定位，以防变形。焊后变形量超过技术要求时，应选用火焰矫正法进行矫正。

【活动建议】

与同学一起去参观一个钢结构生产工厂，了解桁架制造的工艺流程。

【综合训练】

一、填空

1. 杆件截面的重心线应与________重合，在________处各杆应汇交于一点。
2. 桁架焊接时的主要问题是________和________。

二、简答

1. 桁架的结构特点是什么？
2. 桁架的装配方法有哪些？各应用于什么情况？

参 考 文 献

[1] 田锡唐. 焊接结构［M］. 北京：机械工业出版社，1996.
[2] 邓洪军. 焊接结构生产［M］. 北京：机械工业出版社，2004.
[3] 邢晓林. 焊接结构生产［M］. 北京：化学工业出版社，2002.
[4] 陈祝年. 焊接工程师手册［M］. 北京：机械工业出版社，2002.
[5] 王云鹏，戴建树. 焊接结构生产［M］. 北京：机械工业出版社，1998.
[6] 王国凡. 钢结构焊接制造［M］. 北京：化学工业出版社，2005.
[7] 张建勋. 现代焊接生产与管理［M］. 北京：机械工业出版社，2006.
[8] 吴润辉. 船舶焊接工艺［M］. 哈尔滨：哈尔滨工程大学出版社，1996.
[9] 陈裕川. 焊接结构制造工艺实用手册［M］. 北京：机械工业出版社，2012.
[10] 应长春. 船舶工艺技术［M］. 上海：上海交通大学出版社，2013.